KIA 기아자동차

PRIDE 전장회로도

머리말

최근 국내 자동차는 새로운 차종 개발에 의한 전기 장치의 새로운 시스템들이 계속적으로 적용되고 있어 전기적인 문제가 중요하게 간주되고 있습니다.
이에 폐사에서는 PRIDE 차량의 전기 회로를 시스템별로 구분 수록하여 정비기술자들이 보다 정확하고 효율적으로 활용할 수 있도록 발간하였습니다.

폐사차량에 대한 소비자의 만족을 위해서는 신속하고 정확한 정비 작업의 제공이 필수적입니다. 따라서 정비기술자들이 본 책자를 충분히 이해하고 필요시 신속한 참고 자료가 될 수 있도록 사용하여 주시길 바랍니다.

본 책자를 이용하시는 동안 내용상의 오류, 오기가 발견되거나 의문사항이 있을 때는 서슴치 마시고 폐사로 연락하여 주시기 바랍니다. 다만, 기술이 진보함에 따라 설계변경이 있을 경우 정비통신및 사양변경 통신으로 통보되고 있사오니 이점에 대해서는 양지하시기 바랍니다.

저희 기아자동차는 보다 완벽한 차량 생산 및 정비기술의 진보 향상에 연구 노력하고 있습니다.
본 책자가 귀하께 보다 많은 도움이 되길 바랍니다.

*본 책자에 수록된 내용은 폐사의 설계변경에 따라 사전 통보없이 변경될 수도 있습니다.

2004년 12월
기아자동차주식회사
디지털써비스컨텐츠팀

일반 사항

G

회로도 보는 방법 (1)

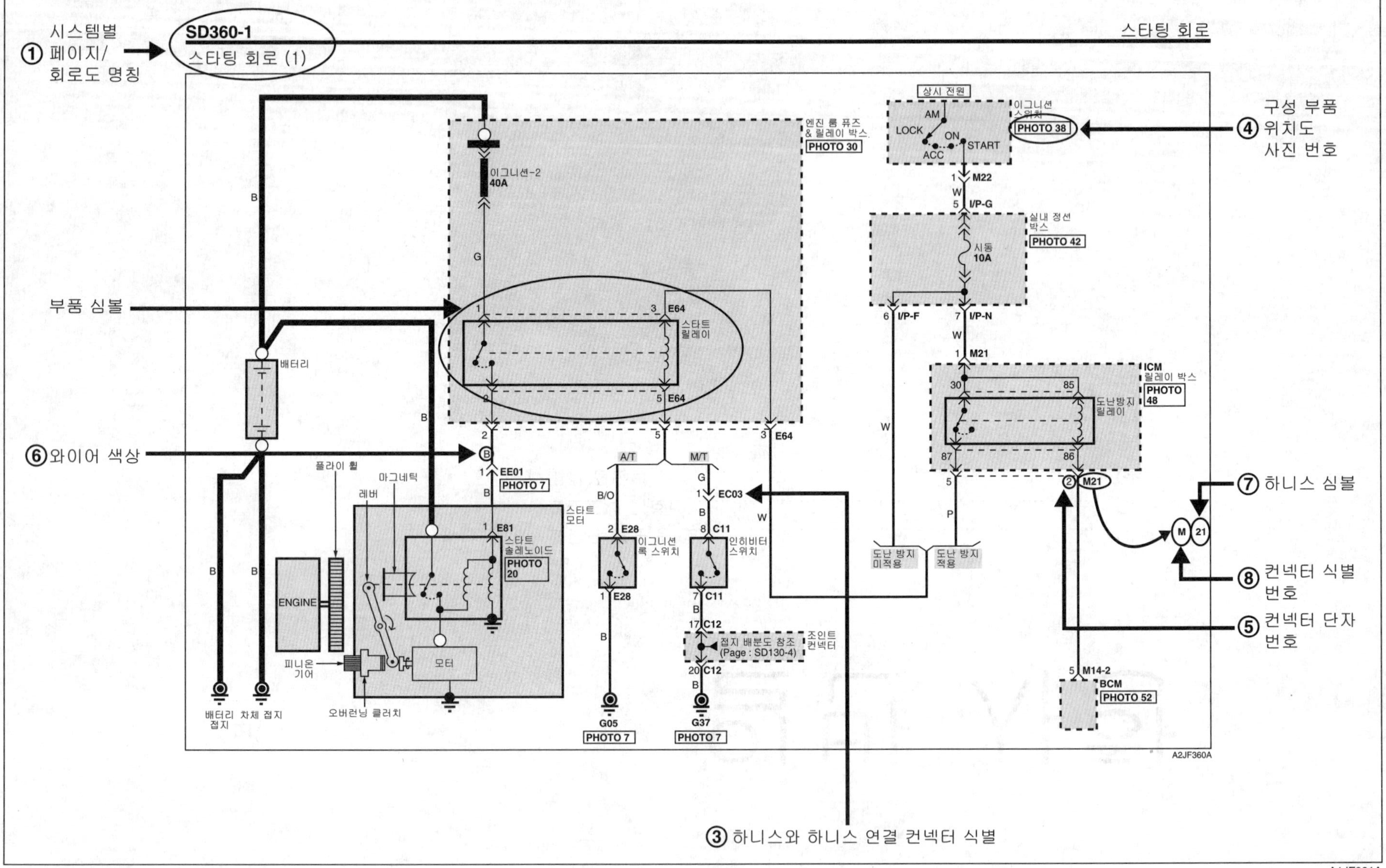

① 시스템별 페이지/ 회로도 명칭
SD360-1
스타팅 회로 (1)
스타팅 회로
④ 구성 부품 위치도 사진 번호
부품 심볼
⑥ 와이어 색상
⑦ 하니스 심볼
⑧ 컨넥터 식별 번호
⑤ 컨넥터 단자 번호
③ 하니스와 하니스 연결 컨넥터 식별
상시 전원
LOCK
AM
ON
ACC
START
이그니션 스위치
PHOTO 38
M22
I/P-G
실내 정션 박스
PHOTO 42
시동 10A
I/P-F
I/P-N
M21
ICM 릴레이 박스
PHOTO 48
도난방지 릴레이
도난 방지 미적용
도난 방지 적용
M14-2
BCM
PHOTO 52
엔진 룸 퓨즈 & 릴레이 박스
PHOTO 30
이그니션-2 40A
E64
스타트 릴레이
배터리
EE01
PHOTO 7
E81
스타트 솔레노이드
PHOTO 20
스타트 모터
플라이 휠
마그네틱
레버
ENGINE
피니온 기어
모터
오버런닝 클러치
배터리 접지
차체 접지
A/T
M/T
E28
이그니션 록 스위치
EC03
C11
인히비터 스위치
C12
접지 배분도 참조 (Page : SD130-4)
조인트 컨넥터
G05
G37
A2JF360A

A1JF001A

회로도 보는 방법 (2)

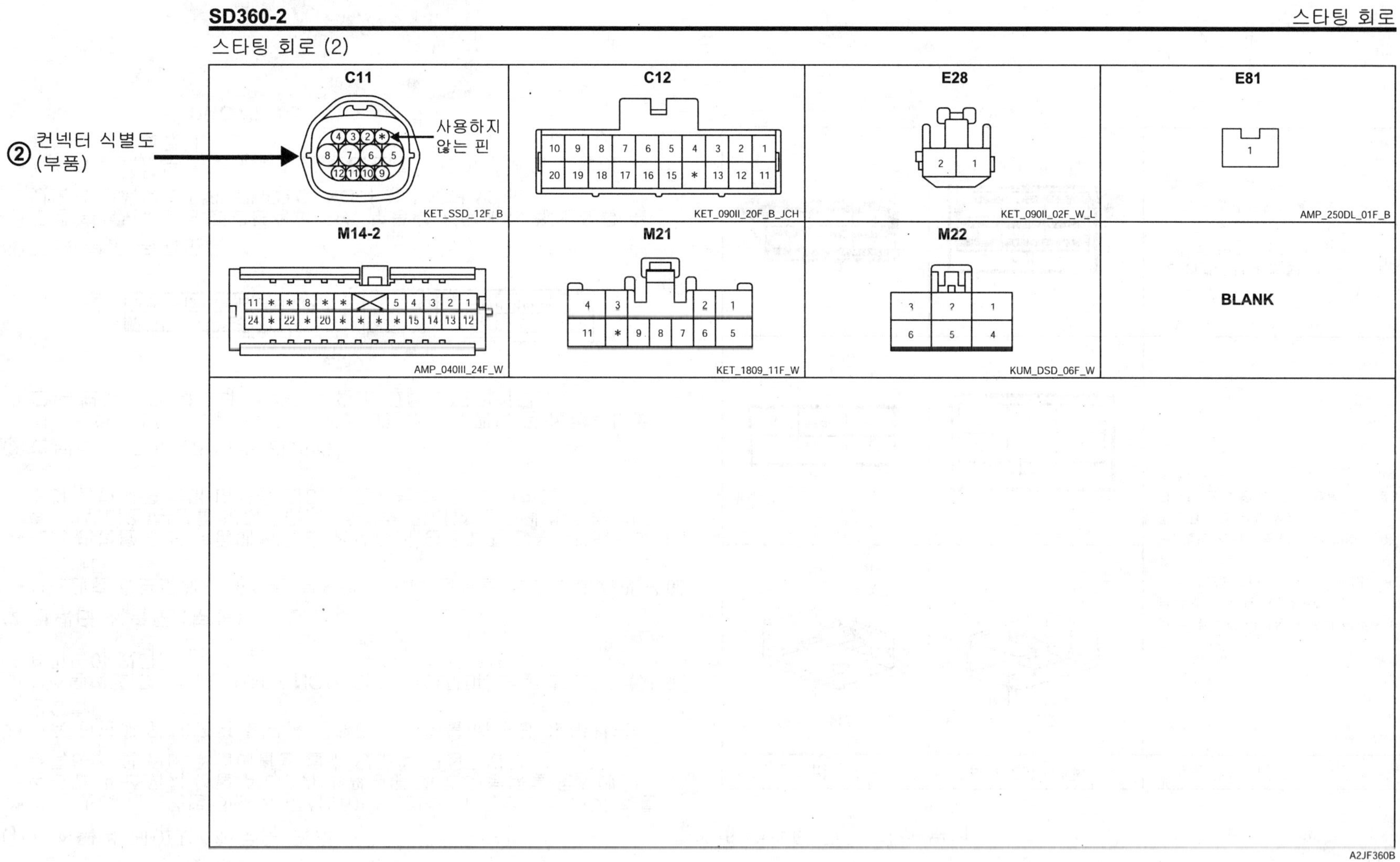
SD360-2
스타팅 회로
스타팅 회로 (2)
② 컨넥터 식별도 (부품)
C11
사용하지 않는 핀
KET_SSD_12F_B
C12
KET_090II_20F_B_JCH
E28
KET_090II_02F_W_L
E81
AMP_250DL_01F_B
M14-2
AMP_040III_24F_W
M21
KET_1809_11F_W
M22
KUM_DSD_06F_W
BLANK
A2JF360B

A1JF001B

회로도 보는 방법 (3)

① 시스템별 페이지/ 회로도 명칭

- 각 장마다 시스템별 회로가 구성되어 있으며, 이 회로도는 전기 흐름 경로와 각 스위치 연결 상태, 기타 관련된 회로 기능등을 동시에 수록하여 실 정비 작업에활용 될수 있도록 구성하였다.
- 고장 진단에 앞서 관련 회로를 정확하게 이해를 하는 것이 무엇보다 중요하다.
- 시스템별 회로 전개는 PART NO에 따라 부여하며, 전장 회로도 목차에 표기되어 있다.

② 컨넥터 식별도 (부품)

- 시스템별 회로도에서 구성된 부품의 컨넥터 형상을 회로도 마지막 쪽에 표기한다.
- 표기 방법은 구성 부품에 하니스 컨넥터가 연결되지 않은 상태의 하니스 측 컨넥터앞 부분을 보여준다. 사용하는 터미널 단자의 번호는 번호 부여 방법에 준하며 미사용 터미널 단자는 (*)로 표기한다.

③ 컨넥터 식별도 (하니스 간연결)

- 하니스와 하니스간의 컨넥터가 연결되는 경우 2개의 암수 컨넥터를 모두 보여 주며 별도의 컨넥터 식별도 그룹에 표기한다.

EM02

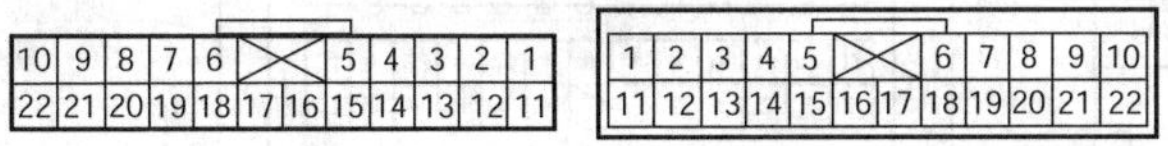
10 9 8 7 6 5 4 3 2 1
22 21 20 19 18 17 16 15 14 13 12 11
1 2 3 4 5 6 7 8 9 10
11 12 13 14 15 16 17 18 19 20 21 22

④ 구성 부품 위치도

- 구성 부품위치도는 회로도상의 구성 부품을 차량에서 쉽게 찾을 수 있도록 부품명 하단에 **PHOTO NO**가 표기되어 있다.
- 사진의 컨넥터는 차량에 부착된 상태로 표시되어 컨넥터 식별이 용이하도록 하였다.

PHOTO 03

⑤ 컨넥터 단자 번호 부여

암 컨넥터(하니스측)	수 컨넥터(부품측)	비 고
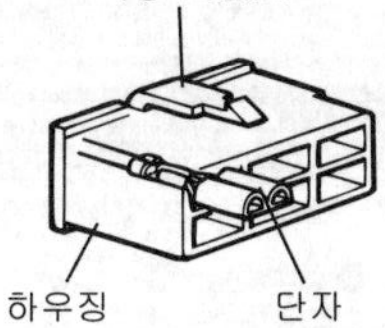 록킹 포인트 하우징 단자	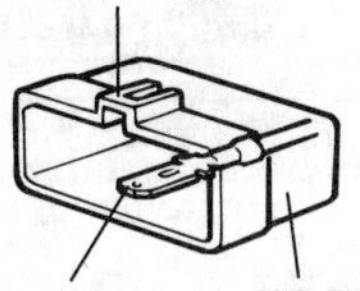 록킹 포인트 단자 하우징	암 수 컨넥터 구별은 하우징 형상이 아닌 단자 형상에 의해서만 이루어진다. 각 컨넥터의 단자 번호부여에 대해서는 아래 표를 참조하라. 단, 몇몇 컨넥터는 이 단자 번호 부여 체계를 따르지 않을 수도 있다. 자세한 단자 번호는 각 컨넥터 식별도를 참조하라.
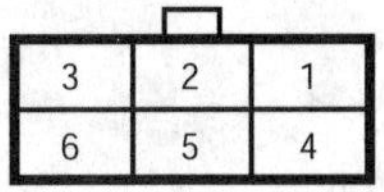 3 2 1 6 5 4	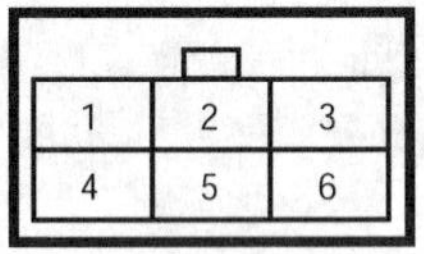 1 2 3 4 5 6	
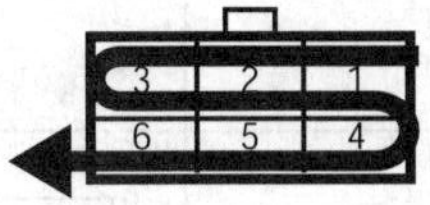 3 2 1 6 5 4	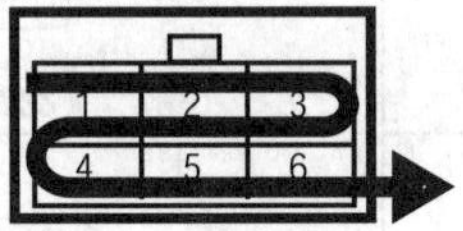 1 2 3 4 5 6	암 컨넥터 단자 번호는 오른쪽 위에서 왼쪽 밑으로, 수 컨넥터 단자 번호는 왼쪽 위에서 오른쪽 밑으로 번호를 매긴다.

A1JF001C

회로도 보는 방법 (4)

⑥ 와이어 색상 지정 약어

• 회로도상의 와이어 색상을 식별하는데 사용되는 약어.

기 호	와이어 색상	기 호	와이어 색상
B	검 정 색 (Black)	**O**	오랜지색 (Orange)
Br	갈 색 (Brown)	**P**	분 홍 색 (Pink)
G	초 록 색 (Green)	**R**	빨 강 색 (Red)
Gr	회 색 (Gray)	**W**	흰 색 (White)
L	파 랑 색 (Blue)	**Y**	노 랑 색 (Yellow)
Lg	연 두 색 (Light Green)	**Pp**	자 주 색 (Purple)
T	황 갈 색 (Tawny)	**Ll**	하 늘 색 (Light Blue)

* Ⓨ/Ⓑ : 노랑 바탕색에 검정색 줄무늬 선 (2가지 색)
  - Ⓨ: 바탕색
  - Ⓑ: 줄무늬색

⑦ 하니스 심볼

•각 하니스를 하니스 명칭, 장착 위치에 의해 분류하여 식별 심볼을 부여함.

심 볼	하니스 명칭	위 치
E	엔진 하니스	엔진 룸, 실내
M	메인 하니스, 루프 하니스, 선루프 하니스	실내, 루프
I	에어백 하니스	실내, 크래쉬 패드
R	리어 하니스, 후진 경고 익스텐션 하니스	차량 뒤
D	도어 하니스	도어
C	컨트롤 하니스, 인젝터 하니스	엔진
F	플로워 하니스	실내 플로워

* 차종에 따라 변경 가능하므로 상세한 심볼은 하니스 배치도의 하니스 명칭 심볼 확인이 필요함.

⑧ 컨넥터 식별 번호

•컨넥터 식별 번호는 와이어링 하니스 심볼과 컨넥터 일련 번호로 구성되어 있다.

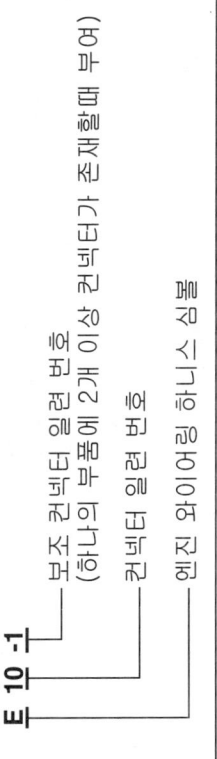

부품과 와이어링의 연결

E 10 -1
- -1 : 보조 컨넥터 일련 번호 (하나의 부품에 2개 이상 컨넥터가 존재할때 부여)
- 10 : 컨넥터 일련 번호
- E : 엔진 와이어링 하니스 심볼

와이어링 간의 연결

각 와이어링 하니스를 연결하는 (와이어링과 와이어링의 연결) 컨넥터는 아래와 같이 표기한다.

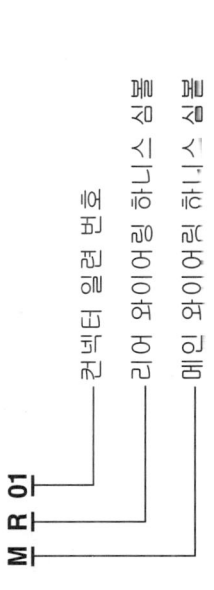

M R 01
- 01 : 컨넥터 일련 번호
- R : 리어 와이어링 하니스 심볼
- M : 메인 와이어링 하니스 심볼

정션 박스와의 연결

정션 박스와 각 와이어링 하니스를 연결하는 컨넥터는 아래의 심볼로 나타낸다.

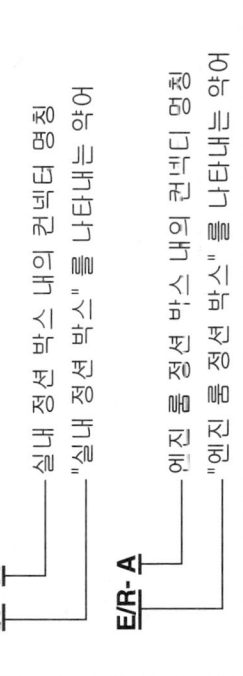

I/P- A
- A : 실내 정션 박스 내의 컨넥터 명칭
- I/P : "실내 정션 박스" 를 나타내는 약어

E/R- A
- A : 엔진 룸 정션 박스 내의 컨넥터 명칭
- E/R : "엔진 룸 정션 박스" 를 나타내는 약어

A1JF001D

회로도 보는 방법 (5)

와이어링 하니스 위치도

- 와이어링 하니스 위치도는 책자의 마지막 쪽에 위치하며 주요 와이어링 하니스의 전체적인 위치를 보여주며, 또한 컨넥터의 개략적인 위치가 표기된다.

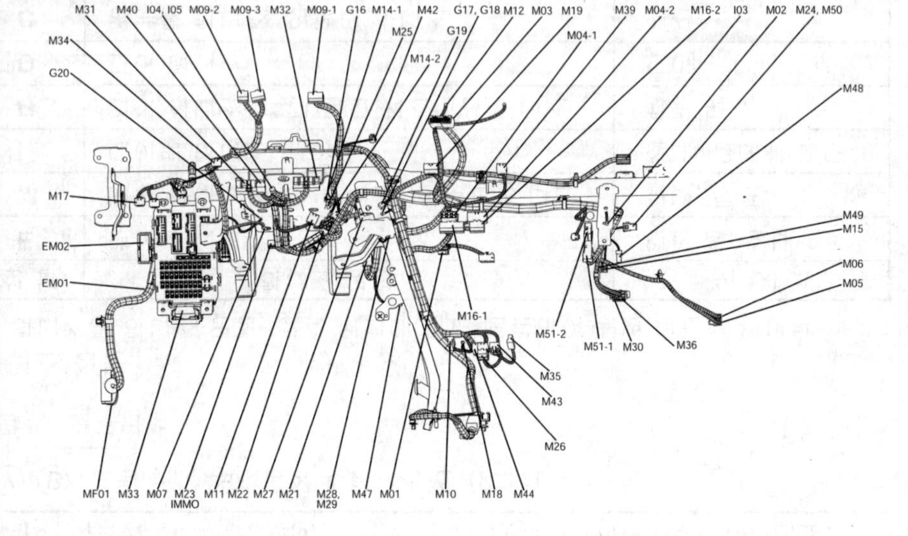

A1JF001E

회로도내 기호 (1)

구분	심볼	내용
구성 부품		실선으로 표시된 구성부품은 전체 해당 구성품을 의미한다.
구성 부품		점선으로 표시된 구성부품은 해당되는 필요 부분만 표시 된 것을 의미한다.
구성 부품	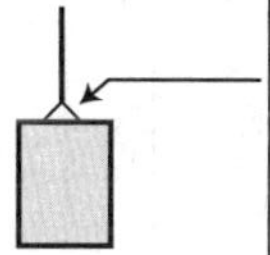	컨넥터가 구성 부품에 직접 연결
구성 부품	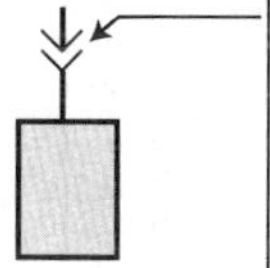	구성 부품에 컨넥터가 리드선으로 연결
구성 부품	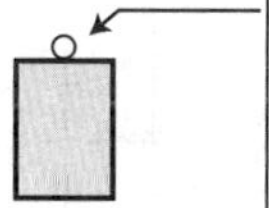	구성 부품 자체의 스크류 단자를 의미함.
구성 부품		이 접지 심볼은 부품의 하우징이 직접 차량의 금속 부위에 붙혀진 다는 의미.
구성 부품	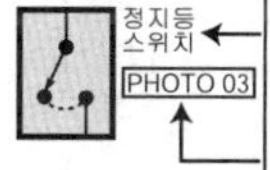	구성 부품의 명칭 : 상단부에는 해당 구성부품의 이름을 나타낸다. 구성 부품 위치도의 사진 번호를 나타낸다.

구분	심볼	내용
컨넥터	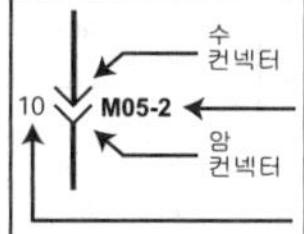	구성 부품위치 색인표 상에서 참조용으로 각 컨넥터의 이름을 나타낸다. 해당단자의 번호가 표시된다. (해당 회로도에서 관계되는 단자만 표시된다.)
컨넥터	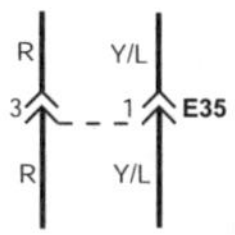	점선은 각각의 두개의 와이어가 동일한 컨넥터(E35)상에서 접속됨을 의미한다.
와이어	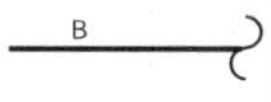	물결무늬 선은 끊어져 있지만 이전 또는 다음 페이지에 연결되어 계속된다.
와이어		노랑 바탕의 적색 줄무늬 선 (2가시색 이상으로 피복된 선)
와이어	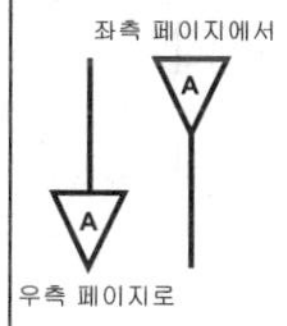	전류 흐름이 내부에 같은 문자를 갖는 같은 페이지 혹은 다른 페이지의 화살표로 연결됨. 화살표 방향 전류 흐름의 방향임.
와이어		다른 회로와 공유하는 부분임을 표시함. 화살표가 지시하는 회로에서 와이어가 다시 나타남.
와이어		선택사양 혹은 다른 차종에 대한 와이어의 흐름을 표시한다. (해당 사양에 기준한 회로를 판별토록 지시한다.)
와이어 조인트	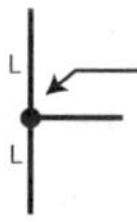	조인트는 선에 점을 찍어서 나타내며 차량에서의 실제적인 위치와 연결은 변화 할수 있다.
접지		이는 차량의 금속 부분에 접속되는 와이어의 끝선을 나타냄.

구분	심볼	내용
쉴드 와이어	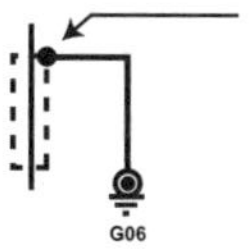	와이어에 전파 차단 보호막이 둘러싸여 있는 것을 나타내며, 항상 접지 상태에 있다. (주로 엔진 및 T/M를 컨트롤 하는 센서측에 사용된다.)
조인트 컨넥터	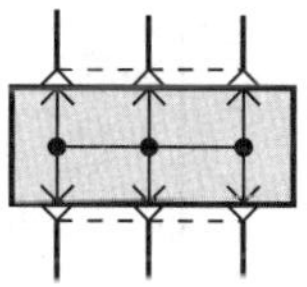	컨넥터 내부에서 와이어가 조인되는 컨넥터임.
슬로우 블로우	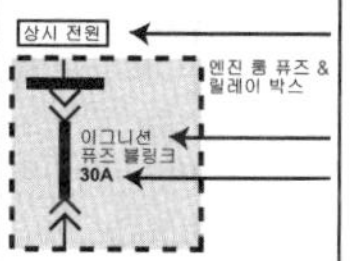	전원 공급 상태 명칭 용량
퓨즈	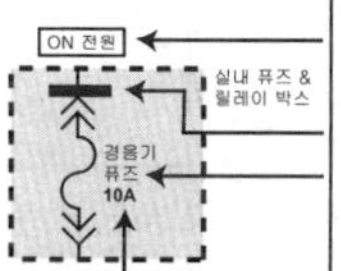	전원이 이그니션 'ON' 상태에서 공급되는 것을 의미함. 다른 퓨즈와 연결되어 있다는 뜻 퓨즈 명칭 퓨즈 용량
파워 컨넥터		배터리 상시 전원 제어

구분	심볼	내용
램프	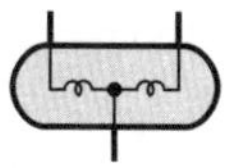	더블 필라멘트
램프	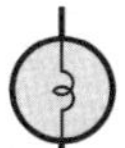	싱글 필라멘트
다이오드		다이오드 -한 방향으로만 전류를 통과 시킨다.
다이오드		발광 다이오드 -전류기 흐를때 빛을 발생한다.
다이오드		제니 다이오드 -역방향으로 한계이상의 전류를 흘리면 순간적으로 도통한다.
TR	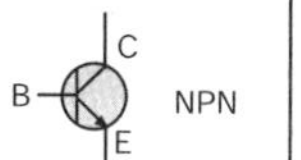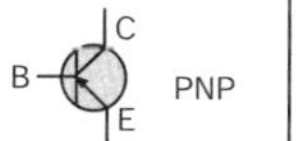	스위칭 또는 증폭작용을 한다.
일반 부품 심볼	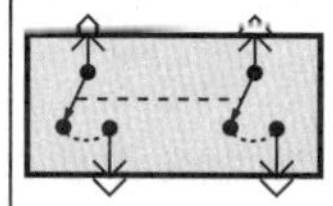	스위치 (2개 접점) -연결된 점선으로 스위치는 동시에 작동되며 가는 점선은 스위치 사이의 기계적 관계를 나타낸다.
일반 부품 심볼	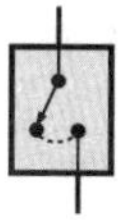	스위치 (1개 접점)
일반 부품 심볼		히터

A1JF001F

회로도내 기호 (2)

구분	심볼	내용	구분	심볼	내용
일반 부품 심볼	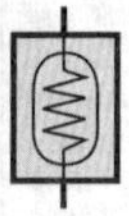	센서	일반 부품 심볼	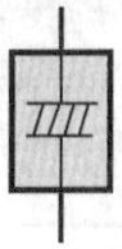	콘덴서
		센더		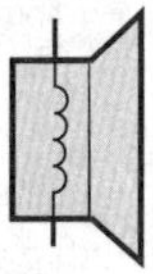	스피커
	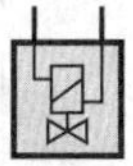	인젝터		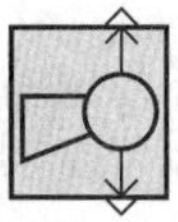	혼, 경음기, 부저, 사이렌
		솔레노이드	릴레이	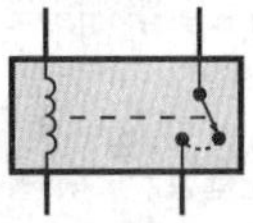	상시 열림.
		모터		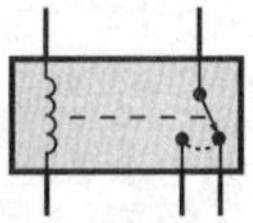	상시 닫힘.
				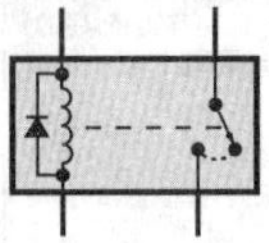	다이오드 내장 릴레이
		배터리		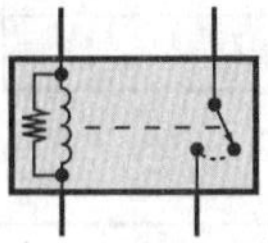	저항 내장 릴레이

A1JF001G

고장 진단법 (1)

고장 진단법

고장 진단법

아래 5단계 고장 진단 과정을 거쳐 문제에 접근한다.

1단계 : 고객 불만 사항 검토

정확한 점검을 위해 문제되는 회로의 구성부품을 작동시킨 후 문제를 검토하고, 그 현상을 기록한다. 확실한 원인 파악전에는 분해나 테스트를 실시하지 말아야 한다.

2단계 : 회로도의 판독 및 분석

회로도에서 고장 회로를 찾아 시스템 구성부품에의 전류 흐름을 파악하여 작업 방법을 결정한다. 작업 방법을 인식하지 못할 경우에는 회로 작동 참고서를 읽는다.
또한 고장 회로를 공유하는 다른 회로를 점검한다. 예를 들어 같은 퓨스, 섭지, 스위치등을 공유하는 회로의 명칭을 각 회로도에서 참조한다.
1단계에서 점검하지 않았던 공유되는 회로를 작동시켜 본다. 공유 회로의 작동이 정상이면 고장회로 자체의 문제이고, 몇 개의 회로가 동시에 문제가 있으면 퓨즈나 접지상의 문제일 것이다.

3단계 : 회로 및 구성 부품 검사

회로 테스트를 실시하여 2단계의 고장 진단을 점검한다. 효율적인 고장 진단은 논리적이고 단순한 과정으로 실시되어야 한다. 고장 진단 힌트 또는 시스템 고장 진단표를 이용하여 확실한 원인 파악을 한다. 가장 큰 원인으로 파악된 부분부터 테스트를 실시하며, 테스트가 쉬운 부분에서 부터 시작한다.

4단계 : 고장 수리

고장이 발견되면 필요한 수리를 실시한다.

5단계 : 회로 작업 확인

수리후 확인을 위해 다시 한번 더 점검을 실시한다. 만약 문제가 퓨즈가 끊어지는 것이었다면, 그 퓨즈를 공유하는 모든 회로의 테스트를 실시한다.

고장 진단 설비

1. 전압계 및 테스트 램프

테스트 램프로 개략적인 전압을 점검한다. 테스트 램프는 한쌍의 리드선으로 접속된 12V 벌브로 구성되어 있다. 한쪽 선을 접지후 전압이 반드시 나타나야 하는 회로를 따라 여러 위치에 테스트 램프를 연결 시켜 벌브가 계속해서 점등되면 테스트 지점에 전압이 흐르는 것이다.

주의

회로는 컴퓨터 제어 인젝션과 함께 사용하는 ECM과 같은 반도체가 포함된 모듈(유니트)을 갖는다. 이러한 회로의 전압은 10MΩ이나 그 이상의 임피던스를 갖는 디지탈 볼트 베타로 테스트해야 한다. 안전 상태의 모듈이 포함된 회로는 테스트 램프 사용시 내부 회로가 손상될 수 있으므로 테스트 램프를 절대 사용하지 말아야 한다.

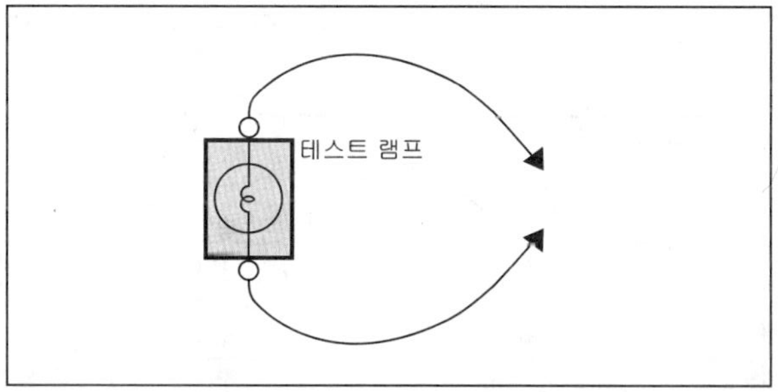

테스트 램프와 동일한 요령으로 전압계를 사용할 수도 있으며, 전압의 유.무만 판독하는 테스트 램프와는 달리 전압계에서는 전압의 세기까지 표시한다.

A1JF001H

고장 진단법 (2)

2. 자체 전원 테스트 램프 및 저항기

통전 여부 점검을 위해 벌브, 배터리, 2개의 리드선으로 구성되는 자체 전원 테스트 램프나 저항기를 사용한다. 두개의 리드선이 모두 접속되면 램프는 계속 점등된다.
그 위치점을 점검하기 전에 우선 배터리 (-) 케이블이나 작업중인 해당 회로의 퓨즈를 탈거한다.

주의

반도체가 포함된 유니트 (ECM, TCM이 접속된 상태) 회로에서는 모듈 (유니트)이 손상 될 위험이 있으므로 자체 전원 테스트 램프를 사용하지 말아야 한다.

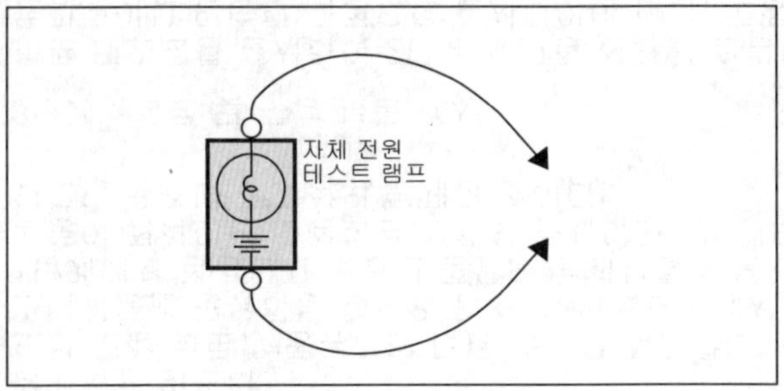

저항기는 자체 전원 테스트 램프 위치에서 사용할 수 있으며, 회로의 두 지점간의 저항을 나타낸다. 낮은 저항은 양호한 통전 상태를 나타낸다. 반도체가 포함된 유니트 회로는 10MΩ이나 임피던스가 큰 용량의 디지탈 멀티메타만 사용해야 한다. 디지탈 멀티미터로 저항 측정시에는 배터리의 (-) 단자는 분리해야 한다.그렇지 않을 경우 부정확한 수치가 나타날 수 있다.
회로상에서 다이오드나 모듈에서는 잘못된 수치를 나타낼 수 있다.
유니트가 측정치에 영향을 줄 경우에는 수치를 한번 측정한 후 리드를 반대로 갖다대고 다시 한번 측정한다. 측정치가 다르면 유니트가 영향을 미치는 것이다.

3. 퓨즈 포함된 점프 와이어

열려진 회로를 점검해야 할때는 점프 와이어를 사용한다. 점프 와이어는 테스트 리드 세트에 인 라인 (IN-LINE) 퓨즈 홀더가 연결되어 있다. 점프 와이어는 스몰 클램프 컨넥터와 함께 대부분의 컨넥터에 손상을 주지 않고 사용 가능하다.

주의

테스트 되는 회로 보호를 위해 정격 퓨즈 용량 이상의 것은 사용하지 말아야 한다. ECM, TCM 등과 같은 것은 컨넥터가 접속된 유니트 상태에서 입출력을 위한 대체용등 어떤 상황에서도 사용해서는 안된다.

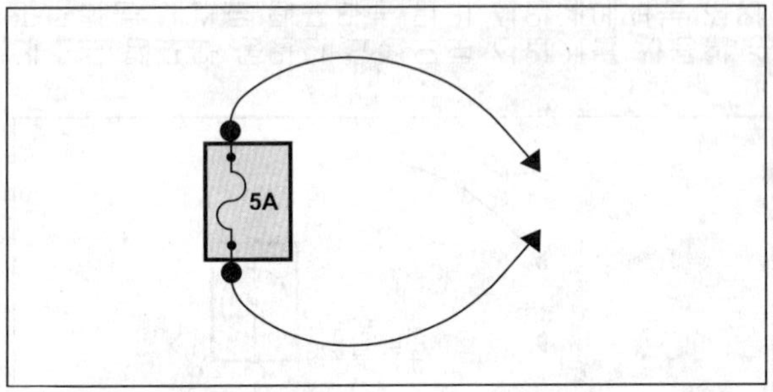

고장 진단 테스트

1. 전압 테스트

컨넥터의 전압 측정시에는 컨넥터를 분리시키지 않고 탐침을 컨넥터 뒷쪽에서 꽂아 점검한다. 컨넥터의 접속표면 사이의 오염, 부식으로 전기적 문제가 발생될수 있으므로 항시 컨넥터의 양면을 점검해야 한다.

A. 테스트 램프나 전압계의 한쪽 리드선을 접지 시킨다. 전압계 사용시는 접지 시키는 쪽에 반드시 전압계의 (-) 리드선을 연결해야 한다.
B. 테스트 램프나 전압계의 다른 한쪽 리드선은 선택한 테스트 위치 (컨넥터나 단자)에 연결한다.
C. 테스트 램프가 켜진다면 전압이 있다는 것을 의미한다.
D. 전압계 사용시는 수치를 읽는다. 규정치보다 1볼트 이상 낮은 경우는 고장이다.

A1JF001I

고장 진단법 (3)

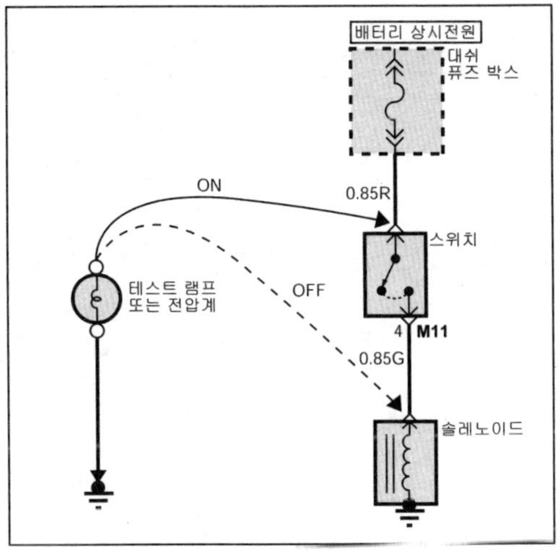

2. 통전 테스트

A. 배터리(-) 단자를 분리한다.
B. 자체 전원 테스트 램프나 저항기의 한쪽 리드선을 테스트하고자 하는 회로의 한쪽 끝에 연결한다. 저항기 사용시에는 리드선 2개를 함께 잡은 다음 저항이 0Ω이 되도록 저항기를 조정한다.
C. 다른 한쪽 리드선은 테스트 하고자하는 회로의 다른 한쪽 끝에 연결한다.
D. 자체 전원 테스크 램프가 켜지면 통전상태이다. 저항기 사용시에는 지힝이 0Ω 또는 값이 삭늘 때 양호한 통전상태를 나타낸다.

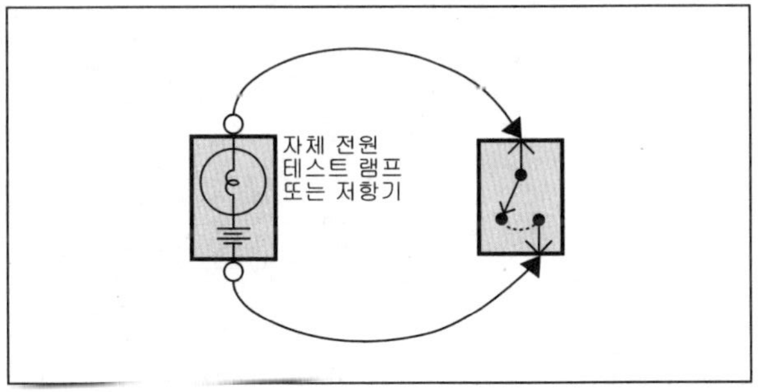

3. 접지 단락 테스트

A. 배터리의 (-) 단자를 분리한다.
B. 자체 전원 테스트 램프나 저항기의 한쪽 리드선을 구성품 한쪽의 퓨즈 단자에 연결한다.
C. 다른 한쪽 리드선은 접지 시킨다.
D. 퓨즈 박스에서 근접해 있는 하니스부터 순차적으로 점검해 간다. 자체 전원 테스트 램프나 저항기를 약15㎝ 간격을 두고 순차적으로 점검해 간다.
E. 자체 전원 테스트 램프가 열화되거나 저항이 기록되면 그 위치점 주위 와이어링의 접지가 단락된 것이다.

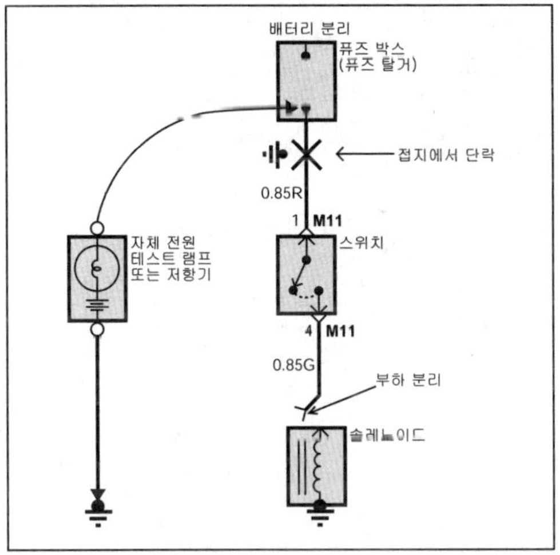

A1JF001J

회로도

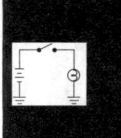

퓨즈 & 릴레이 (1)

실내 정션 박스

<앞 면>　　　　<뒷 면>

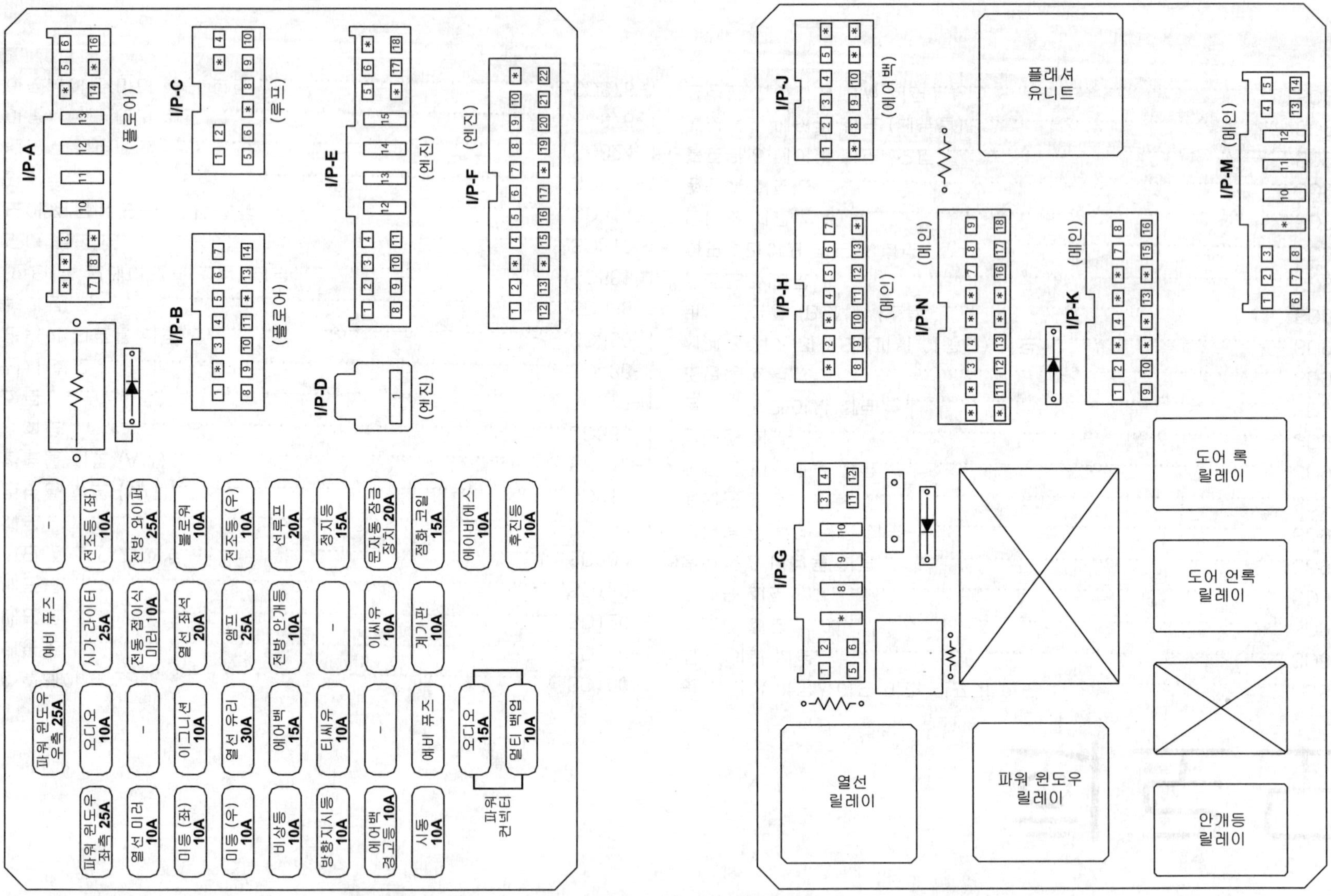

※ 정격용량 이외의 퓨즈는 사용하지 마십시오

A2JF100A

퓨즈 & 릴레이 (2)

퓨즈 연결 회로

퓨즈	용량(A)	연 결 회 로
파워 윈도우 우측	25A	프런트 파워 윈도우 스위치 LH, 리어 파워 윈도우 스위치 RH, 프런트 파워 윈도우 스위치 RH
파워 윈도우 좌측	25A	리어 파워 윈도우 스위치 LH, 프런트 파워 윈도우 스위치 LH
오디오	10A	파워 아웃사이드 미러 & 미러 폴딩 스위치, 오디오, 시계, 핸즈프리 모듈
시가 라이터	25A	시거 라이터, 파워 아웃렛
전조등 (좌)	10A	전조등 LH
열선 미러	10A	리어 디포거 스위치, 파워 아웃사이드 미러 & 미러 폴딩 모터 LH, 파워 아웃사이드 미러 & 미러 폴딩 모터 RH, ECM
전동 접이식 미러	10A	파워 아웃사이드 미러 & 미러 폴딩 스위치
진빙 와이퍼	25A	다기능 스위치, 프런트 와이퍼 모터
미등 (좌)	10A	리어 콤비 램프 LH, 번호판등 LH, 전조등 LH
이그니션	10A	디포거 타이머
열선 좌석	20A	조수석 시트 히터 스위치, 운전석 시트 히터 스위치
블로워	10A	BCM, 에어컨 컨트롤 모듈, AQS센서, 블로워 릴레이, 선루프 모터
미등 (우)	10A	리어 콤비 램프 RH, 번호판등 RH, 전조등 RH
열선 유리	30A	안개등 릴레이, 안개등 LH, 안개등 RH, 안개등 스위치, 타이머, BCM, 리어 디포거, 리어 디포거 스위치, 열선 릴레이
앰프	25A	앰프
전조등 (우)	10A	전조등 RH, 계기판
비상등	10A	비상등 릴레이, 비상등 스위치
에어백	15A	에어백 컨트롤 모듈

퓨즈	용량(A)	연 결 회 로
전방 안개등	10A	안개등 릴레이, 안개등 LH, 안개등 RH, 안개등 스위치
선루프	20A	선루프 모터
방향 지시등	10A	비상등 스위치
티씨유	10A	차속 센서, 오버 드라이브 스위치
정지등	15A	다기능 체크 컨넥터, 정지등 스위치, 자기 진단 점검 단자
에어백 경고등	10A	계기판
이씨유	10A	ECM
문자동 잠금 장치	20A	프런트 도어 록 엑츄에이터 RH, 리어 도억 록 엑츄에이터 RH, 프런트 도어 록 엑츄에이터 LH, 리어 도억 록 엑츄에이터 LH, 프런트 파워 도어 록 스위치, BCM
시동	10A	시동 릴레이
계기판	10A	BCM, 핸즈프리 모듈, 계기판, 타이머, 알터네이터
점화코일	15A	이그니션코일-1,-2,-3,-4, 컨덴서
오디오	15A	오디오
멀티백업	10A	러기지 램프, 센터 룸 램프, 운전석 선바이저 램프, 프런트 룸 램프, 오버헤드 콘솔 램프
에이비에스	10A	ABS 컨트롤 모듈
후진등	10A	후진등 스위치, 인히비터 스위치

※ 정격용량 이외의 퓨즈는 사용하지 마십시오

A2JF100B

퓨즈 & 릴레이 (3)

엔진 룸 퓨즈 & 릴레이 박스

위치

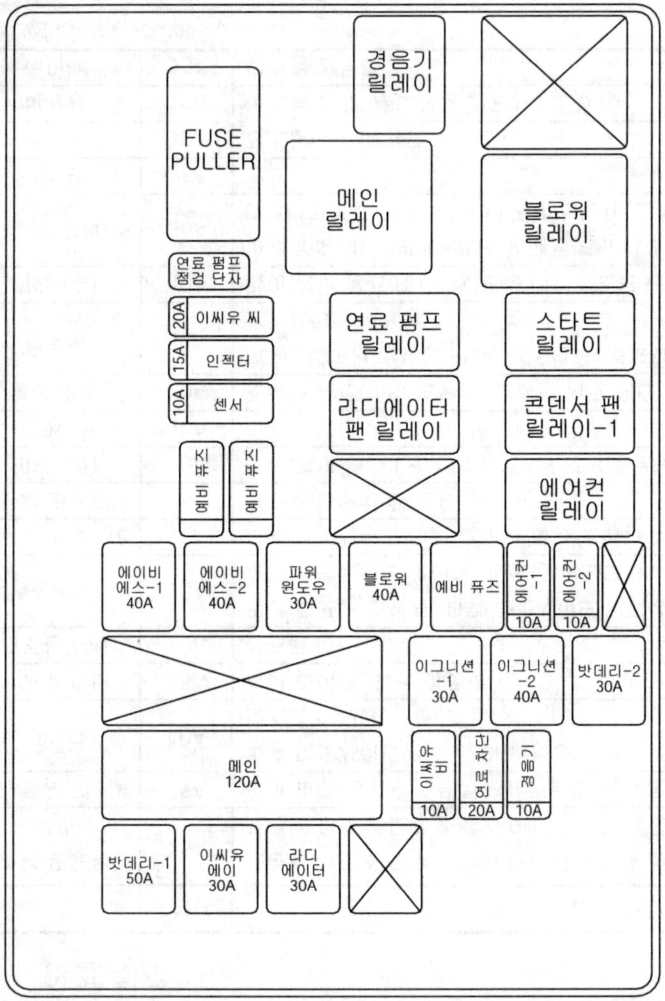

퓨즈 연결 회로

퓨즈	용량(A)	연 결 회 로
메인	120A	알터네이터
밧데리-1	50A	실내 정션 박스
블로워	40A	블로워 릴레이
에이비에스-1	40A	ABS 컨트롤 모듈
에이비에스-2	40A	ABS 컨트롤 모듈
이그니션-2	40A	스타트 릴레이, 이그니션 스위치
이그니션-1	30A	이그니션 스위치
밧데리-2	30A	실내 정션 박스
파워 윈도우	30A	실내 정션 박스
라디에이터	30A	컨덴서 팬 릴레이-1, 라디에이터 팬 릴레이
이씨유 에이	30A	메인 릴레이
이씨유 씨	20A	ECM
연료 차단	20A	연료 차단 컨넥터
인젝터	15A	인젝터-1,-2,-3,-4, 연료 펌프 릴레이, 이모빌라이저 컨트롤, 퍼지 컨트롤 솔레노이드 밸브
에어컨-1	10A	에어컨 릴레이
에어컨-2	10A	에어컨 컨트롤 모듈, 블로워 모터
이씨유 비	10A	ECM
경음기	10A	경음기 릴레이, 사이렌 릴레이
센서	10A	에어컨 릴레이, 라디에이터 팬 릴레이, 컨덴서 팬 릴레이-1

※ 정격용량 이외의 퓨즈는 사용하지 마십시오

A2JF100C

MEMO

전원 배분도 (1)

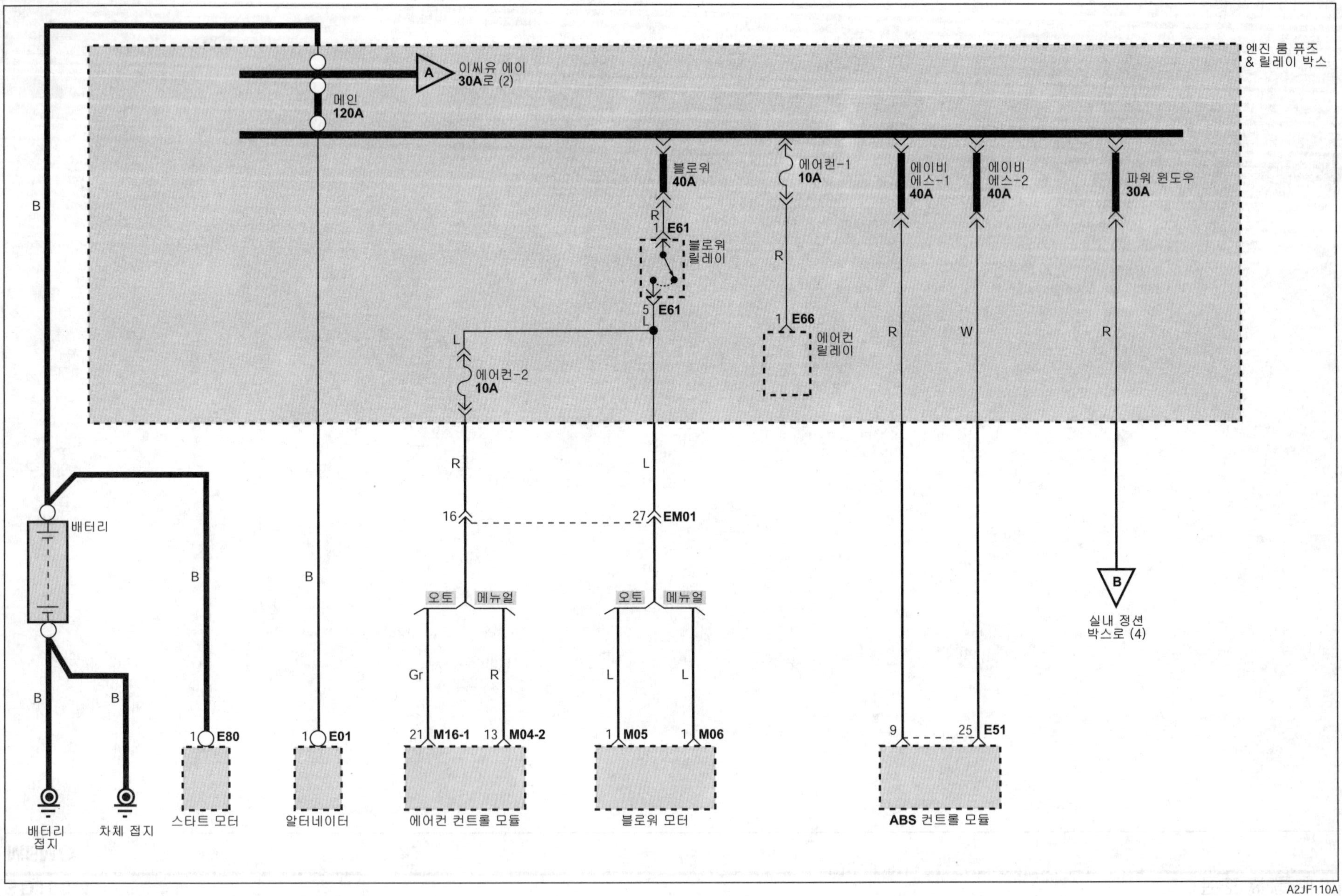
엔진 룸 퓨즈
& 릴레이 박스
이씨유 에이
30A로 (2)
A
메인
120A
블로워
40A
에어컨-1
10A
에이비
에스-1
40A
에이비
에스-2
40A
파워 윈도우
30A
R
1 E61
블로워
릴레이
5 E61
L
R
1 E66
에어컨
릴레이
L
에어컨-2
10A
B
R
L
W
16
27 EM01
배터리
오토
메뉴얼
Gr
21 M16-1
13 M04-2
1 M05
1 M06
9
25 E51
1 E80
1 E01
B
실내 정션
박스로 (4)
배터리
접지
차체 접지
스타트 모터
알터네이터
에어컨 컨트롤 모듈
블로워 모터
ABS 컨트롤 모듈
A2JF110A

전원 배분도 (2)

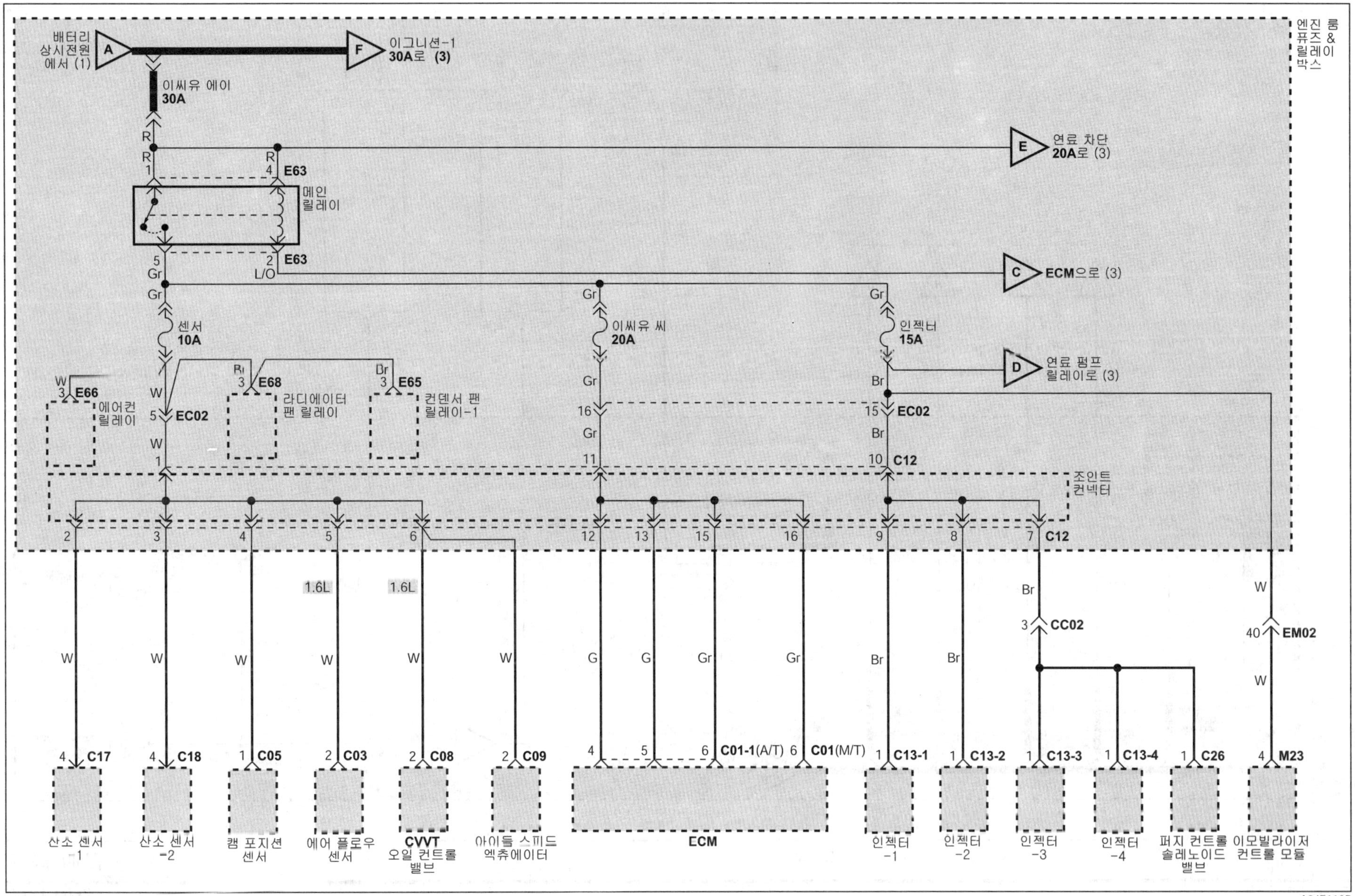
배터리 상시전원에서 (1)
이그니션-1 30A로 (3)
이씨유 에이 30A
엔진 룸 퓨즈 & 릴레이 박스
연료 차단 20A로 (3)
메인 릴레이
E63
ECM으로 (3)
센서 10A
이씨유 씨 20A
인젝터 15A
연료 펌프 릴레이로 (3)
E66
에어컨 릴레이
E68
라디에이터 팬 릴레이
E65
컨덴서 팬 릴레이-1
EC02
C12
조인트 컨넥터
1.6L
CC02
EM02
C17
C18
C05
C03
C08
C09
C01-1(A/T)
C01(M/T)
C13-1
C13-2
C13-3
C13-4
C26
M23
산소 센서 -1
산소 센서 -2
캠 포지션 센서
에어 플로우 센서
CVVT 오일 컨트롤 밸브
아이들 스피드 액츄에이터
ECM
인젝터 -1
인젝터 -2
인젝터 -3
인젝터 -4
퍼지 컨트롤 솔레노이드 밸브
이모빌라이저 컨트롤 모듈
A2JF110B

전원 배분도 (3)

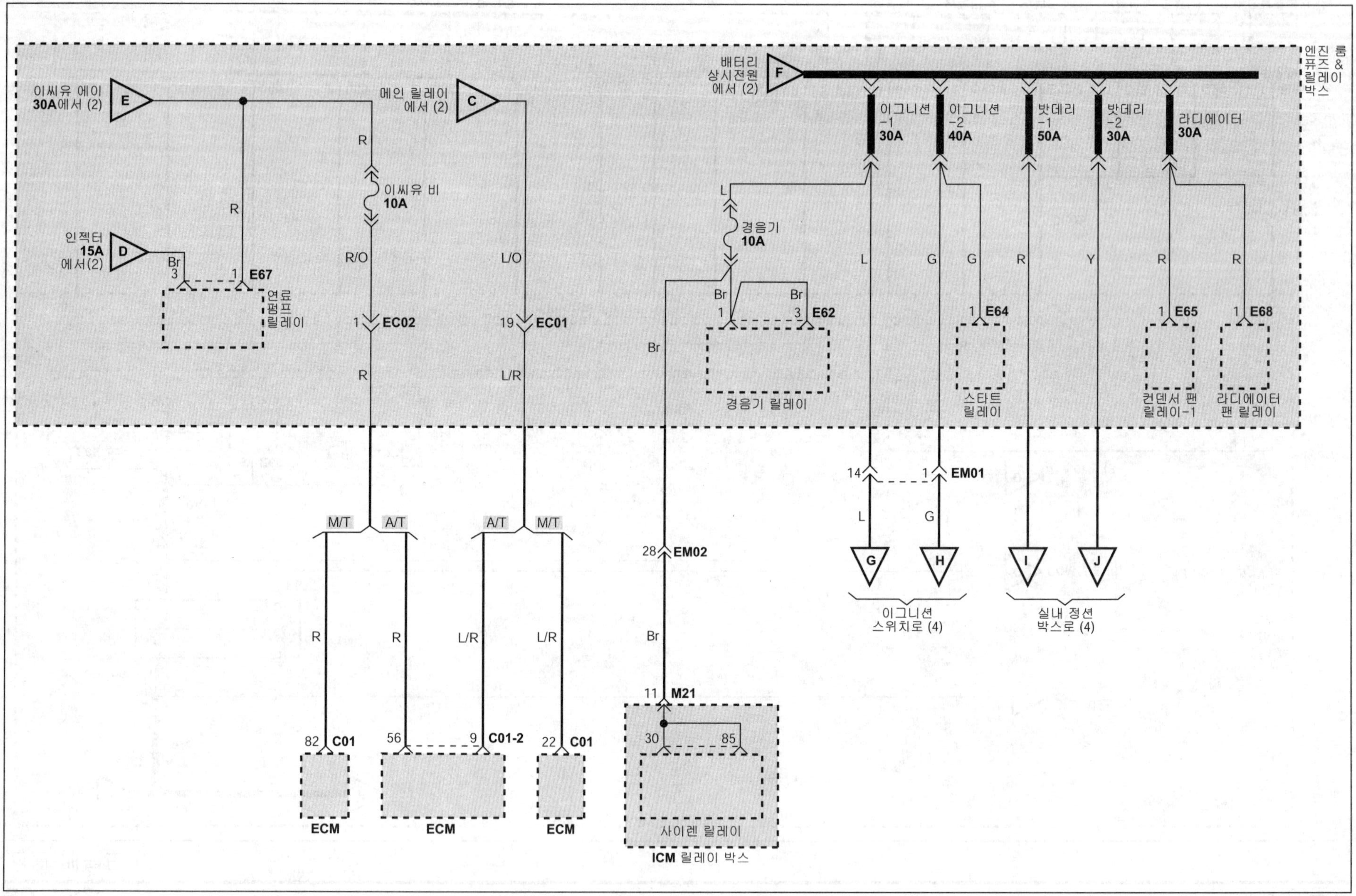
이씨유 에이
30A에서 (2)
E
인젝터
15A
에서(2)
D
Br
3
1
E67
연료
펌프
릴레이
R
메인 릴레이
에서 (2)
C
이씨유 비
10A
R/O
1
EC02
L/O
19
EC01
L/R
M/T
A/T
82
C01
56
9
C01-2
22
ECM
배터리
상시전원
에서 (2)
F
이그니션
-1
30A
이그니션
-2
40A
밧데리
-1
50A
밧데리
-2
30A
라디에이터
30A
엔진 룸
퓨즈 &
릴레이
박스
경음기
10A
L
Br
E62
경음기 릴레이
G
Y
E64
스타트
릴레이
E65
컨덴서 팬
릴레이-1
E68
라디에이터
팬 릴레이
14
EM01
H
I
J
이그니션
스위치로 (4)
실내 정션
박스로 (4)
28
EM02
11
M21
30
85
사이렌 릴레이
ICM 릴레이 박스
A2JF110C

전원 배분도 (4)

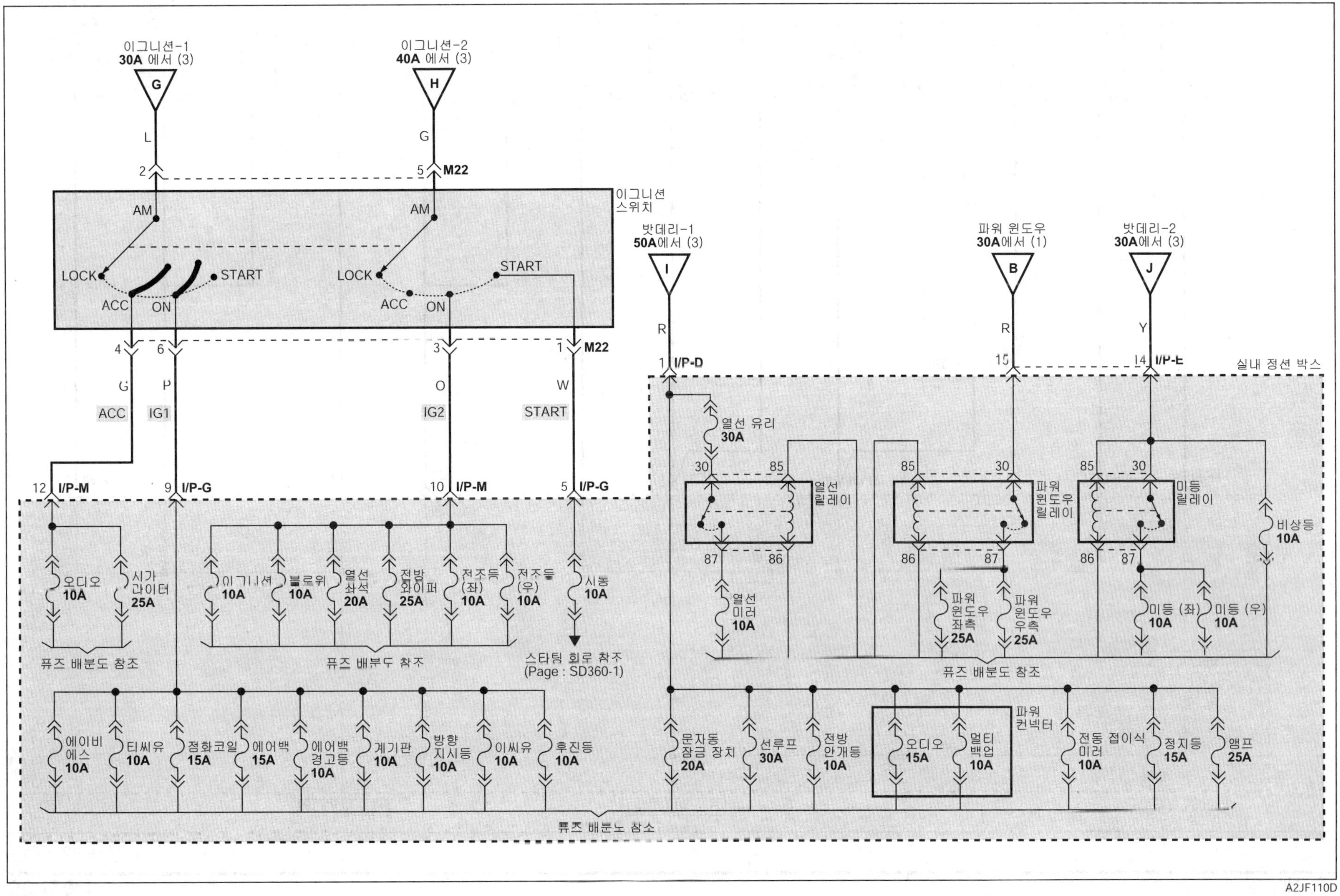
이그니션-1
30A 에서 (3)
G
L
2
이그니션-2
40A 에서 (3)
H
G
5
M22
이그니션
스위치
AM
LOCK
ACC
ON
START
4
6
3
1
M22
G
P
O
W
ACC
IG1
IG2
START
12 I/P-M
9 I/P-G
10 I/P-M
5 I/P-G
오디오
10A
시가
라이터
25A
퓨즈 배분도 참조
이그니션
10A
블로워
10A
열선
좌석
20A
전방
와이퍼
25A
전조등
(좌)
10A
전조등
(우)
10A
시동
10A
스타팅 회로 참조
(Page : SD360-1)
에이비
에스
10A
티씨유
10A
점화코일
15A
에어백
15A
에어백
경고등
10A
계기판
10A
방향
지시등
10A
이씨유
10A
후진등
10A
밧데리-1
50A에서 (3)
I
R
1 I/P-D
파워 윈도우
30A에서 (1)
B
R
15
밧데리-2
30A에서 (3)
J
Y
14 I/P-E
실내 정션 박스
열선 유리
30A
30
85
87
86
열선
릴레이
열선
미러
10A
파워
윈도우
릴레이
파워
윈도우
좌측
25A
파워
윈도우
우측
25A
미등
릴레이
미등 (좌)
10A
미등 (우)
10A
비상등
10A
문자동
잠금 장치
20A
선루프
30A
전방
안개등
10A
파워
컨넥터
오디오
15A
멀티
백업
10A
전동 접이식
미러
10A
정지등
15A
앰프
25A
A2JF110D

퓨즈 배분도 (1)

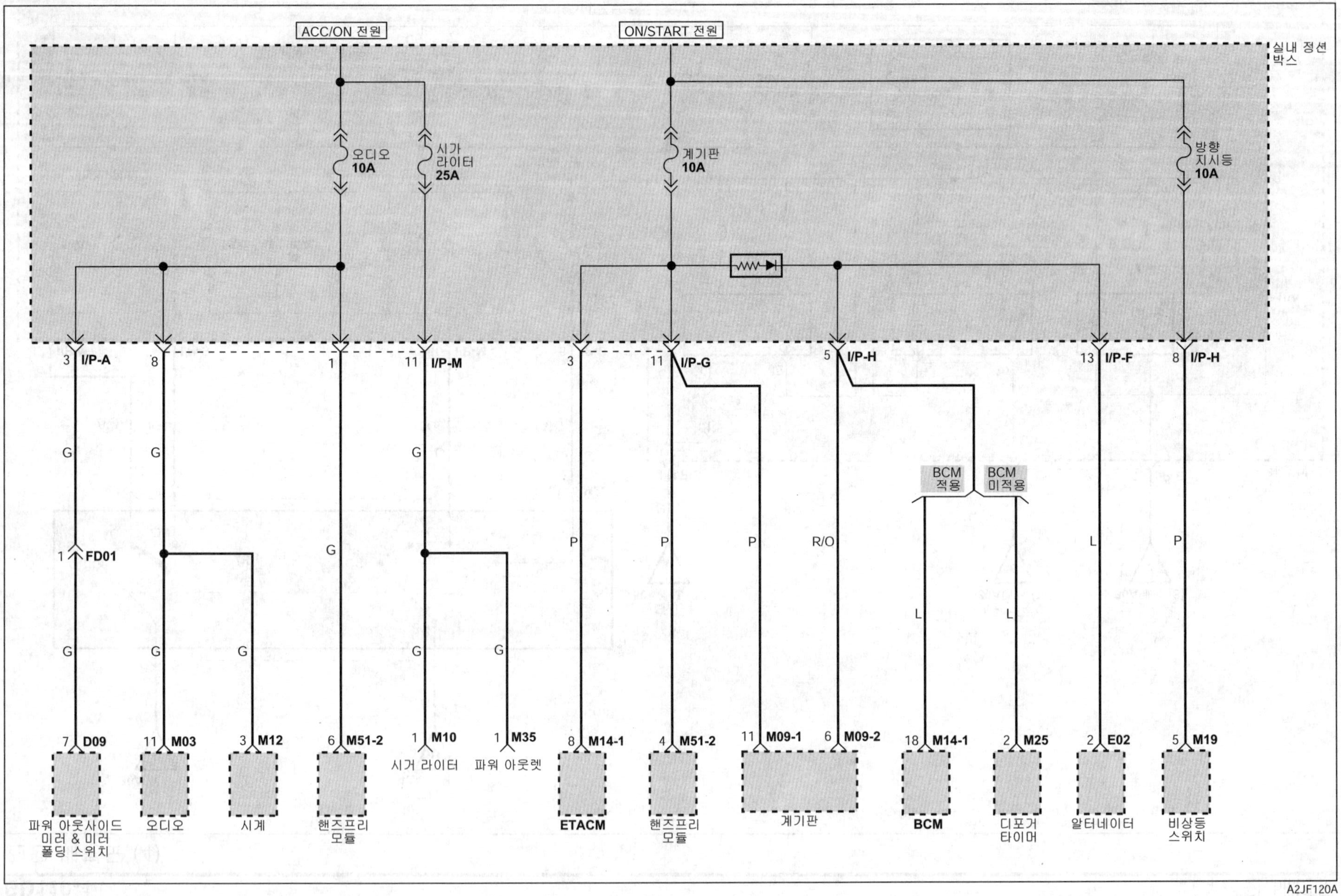
ACC/ON 전원
ON/START 전원
실내 정션 박스
오디오 10A
시가 라이터 25A
계기판 10A
방향 지시등 10A
3 I/P-A
8
1
11 I/P-M
3
11 I/P-G
5 I/P-H
13 I/P-F
8 I/P-H
G
P
R/O
L
1 FD01
BCM 적용
BCM 미적용
7 D09
11 M03
3 M12
6 M51-2
1 M10
1 M35
8 M14-1
4 M51-2
11 M09-1
6 M09-2
18 M14-1
2 M25
2 E02
5 M19
파워 아웃사이드 미러 & 미러 폴딩 스위치
오디오
시계
핸즈프리 모듈
시거 라이터
파워 아웃렛
ETACM
핸즈프리 모듈
계기판
BCM
디포거 타이머
알터네이터
비상등 스위치

A2JF120A

퓨즈 배분도 (2)

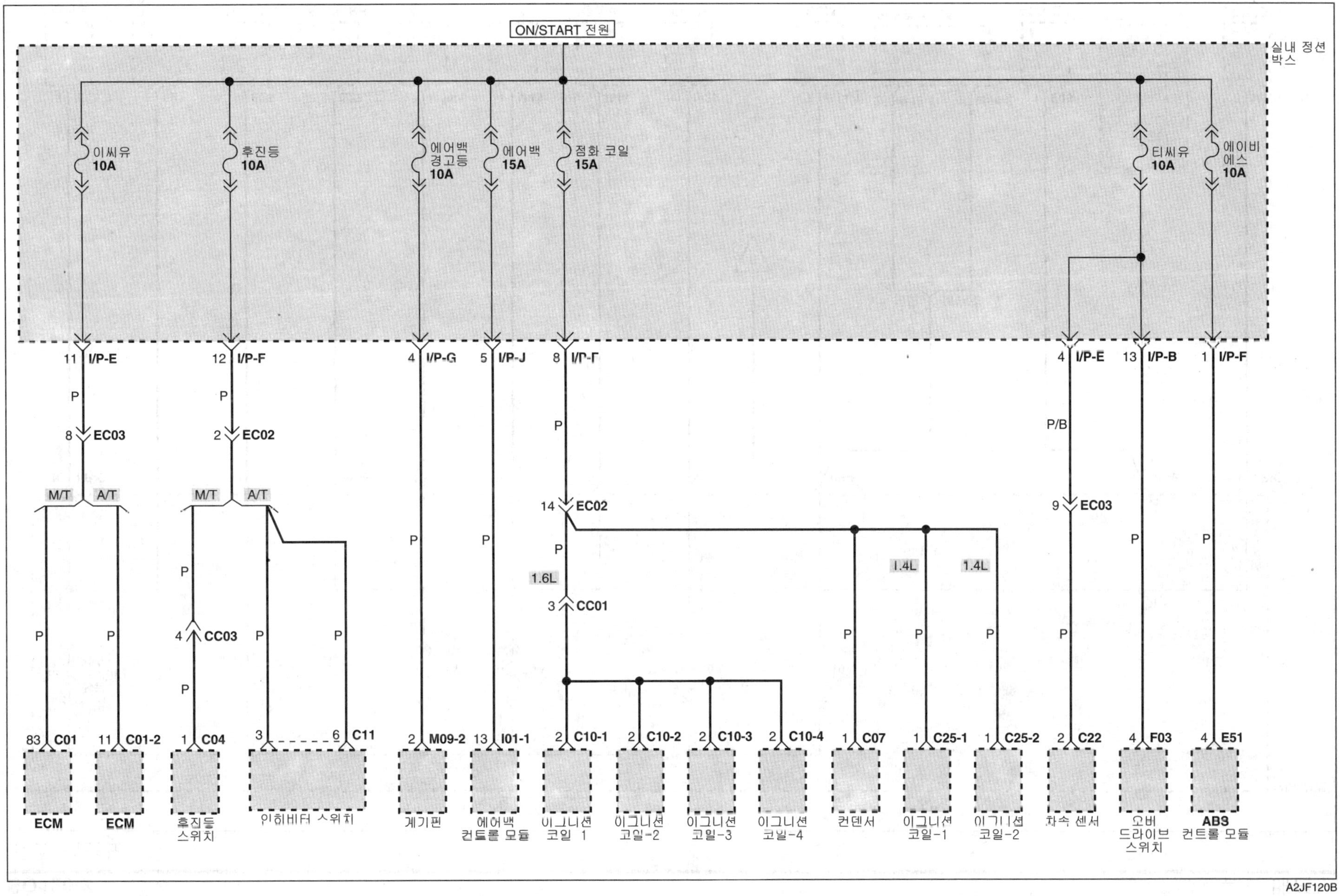
ON/START 전원
실내 정션 박스
이씨유 10A
후진등 10A
에어백 경고등 10A
에어백 15A
점화 코일 15A
티씨유 10A
에이비에스 10A
11 I/P-E
12 I/P-F
4 I/P-G
5 I/P-J
8 I/P-I
4 I/P-E
13 I/P-B
1 I/P-F
P
P/B
8 EC03
2 EC02
14 EC02
9 EC03
M/T
A/T
1.6L
3 CC01
4 CC03
1.4L
1.4L
83 C01
11 C01-2
1 C04
3
6 C11
2 M09-2
13 I01-1
2 C10-1
2 C10-2
2 C10-3
2 C10-4
1 C07
1 C25-1
1 C25-2
2 C22
4 F03
4 E51
ECM
ECM
후진등 스위치
인히비터 스위치
계기판
에어백 컨트롤 모듈
이그니션 코일 1
이그니션 코일-2
이그니션 코일-3
이그니션 코일-4
컨덴서
이그니션 코일-1
이그니션 코일-2
차속 센서
오버 드라이브 스위치
ABS 컨트롤 모듈
A2JF120B

퓨즈 배분도 (3)

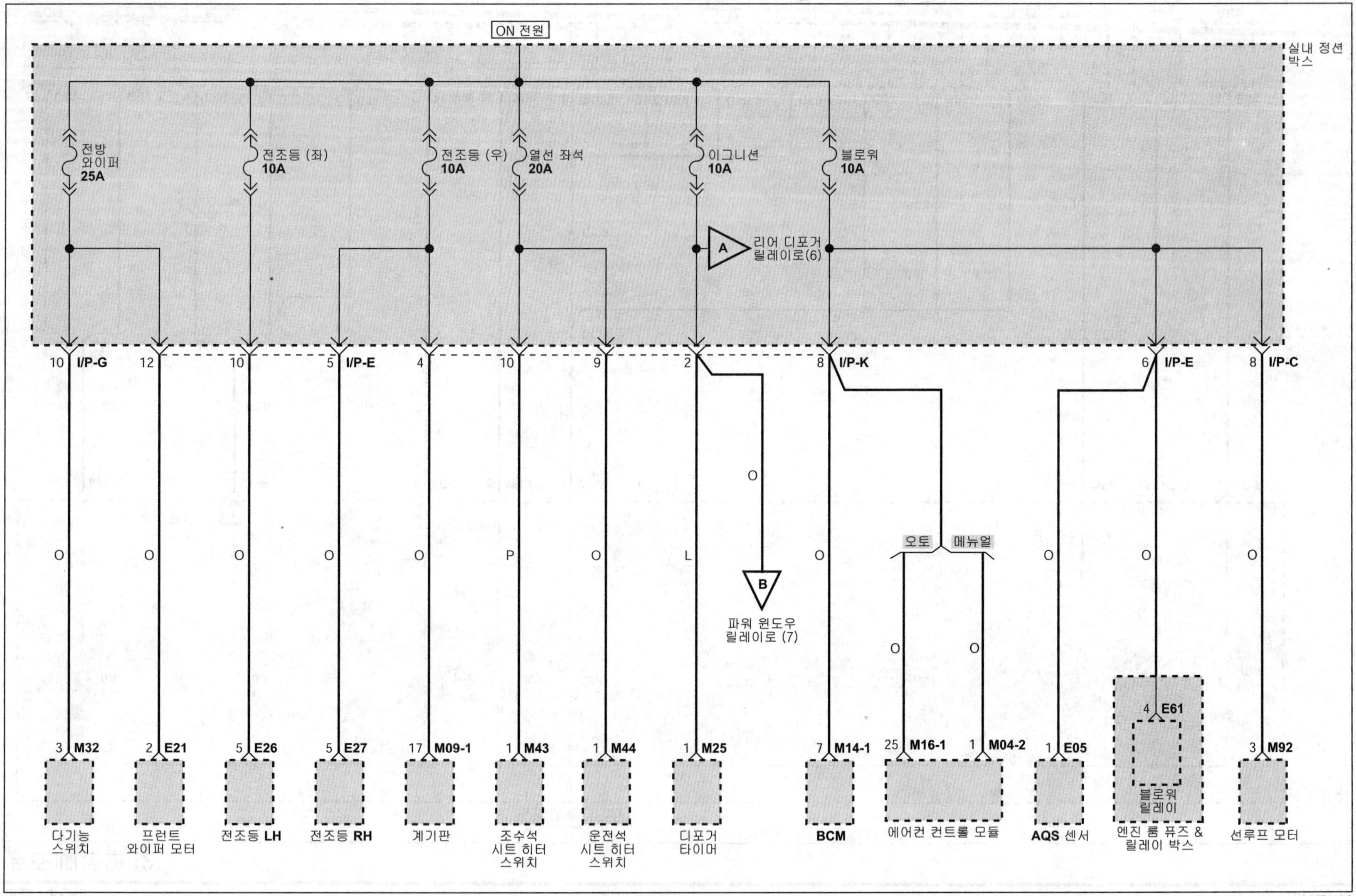
ON 전원
실내 정션 박스
전방 와이퍼 25A
전조등 (좌) 10A
전조등 (우) 10A
열선 좌석 20A
이그니션 10A
블로워 10A
A
리어 디포거 릴레이로(6)
10 I/P-G
12
10
5 I/P-E
4
10
9
2
8 I/P-K
6 I/P-E
8 I/P-C
O
P
L
B
파워 윈도우 릴레이로 (7)
오토
메뉴얼
4 E61
3 M32
2 E21
5 E26
5 E27
17 M09-1
1 M43
1 M44
1 M25
7 M14-1
25 M16-1
1 M04-2
1 E05
3 M92
다기능 스위치
프런트 와이퍼 모터
전조등 LH
전조등 RH
계기판
조수석 시트 히터 스위치
운전석 시트 히터 스위치
디포거 타이머
BCM
에어컨 컨트롤 모듈
AQS 센서
블로워 릴레이
엔진 룸 퓨즈 & 릴레이 박스
선루프 모터
A2JF120C

퓨즈 배분도 (4)

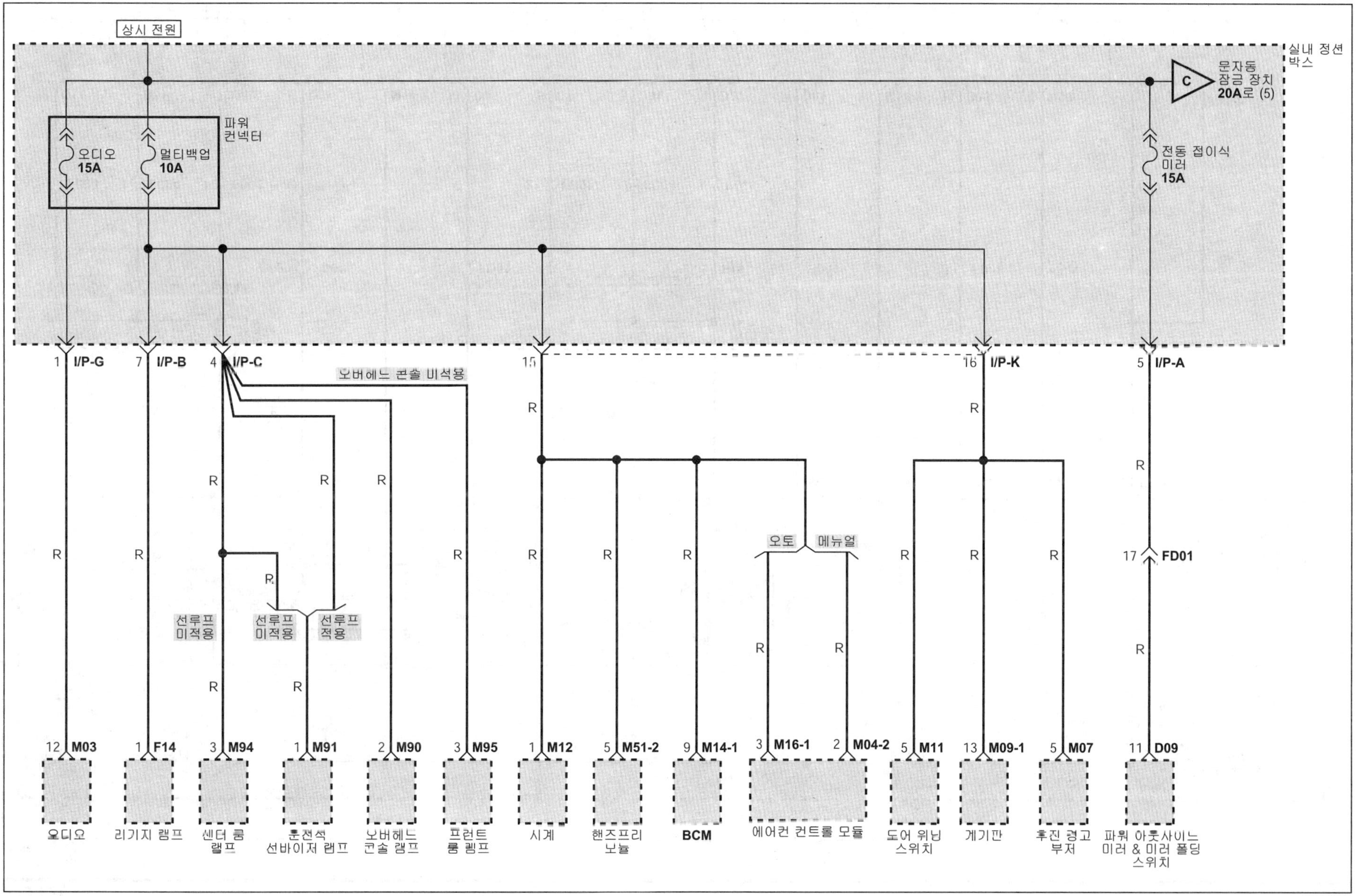
상시 전원
실내 정션 박스
문자동 잠금 장치 20A로 (5)
파워 컨넥터
오디오 15A
멀티백업 10A
전동 접이식 미러 15A
1 I/P-G
7 I/P-B
4 I/P-C
15
16 I/P-K
5 I/P-A
오버헤드 콘솔 비적용
선루프 미적용
선루프 미적용
선루프 적용
오토
메뉴얼
17 FD01
12 M03
1 F14
3 M94
1 M91
2 M90
3 M95
1 M12
5 M51-2
9 M14-1
3 M16-1
2 M04-2
5 M11
13 M09-1
5 M07
11 D09
오디오
리기지 램프
센터 룸 램프
운전석 선바이저 램프
오버헤드 콘솔 램프
프런트 룸 램프
시계
핸즈프리 모듈
BCM
에어컨 컨트롤 모듈
도어 워닝 스위치
계기판
후진 경고 부저
파워 아웃사이드 미러 & 미러 폴딩 스위치

A2JF120D

퓨즈 배분도 (5)

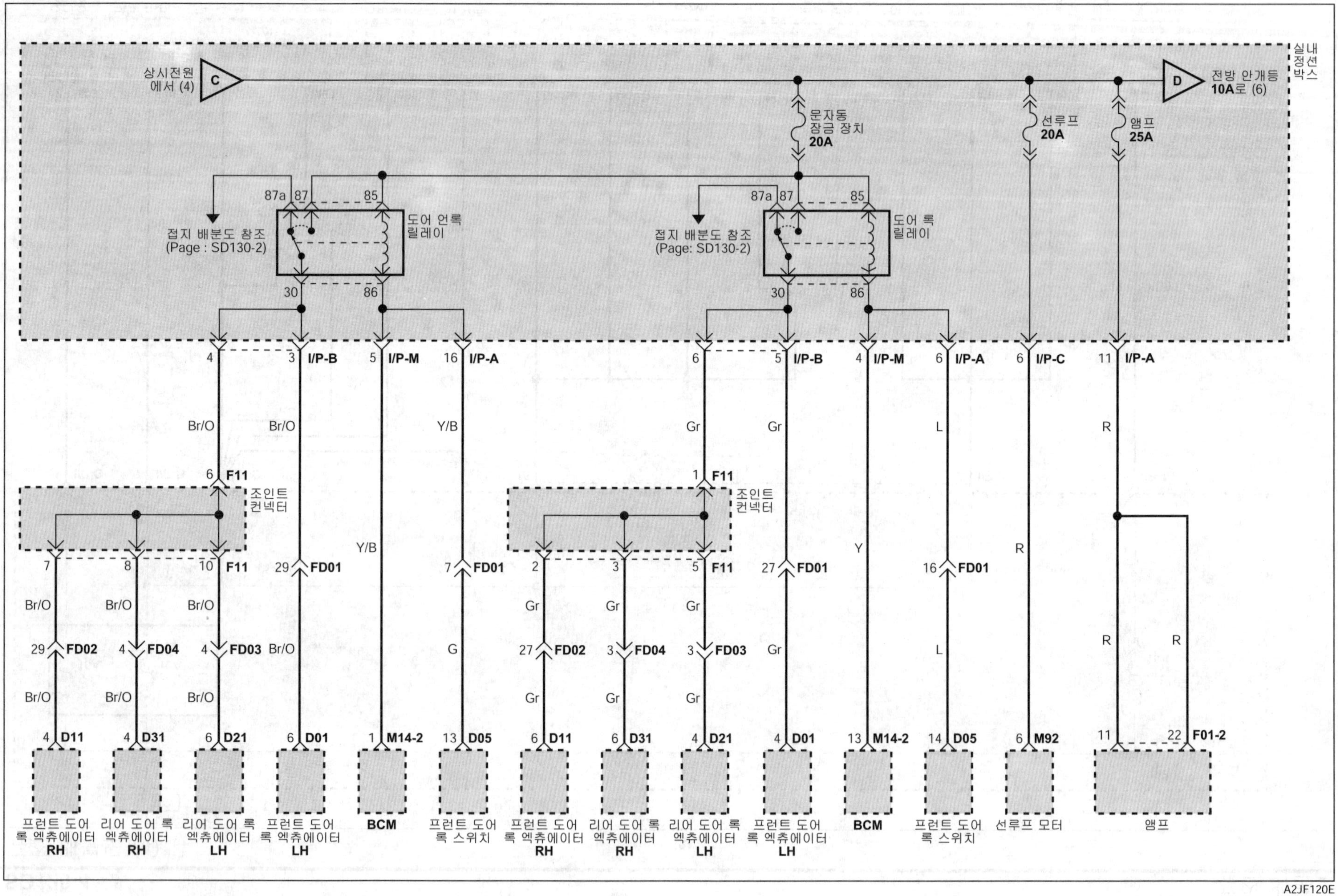
상시전원 에서 (4)
C
D
전방 안개등 10A로 (6)
실내 정션 박스
문자동 장금 장치 20A
선루프 20A
앰프 25A
87a
87
85
30
86
도어 언록 릴레이
도어 록 릴레이
접지 배분도 참조 (Page : SD130-2)
접지 배분도 참조 (Page: SD130-2)
I/P-B
I/P-M
I/P-A
I/P-C
Br/O
Y/B
Gr
L
R
Y
G
F11
조인트 컨넥터
FD01
FD02
FD03
FD04
D11
D31
D21
D01
M14-2
D05
M92
F01-2
프런트 도어 록 엑츄에이터 RH
리어 도어 록 엑츄에이터 RH
리어 도어 록 엑츄에이터 LH
프런트 도어 록 엑츄에이터 LH
BCM
프런트 도어 록 스위치
선루프 모터
앰프

A2JF120E

퓨즈 배분도 (6)

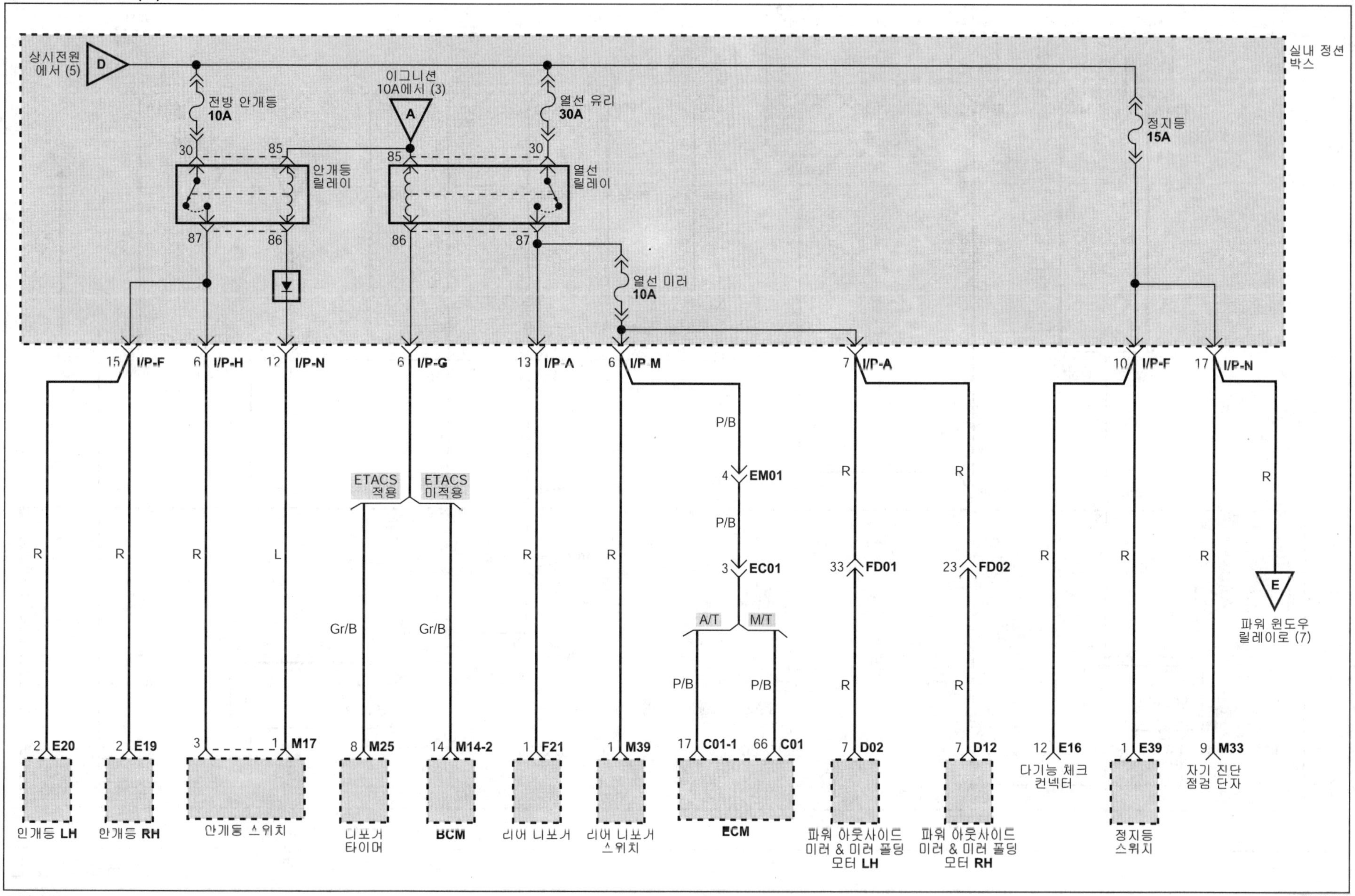
상시전원 에서 (5)
D
전방 안개등 10A
이그니션 10A에서 (3)
A
열선 유리 30A
정지등 15A
실내 정션 박스
안개등 릴레이
열선 릴레이
열선 미러 10A
30
85
87
86
15 I/P-F
6 I/P-H
12 I/P-N
6 I/P-G
13 I/P-A
6 I/P M
7 I/P-A
10 I/P-F
17 I/P-N
R
L
P/B
Gr/B
ETACS 적용
ETACS 미적용
4 EM01
3 EC01
A/T
M/T
33 FD01
23 FD02
E
파워 윈도우 릴레이로 (7)
2 E20
2 E19
3
1 M17
8 M25
14 M14-2
1 F21
1 M39
17 C01-1
66 C01
7 D02
7 D12
12 E16
1 E39
9 M33
안개등 LH
안개등 RH
안개등 스위치
니포거 타이머
BCM
리어 디포거
리어 디포거 스위치
ECM
파워 아웃사이드 미러 & 미러 폴딩 모터 LH
파워 아웃사이드 미러 & 미러 폴딩 모터 RH
다기능 체크 컨넥터
정지등 스위치
자기 진단 점검 단자

A2JF120F

퓨즈 배분도 (7)

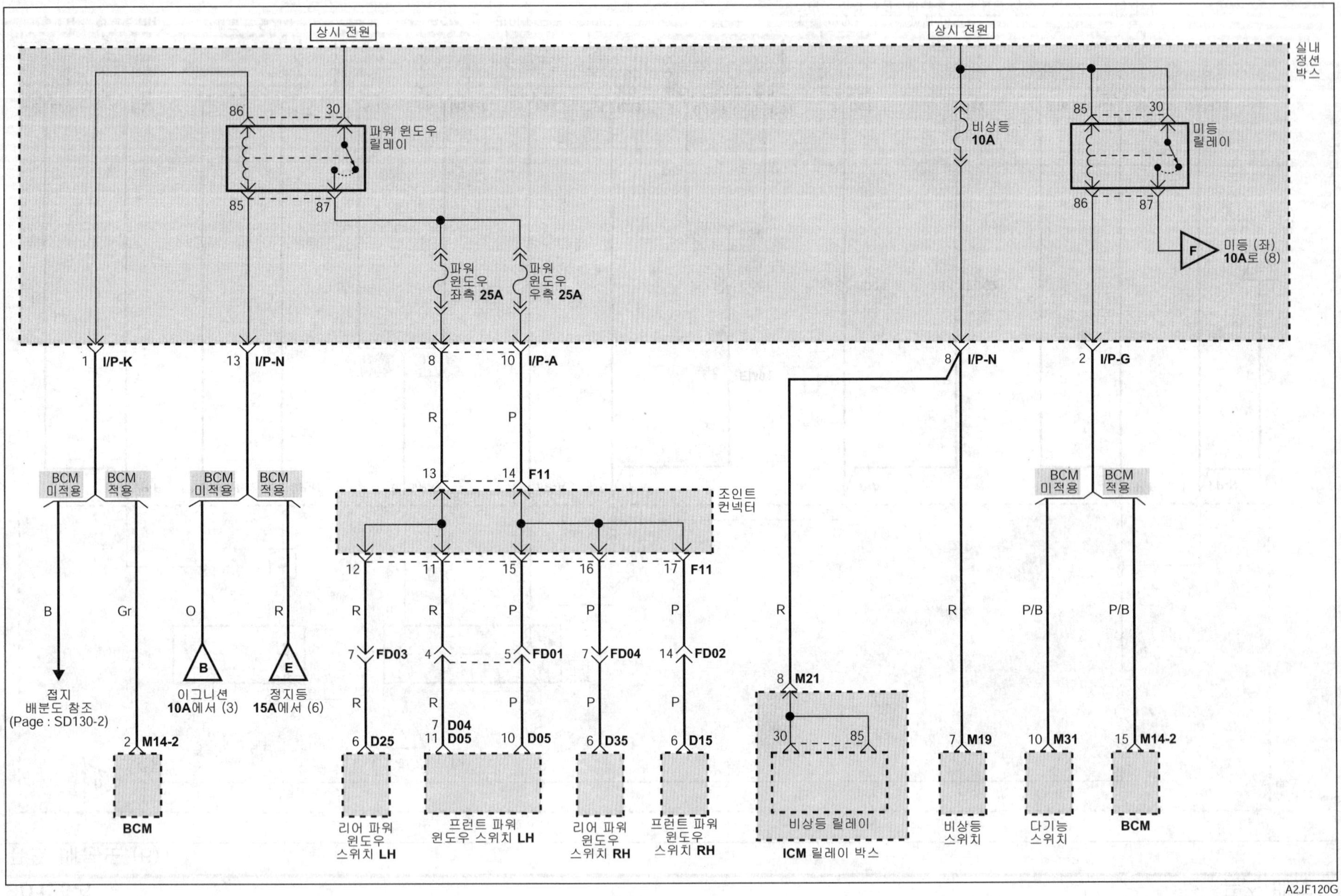
상시 전원
실내 정션 박스
파워 윈도우 릴레이
86
30
85
87
파워 윈도우 좌측 25A
파워 윈도우 우측 25A
비상등 10A
미등 릴레이
미등 (좌) 10A로 (8)
F
1 I/P-K
13 I/P-N
8
10 I/P-A
8 I/P-N
2 I/P-G
BCM 미적용
BCM 적용
B
Gr
O
R
P
P/B
접지 배분도 참조 (Page : SD130-2)
이그니션 10A에서 (3)
정지등 15A에서 (6)
E
13
14 F11
조인트 컨넥터
12
11
15
16
17 F11
7 FD03
4
5 FD01
7 FD04
14 FD02
6 D25
7 D04
11 D05
10 D05
6 D35
6 D15
2 M14-2
BCM
리어 파워 윈도우 스위치 LH
프런트 파워 윈도우 스위치 LH
리어 파워 윈도우 스위치 RH
프런트 파워 윈도우 스위치 RH
8 M21
30
85
비상등 릴레이
ICM 릴레이 박스
7 M19
비상등 스위치
10 M31
다기능 스위치
15 M14-2
A2JF120G

퓨즈 배분도 (8)

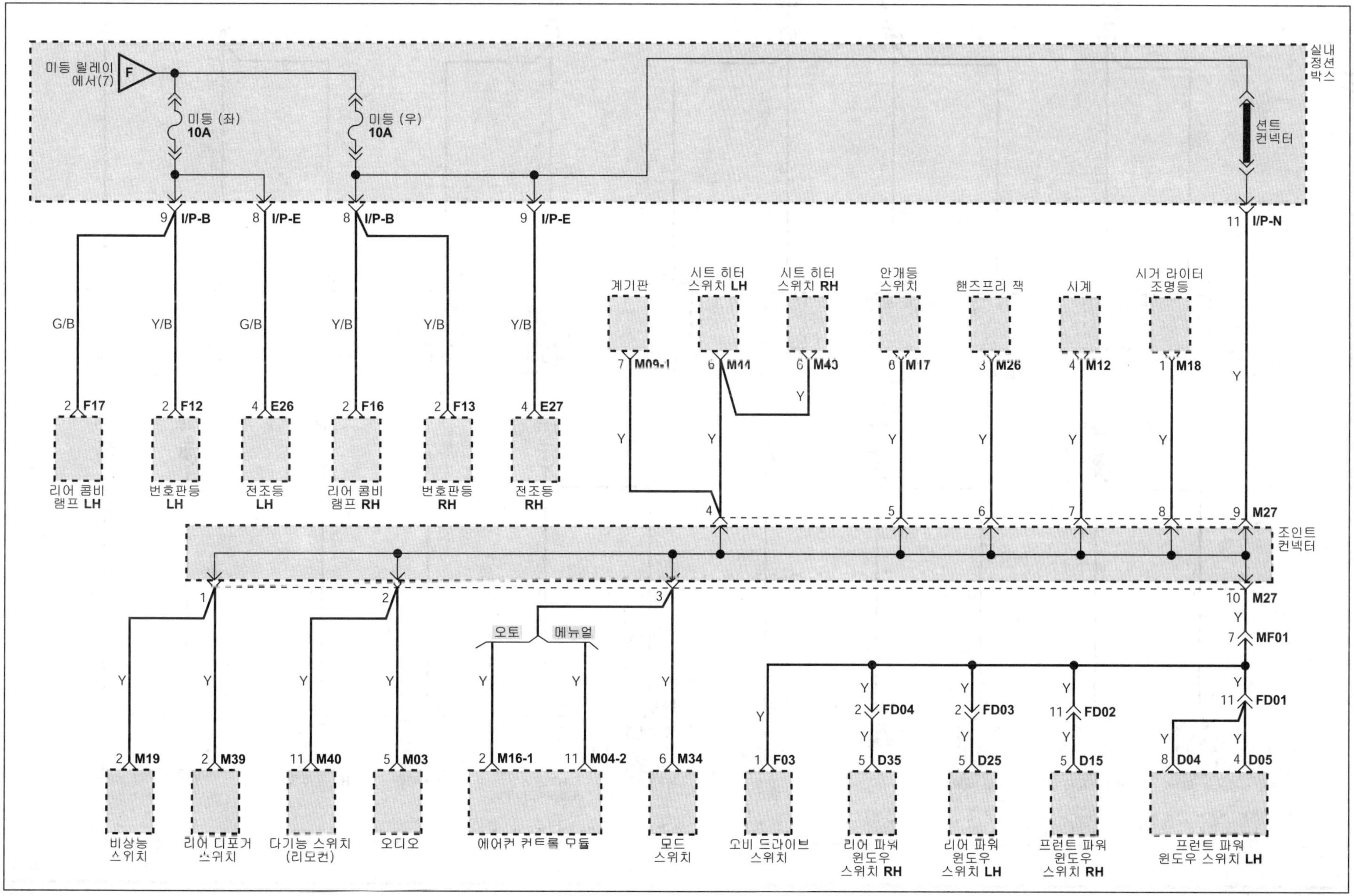
실내 정션 박스
미등 릴레이 에서(7)
F
미등 (좌) 10A
미등 (우) 10A
션트 컨넥터
9 I/P-B
8 I/P-E
8 I/P-B
9 I/P-E
11 I/P-N
G/B
Y/B
G/B
Y/B
Y/B
Y/B
2 F17
2 F12
4 E26
2 F16
2 F13
4 E27
리어 콤비 램프 LH
번호판등 LH
전조등 LH
리어 콤비 램프 RH
번호판등 RH
전조등 RH
계기판
시트 히터 스위치 LH
시트 히터 스위치 RH
안개등 스위치
핸즈프리 잭
시계
시거 라이터 조명등
7 M09-1
6 M11
6 M43
8 M17
3 M26
4 M12
1 M18
Y
4
5
6
7
8
9 M27
조인트 컨넥터
10 M27
7 MF01
11 FD01
2 FD04
2 FD03
11 FD02
1
2
3
오토
메뉴얼
2 M19
2 M39
11 M40
5 M03
2 M16-1
11 M04-2
6 M34
1 F03
5 D35
5 D25
5 D15
8 D04
4 D05
비상등 스위치
리어 디포거 스위치
다기능 스위치 (리모컨)
오디오
에어컨 컨트롤 모듈
모드 스위치
오버 드라이브 스위치
리어 파워 윈도우 스위치 RH
리어 파워 윈도우 스위치 LH
프런트 파워 윈도우 스위치 RH
프런트 파워 윈도우 스위치 LH

A2JF120H

접지 배분도 (1)

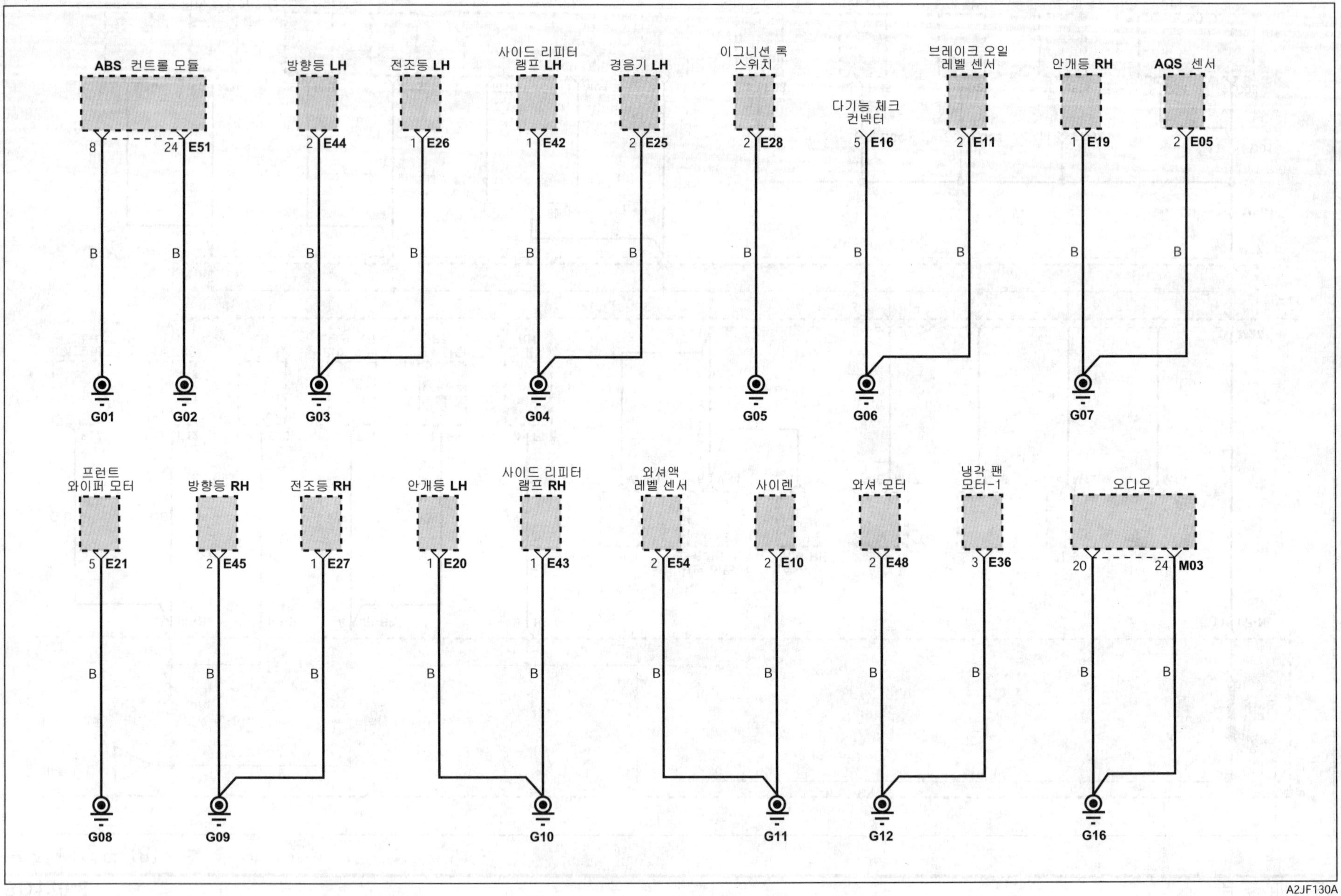
ABS 컨트롤 모듈
8
24 E51
B
G01
G02
방향등 LH
2 E44
전조등 LH
1 E26
G03
사이드 리피터
램프 LH
1 E42
경음기 LH
2 E25
G04
이그니션 록
스위치
2 E28
G05
다기능 체크
컨넥터
5 E16
브레이크 오일
레벨 센서
2 E11
G06
안개등 RH
1 E19
AQS 센서
2 E05
G07
프런트
와이퍼 모터
5 E21
G08
방향등 RH
2 E45
전조등 RH
1 E27
G09
안개등 LH
1 E20
사이드 리피터
램프 RH
1 E43
G10
와셔액
레벨 센서
2 E54
사이렌
2 E10
G11
와셔 모터
2 E48
냉각 팬
모터-1
3 E36
G12
오디오
20
24 M03
G16
A2JF130A

접지 배분도 (2)

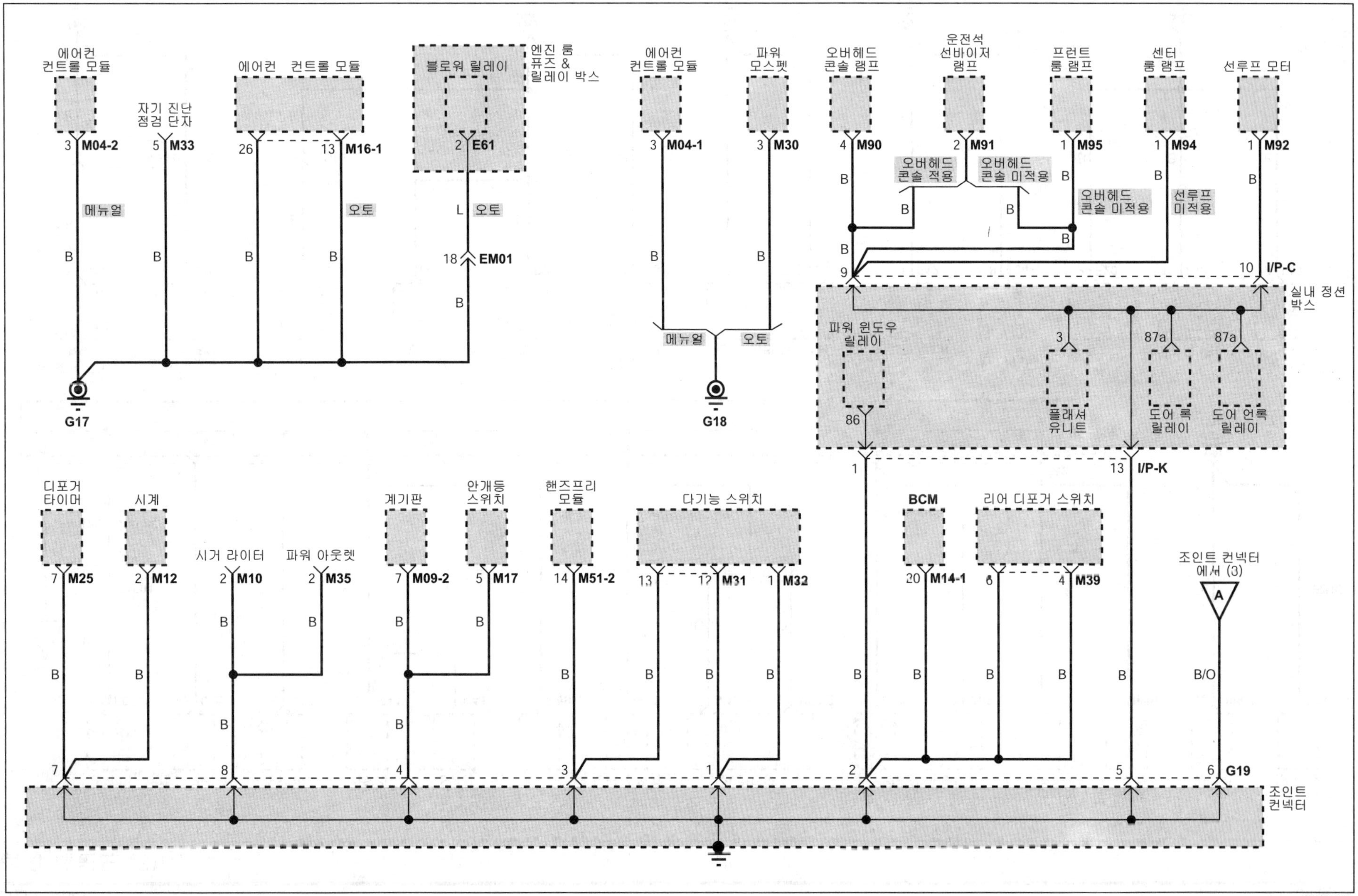
에어컨 컨트롤 모듈
3 M04-2
메뉴얼
자기 진단 점검 단자
5 M33
에어컨 컨트롤 모듈
26
13 M16-1
오토
블로워 릴레이
2 E61
엔진 룸 퓨즈 & 릴레이 박스
L 오토
18 EM01
G17
에어컨 컨트롤 모듈
3 M04-1
파워 모스펫
3 M30
메뉴얼
오토
G18
오버헤드 콘솔 램프
4 M90
운전석 선바이저 램프
2 M91
오버헤드 콘솔 적용
오버헤드 콘솔 미적용
프런트 룸 램프
1 M95
오버헤드 콘솔 미적용
센터 룸 램프
1 M94
선루프 미적용
선루프 모터
1 M92
9
10 I/P-C
실내 정션 박스
파워 윈도우 릴레이
86
3
플래셔 유니트
87a
도어 록 릴레이
87a
도어 언록 릴레이
1
13 I/P-K
디포거 타이머
7 M25
시계
2 M12
시거 라이터
2 M10
파워 아웃렛
2 M35
계기판
7 M09-2
안개등 스위치
5 M17
핸즈프리 모듈
14 M51-2
다기능 스위치
13
12 M31
1 M32
BCM
20 M14-1
리어 디포거 스위치
8
4 M39
조인트 컨넥터 에서 (3)
A
B/O
7
8
4
3
1
2
5
6 G19
조인트 컨넥터
B

A2JF130B

접지 배분도 (3)

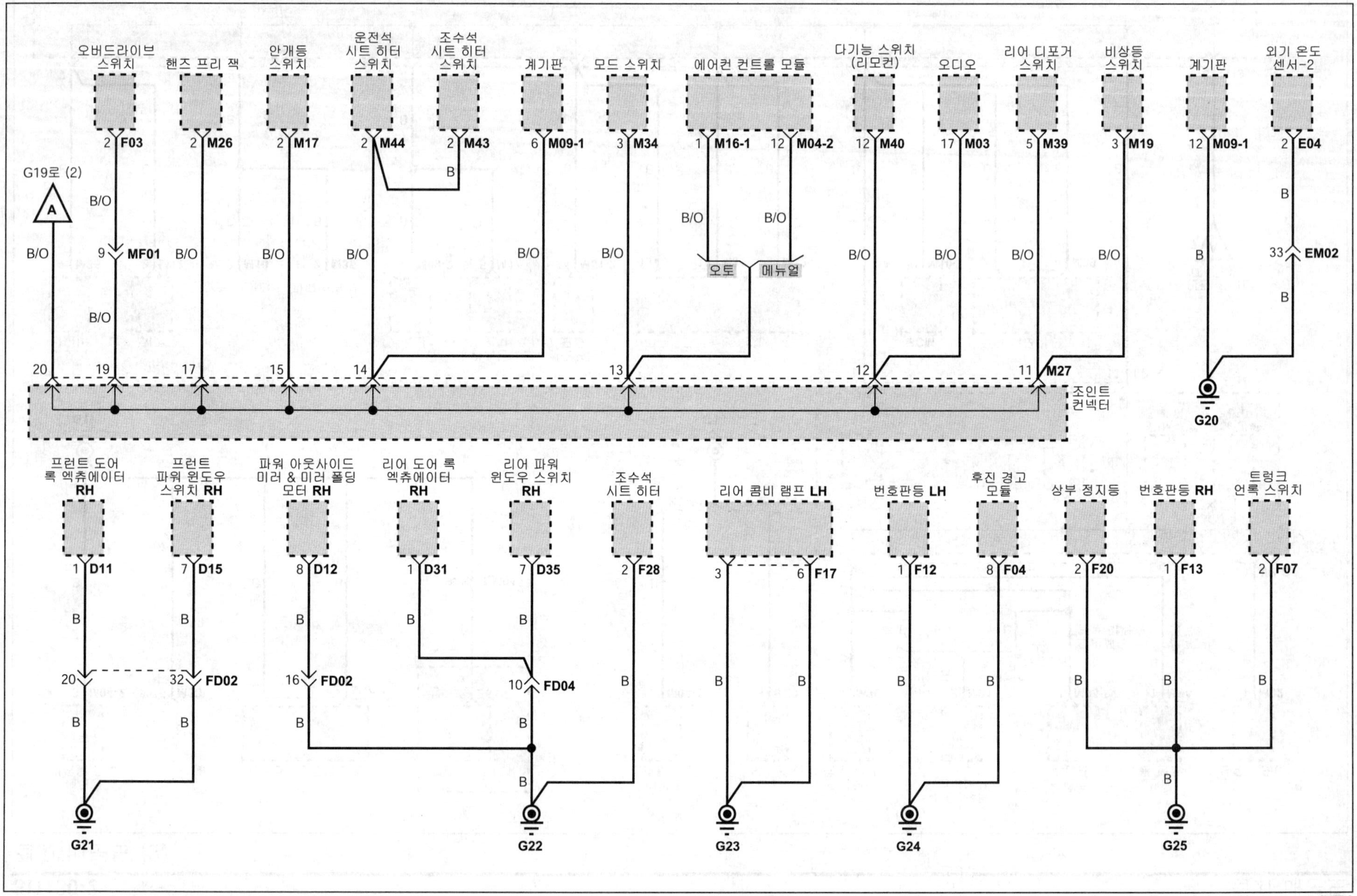

오버드라이브 스위치
핸즈 프리 잭
안개등 스위치
운전석 시트 히터 스위치
조수석 시트 히터 스위치
계기판
모드 스위치
에어컨 컨트롤 모듈
다기능 스위치 (리모컨)
오디오
리어 디포거 스위치
비상등 스위치
계기판
외기 온도 센서-2
2 F03
2 M26
2 M17
2 M44
2 M43
6 M09-1
3 M34
1 M16-1
12 M04-2
12 M40
17 M03
5 M39
3 M19
12 M09-1
2 E04
G19로 (2)
A
B/O
B
9 MF01
33 EM02
오토
메뉴얼
20
19
17
15
14
13
12
11 M27
조인트 컨넥터
G20
프런트 도어 록 엑츄에이터 RH
프런트 파워 윈도우 스위치 RH
파워 아웃사이드 미러 & 미러 폴딩 모터 RH
리어 도어 록 엑츄에이터 RH
리어 파워 윈도우 스위치 RH
조수석 시트 히터
리어 콤비 램프 LH
번호판등 LH
후진 경고 모듈
상부 정지등
번호판등 RH
트렁크 언록 스위치
1 D11
7 D15
8 D12
1 D31
7 D35
2 F28
3
6 F17
1 F12
8 F04
2 F20
1 F13
2 F07
20
32 FD02
16 FD02
10 FD04
G21
G22
G23
G24
G25

A2JF130C

접지 배분도 (4)

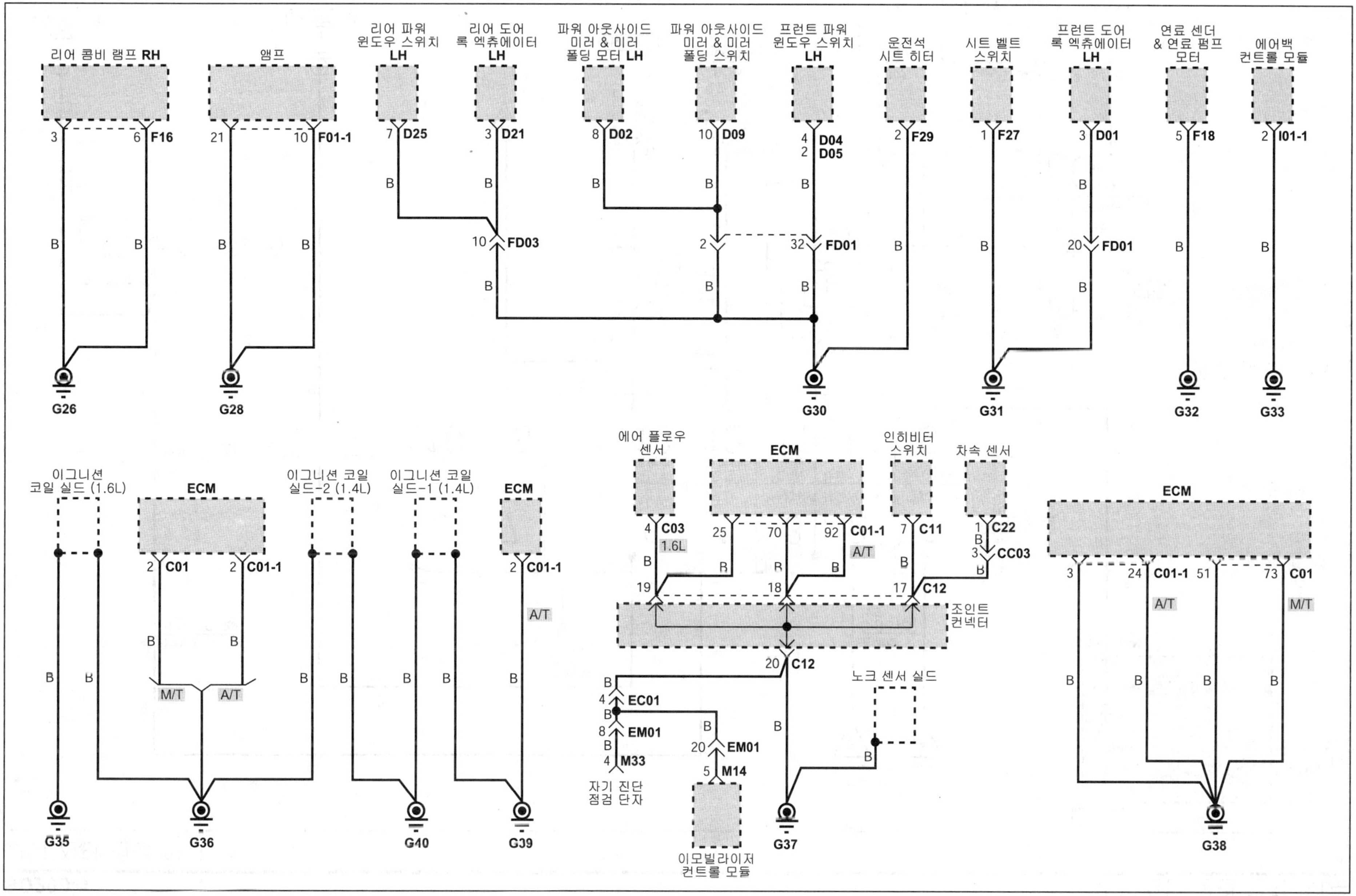
리어 콤비 램프 RH
3
6
F16
G26
앰프
21
10
F01-1
G28
리어 파워 윈도우 스위치 LH
7
D25
리어 도어 록 엑츄에이터 LH
3
D21
10
FD03
파워 아웃사이드 미러 & 미러 폴딩 모터 LH
8
D02
파워 아웃사이드 미러 & 미러 폴딩 스위치
10
D09
2
프런트 파워 윈도우 스위치 LH
4 D04
2 D05
32
FD01
운전석 시트 히터
2
F29
G30
시트 벨트 스위치
1
F27
프런트 도어 록 엑츄에이터 LH
3
D01
20
FD01
G31
연료 센더 & 연료 펌프 모터
5
F18
G32
에어백 컨트롤 모듈
2
I01-1
G33
B
이그니션 코일 실드 (1.6L)
G35
ECM
2
C01
2
C01-1
M/T
A/T
G36
이그니션 코일 실드-2 (1.4L)
이그니션 코일 실드-1 (1.4L)
G40
ECM
2
C01-1
A/T
G39
에어 플로우 센서
4
C03
1.6L
19
ECM
25
70
92
C01-1
A/T
18
인히비터 스위치
7
C11
17
C12
차속 센서
1
C22
3
CC03
조인트 컨넥터
20
C12
4
EC01
8
EM01
4
M33
자기 진단 점검 단자
20
EM01
5
M14
이모빌라이저 컨트롤 모듈
G37
노크 센서 실드
ECM
3
24
C01-1
51
73
C01
A/T
M/T
G38
R
A2JF130D

자기 진단 점검 단자 회로 (1)

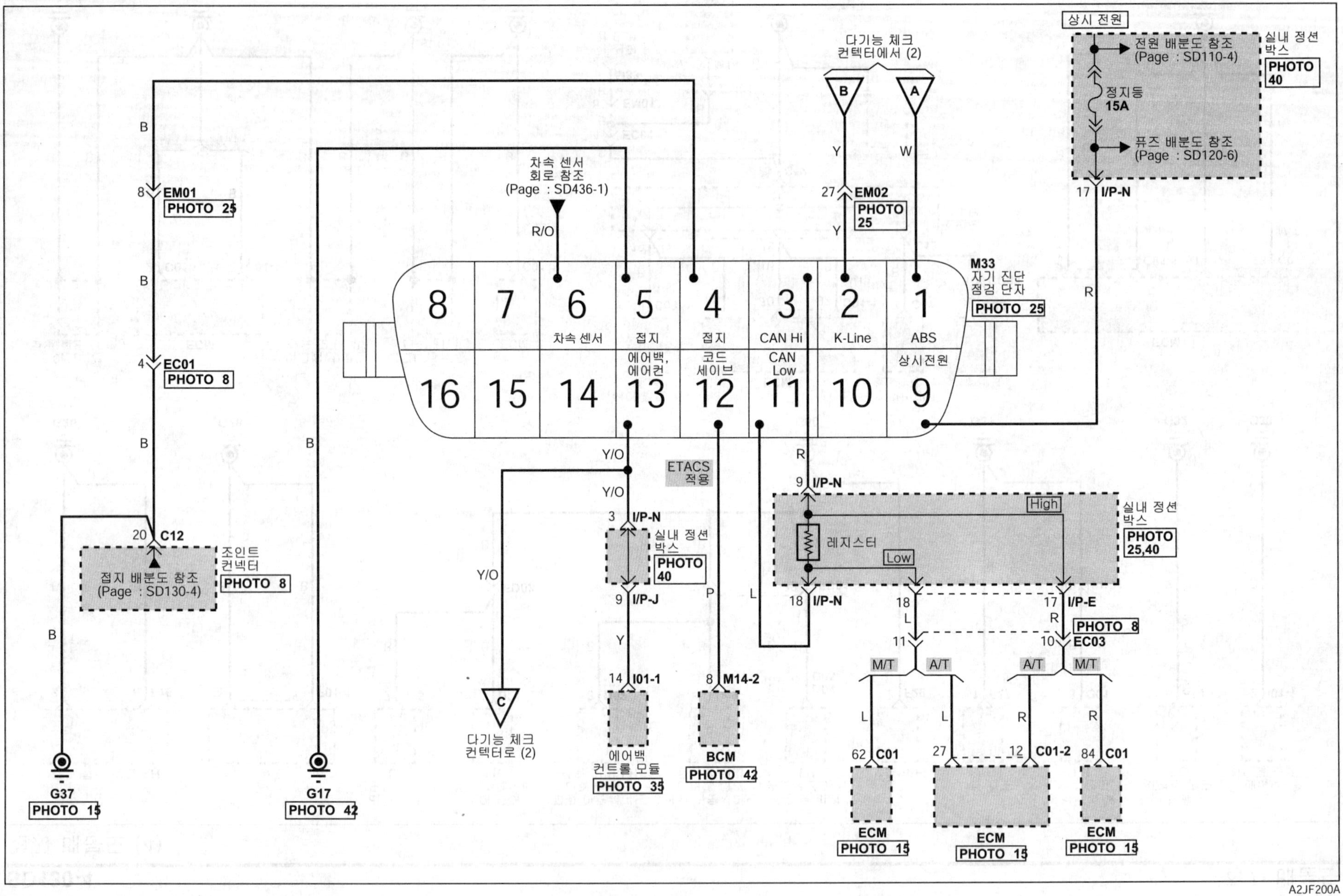
상시 전원
전원 배분도 참조 (Page : SD110-4)
정지등 15A
퓨즈 배분도 참조 (Page : SD120-6)
실내 정션 박스
PHOTO 40
17 I/P-N
R
다기능 체크 컨텍터에서 (2)
B
A
Y
W
27 EM02
PHOTO 25
M33
자기 진단 점검 단자
PHOTO 25
차속 센서 회로 참조 (Page : SD436-1)
R/O
8
7
6
5
4
3
2
1
차속 센서
접지
접지
CAN Hi
K-Line
ABS
에어백, 에어컨
코드 세이브
CAN Low
상시전원
16
15
14
13
12
11
10
9
8 EM01
PHOTO 25
4 EC01
PHOTO 8
20 C12
접지 배분도 참조 (Page : SD130-4)
조인트 컨넥터
PHOTO 8
G37
PHOTO 15
G17
PHOTO 42
Y/O
ETACS 적용
3 I/P-N
실내 정션 박스
PHOTO 40
9 I/P-J
14 I01-1
에어백 컨트롤 모듈
PHOTO 35
다기능 체크 컨텍터로 (2)
P
8 M14-2
BCM
PHOTO 42
9 I/P-N
High
레지스터
Low
실내 정션 박스
PHOTO 25,40
18 I/P-N
18
17 I/P-E
PHOTO 8
11
10 EC03
M/T
A/T
62 C01
27
12 C01-2
84 C01
ECM
PHOTO 15
ECM
PHOTO 15
ECM
PHOTO 15
A2JF200A

자기 진단 점검 단자 회로

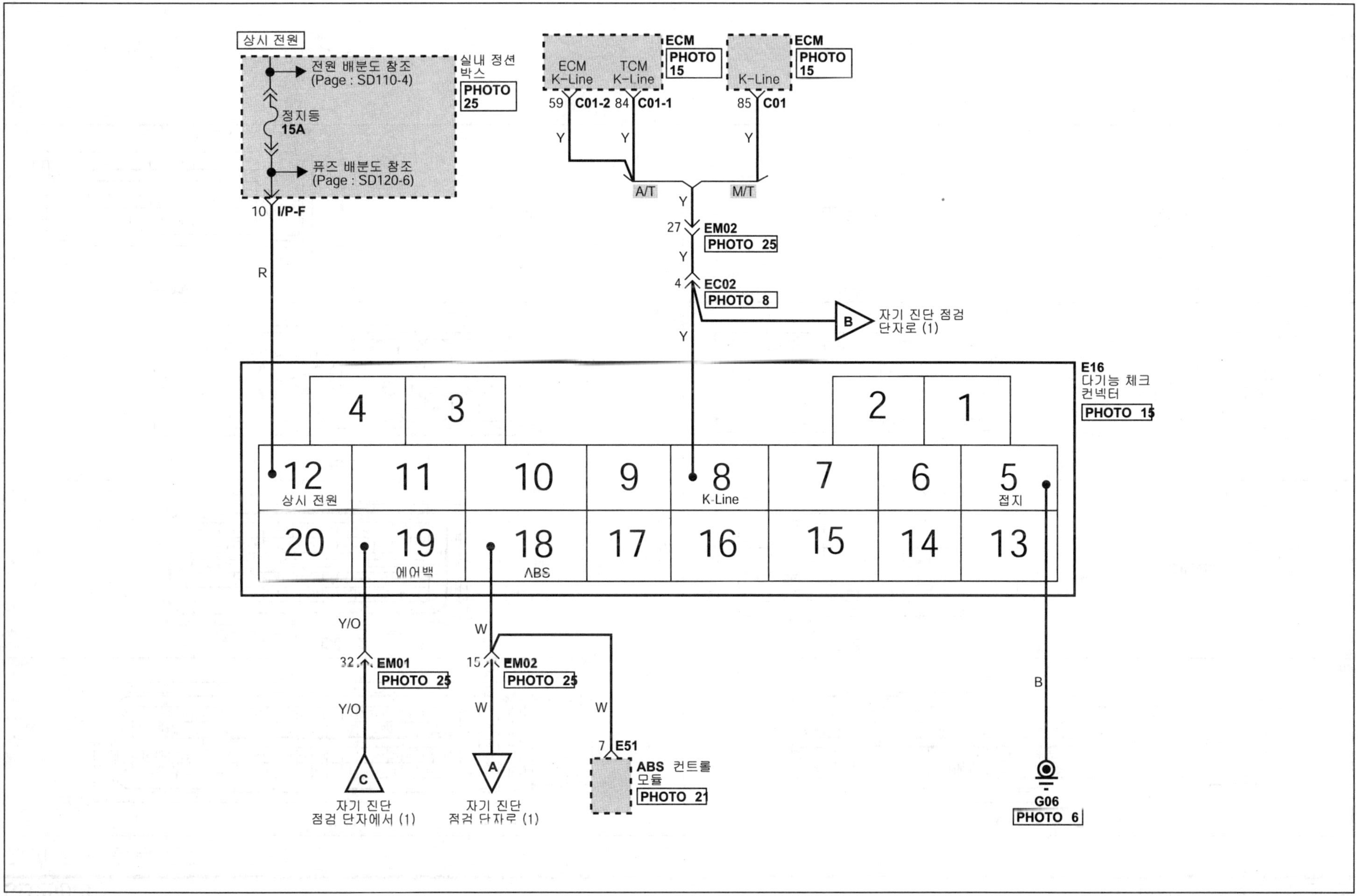
상시 전원
전원 배분도 참조 (Page : SD110-4)
정지등 15A
퓨즈 배분도 참조 (Page : SD120-6)
실내 정션 박스
PHOTO 25
10 I/P-F
R
ECM K-Line
TCM K-Line
ECM
PHOTO 15
59 C01-2 84 C01-1
K-Line
85 C01
Y
A/T
M/T
27 EM02
PHOTO 25
4 EC02
PHOTO 8
B
자기 진단 점검 단자로 (1)
E16
다기능 체크 컨넥터
PHOTO 15
4 3 2 1
12 상시 전원
11
10
9
8 K-Line
7
6
5 접지
20
19 에어백
18 ABS
17
16
15
14
13
Y/O
32 EM01
PHOTO 25
W
15 EM02
7 E51
ABS 컨트롤 모듈
PHOTO 21
B
C
자기 진단 점검 단자에서 (1)
A
자기 진단 점검 단자로 (1)
G06
PHOTO 6

A2JF200B

자기 진단 점검 단자 회로 (3)

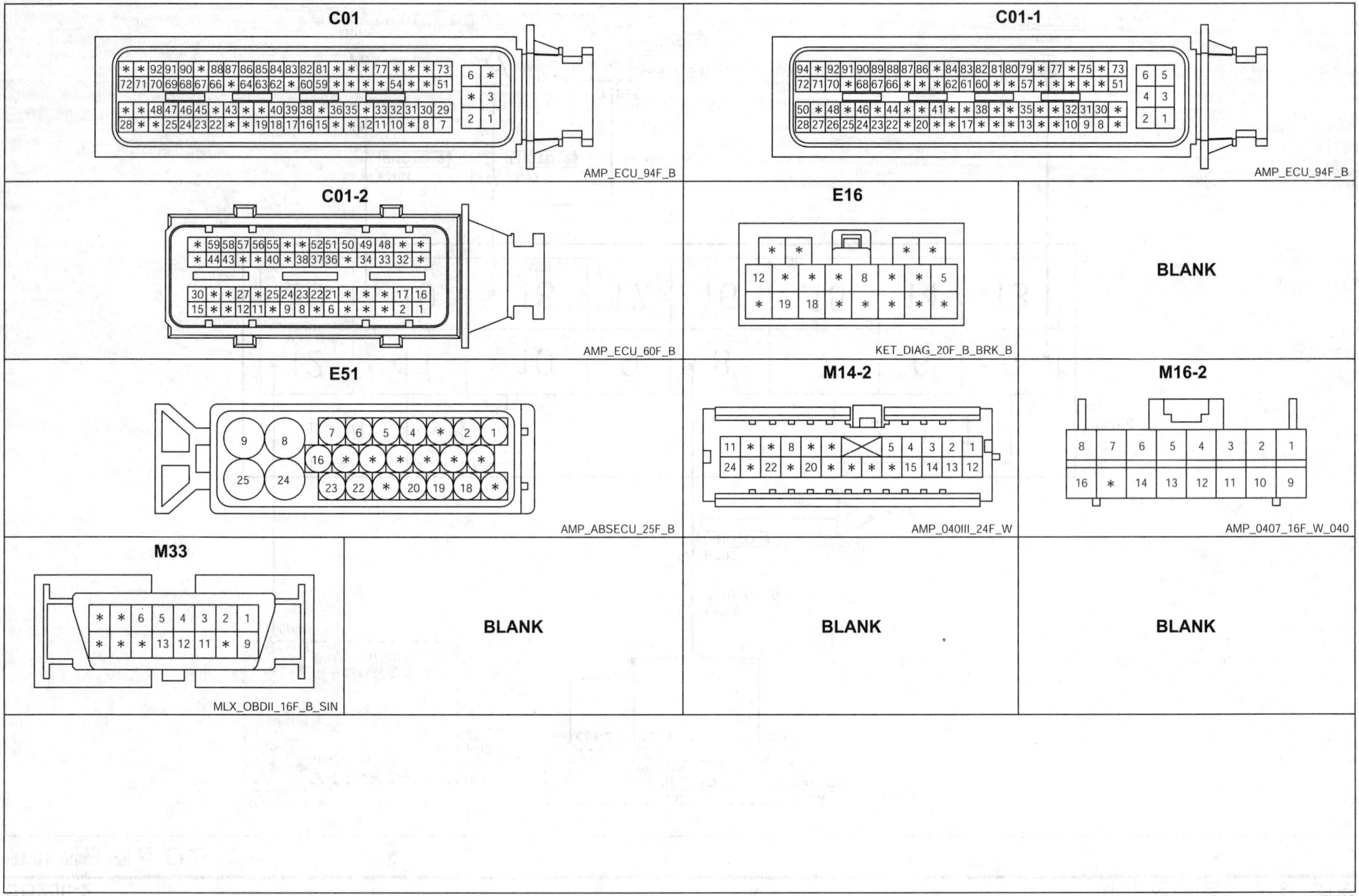

A2JF200C

MEMO

냉각 회로 (1)

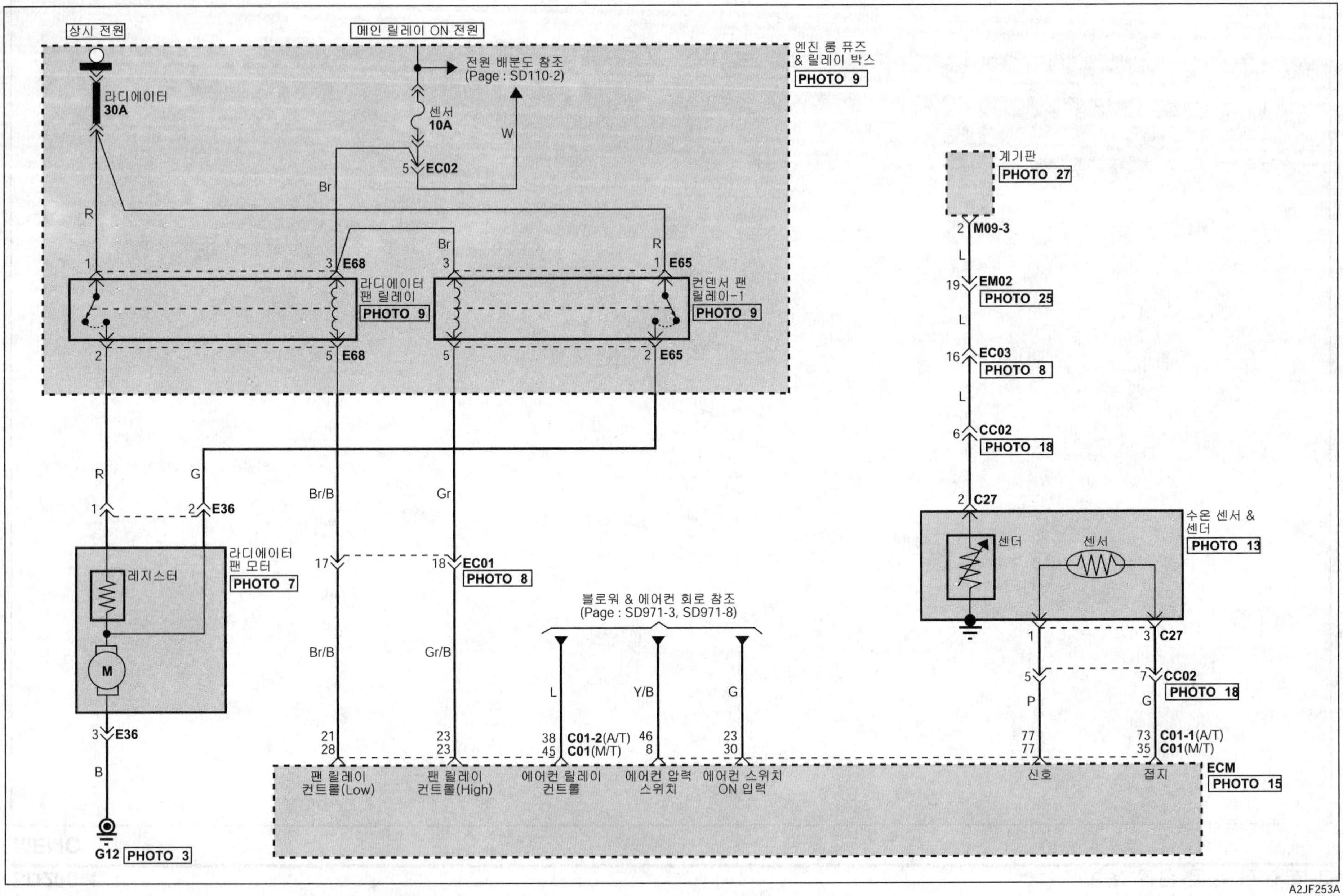

상시 전원
메인 릴레이 ON 전원
전원 배분도 참조
(Page : SD110-2)
엔진 룸 퓨즈
& 릴레이 박스
PHOTO 9
라디에이터
30A
센서
10A
EC02
W
Br
R
E68
라디에이터
팬 릴레이
PHOTO 9
E65
컨덴서 팬
릴레이-1
PHOTO 9
G
E36
라디에이터
팬 모터
PHOTO 7
레지스터
M
B
G12 PHOTO 3
Br/B
Gr
EC01
PHOTO 8
Gr/B
블로워 & 에어컨 회로 참조
(Page : SD971-3, SD971-8)
L
Y/B
C01-2(A/T)
C01(M/T)
계기판
PHOTO 27
M09-3
EM02
PHOTO 25
EC03
PHOTO 8
CC02
PHOTO 18
C27
수온 센서 &
센더
PHOTO 13
센더
센서
P
C01-1(A/T)
C01(M/T)
ECM
PHOTO 15
팬 릴레이
컨트롤(Low)
팬 릴레이
컨트롤(High)
에어컨 릴레이
컨트롤
에어컨 압력
스위치
에어컨 스위치
ON 입력
신호
접지
A2JF253A

냉각 회로 (2)

C01

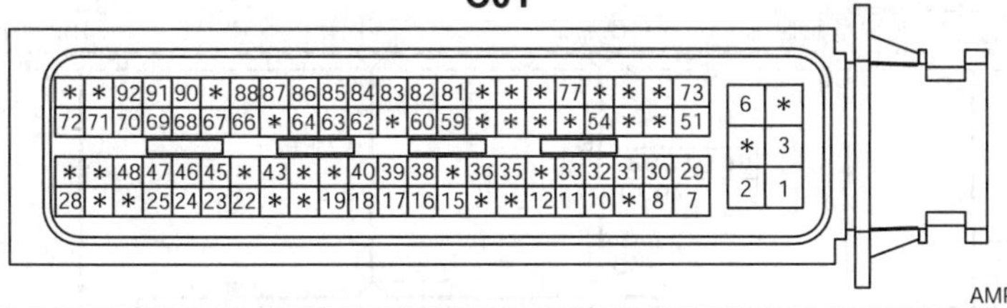

AMP_ECU_94F_B

C01-1

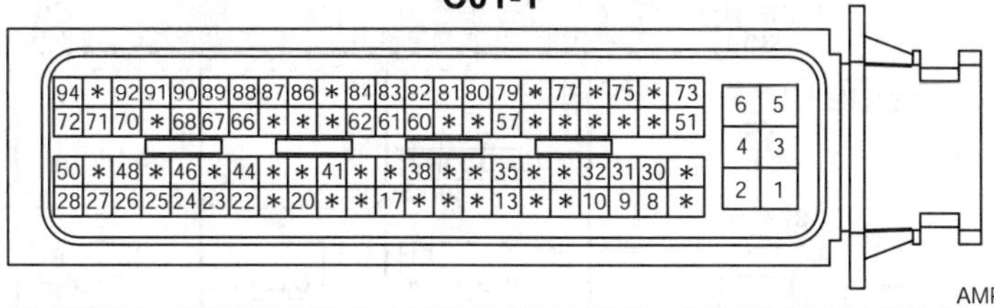

AMP_ECU_94F_B

C01-2

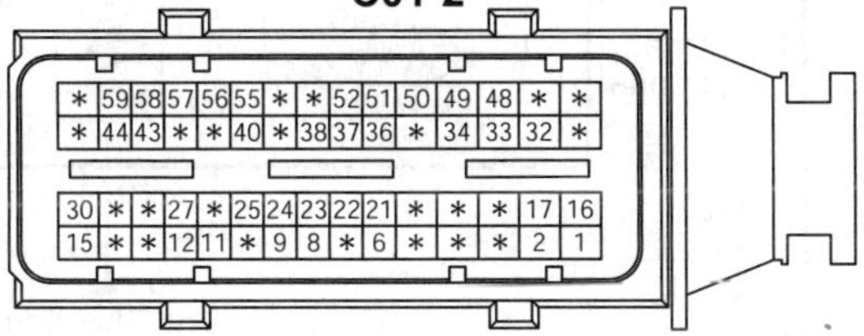

AMP_ECU_60F_B

C27

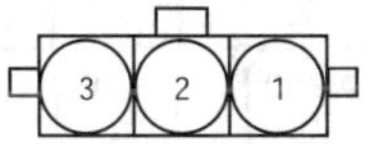

KPB016_03420

E36

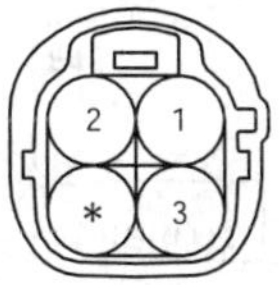

KET_187IIWP_04F_B

E65

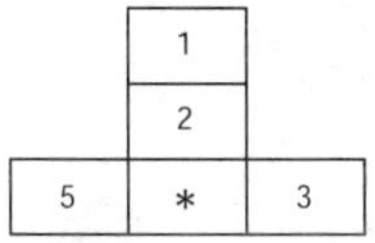

RBL05_18765

E68

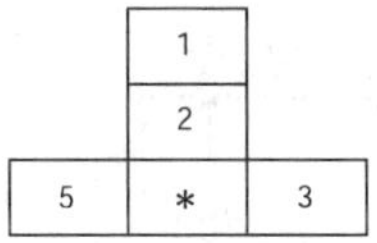

RBL05_18765

M09-3

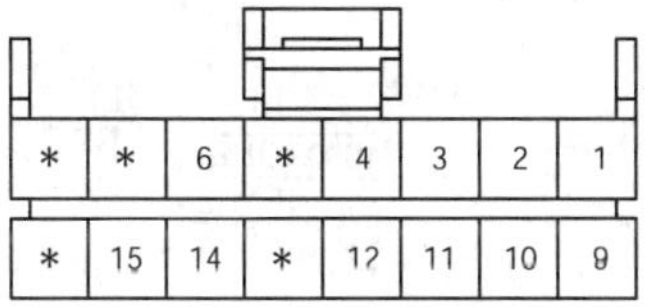

AMP_040M1_16F_B

BLANK

A2JF253B

엔진 컨트롤 회로 (M/T) (1)

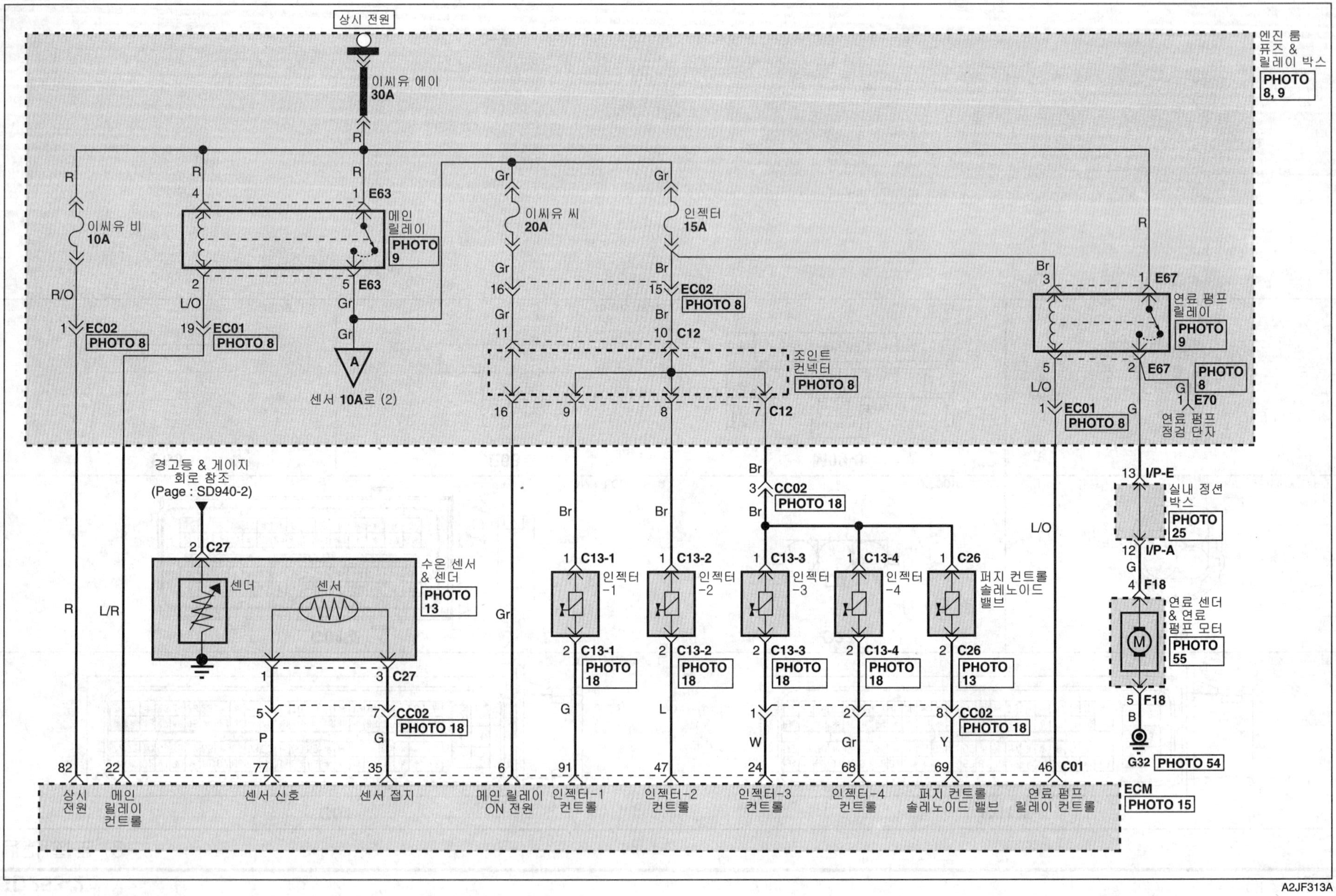
상시 전원
이씨유 에이 30A
엔진 룸 퓨즈 & 릴레이 박스
PHOTO 8, 9
이씨유 비 10A
메인 릴레이
PHOTO 9
E63
EC02 PHOTO 8
EC01 PHOTO 8
센서 10A로 (2)
이씨유 씨 20A
인젝터 15A
C12
조인트 컨넥터
PHOTO 8
연료 펌프 릴레이
E67
E70
연료 펌프 점검 단자
경고등 & 게이지 회로 참조 (Page : SD940-2)
C27
센더
센서
수온 센서 & 센더
PHOTO 13
CC02 PHOTO 18
C13-1
C13-2
C13-3
C13-4
C26
인젝터 -1
인젝터 -2
인젝터 -3
인젝터 -4
퍼지 컨트롤 솔레노이드 밸브
PHOTO 18
I/P-E
실내 정션 박스
PHOTO 25
I/P-A
F18
연료 센더 & 연료 펌프 모터
PHOTO 55
G32 PHOTO 54
C01
ECM
PHOTO 15
상시 전원
메인 릴레이 컨트롤
센서 신호
센서 접지
메인 릴레이 ON 전원
인젝터-1 컨트롤
인젝터-2 컨트롤
인젝터-3 컨트롤
인젝터-4 컨트롤
퍼지 컨트롤 솔레노이드 밸브
연료 펌프 릴레이 컨트롤
A2JF313A

엔진 컨트롤 회로 (M/T) (2)

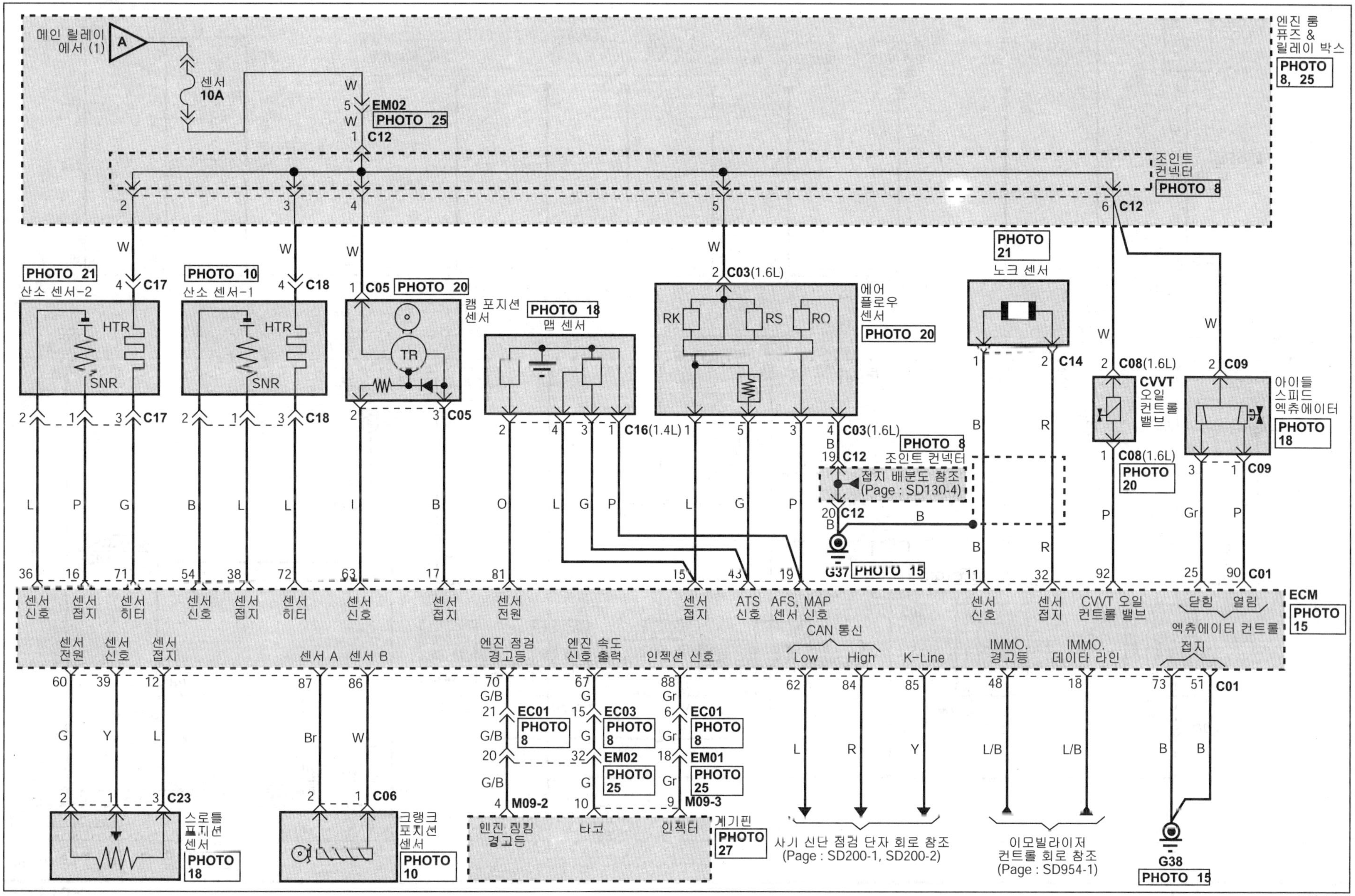
메인 릴레이 에서 (1)
센서 10A
EM02 PHOTO 25
C12
엔진 룸 퓨즈 & 릴레이 박스 PHOTO 8, 25
조인트 컨넥터 PHOTO 8
PHOTO 21 산소 센서-2
PHOTO 10 산소 센서-1
C05 PHOTO 20 캠 포지션 센서
PHOTO 18 맵 센서
C03(1.6L) 에어 플로우 센서 PHOTO 20
C16(1.4L)
PHOTO 21 노크 센서
C08(1.6L) CVVT 오일 컨트롤 밸브 PHOTO 20
C09 아이들 스피드 엑츄에이터 PHOTO 18
PHOTO 8 조인트 컨넥터
접지 배분도 참조 (Page : SD130-4)
G37 PHOTO 15
ECM PHOTO 15
센서 신호
센서 접지
센서 히터
센서 전원
ATS 신호
AFS, MAP 센서 신호
CVVT 오일 컨트롤 밸브
닫힘 열림
엑츄에이터 컨트롤
접지
센서 A 센서 B
엔진 점검 경고등
엔진 속도 신호 출력
인젝션 신호
CAN 통신 Low High
K-Line
IMMO. 경고등
IMMO. 데이타 라인
C01
EC01 PHOTO 8
EC03 PHOTO 8
EM02 PHOTO 25
EM01 PHOTO 25
M09-2
M09-3
엔진 점검 경고등
타코
인젝터
계기판 PHOTO 27
C23 스로틀 포지션 센서 PHOTO 18
C06 크랭크 포지션 센서 PHOTO 10
자기 진단 점검 단자 회로 참조 (Page : SD200-1, SD200-2)
이모빌라이저 컨트롤 회로 참조 (Page : SD954-1)
G38 PHOTO 15
A2JF313B

엔진 컨트롤 회로 (M/T) (3)

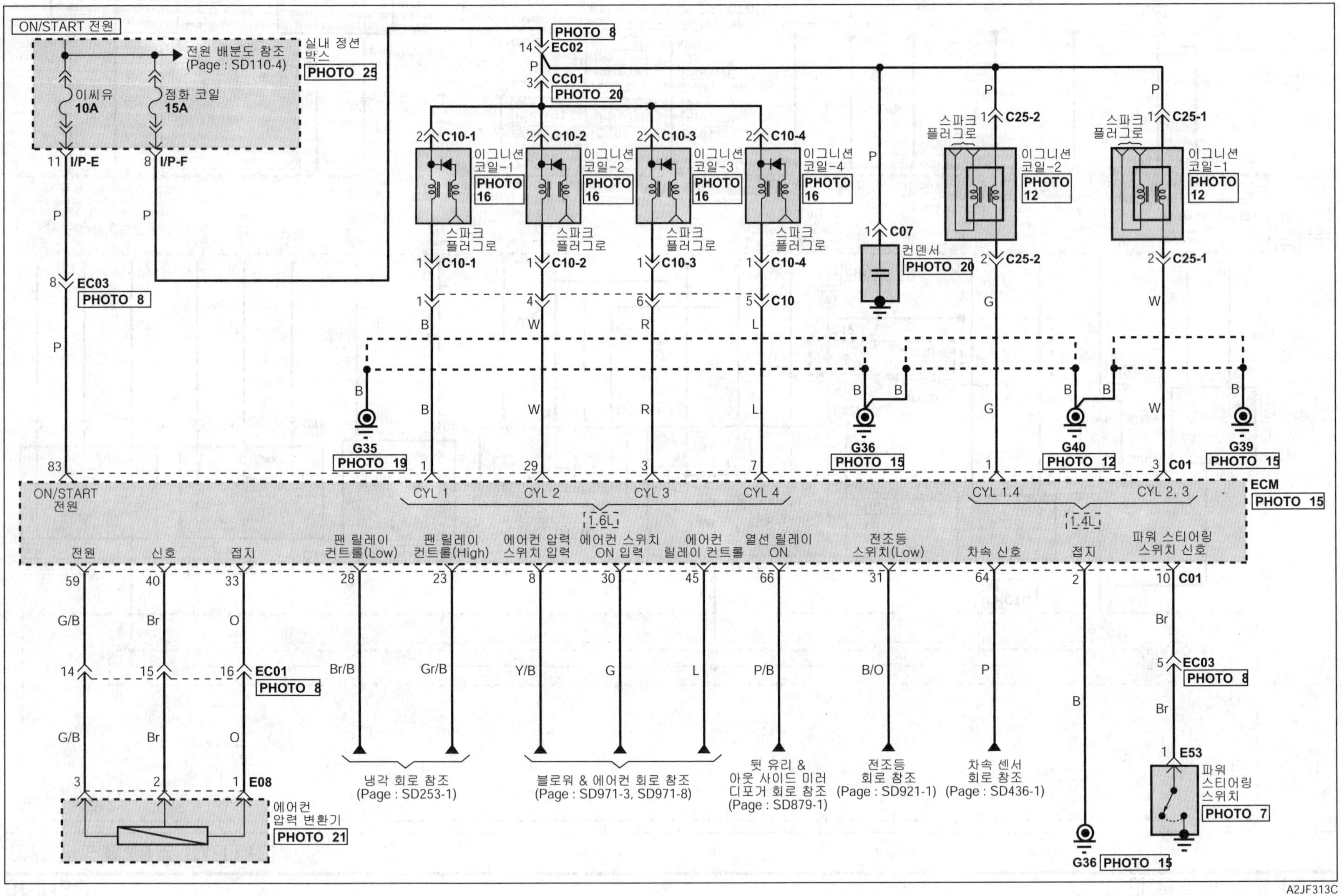
ON/START 전원
전원 배분도 참조 (Page : SD110-4)
실내 정션 박스
PHOTO 25
이씨유 10A
점화 코일 15A
I/P-E
I/P-F
EC03
PHOTO 8
EC02
CC01
PHOTO 20
C10-1
C10-2
C10-3
C10-4
이그니션 코일-1
이그니션 코일-2
이그니션 코일-3
이그니션 코일-4
PHOTO 16
스파크 플러그로
C10
C07
컨덴서
C25-1
C25-2
PHOTO 12
G35
PHOTO 19
G36
PHOTO 15
G40
G39
C01
ECM
ON/START 전원
CYL 1
CYL 2
CYL 3
CYL 4
1.6L
CYL 1.4
CYL 2, 3
1.4L
전원
신호
접지
팬 릴레이 컨트롤(Low)
팬 릴레이 컨트롤(High)
에어컨 압력 스위치 입력
에어컨 스위치 ON 입력
에어컨 릴레이 컨트롤
열선 릴레이 ON
전조등 스위치(Low)
차속 신호
파워 스티어링 스위치 신호
EC01
E08
에어컨 압력 변환기
PHOTO 21
냉각 회로 참조 (Page : SD253-1)
블로워 & 에어컨 회로 참조 (Page : SD971-3, SD971-8)
뒷 유리 & 아웃 사이드 미러 디포거 회로 참조 (Page : SD879-1)
전조등 회로 참조 (Page : SD921-1)
차속 센서 회로 참조 (Page : SD436-1)
E53
파워 스티어링 스위치
PHOTO 7

A2JF313C

엔진 컨트롤 회로 (M/T)

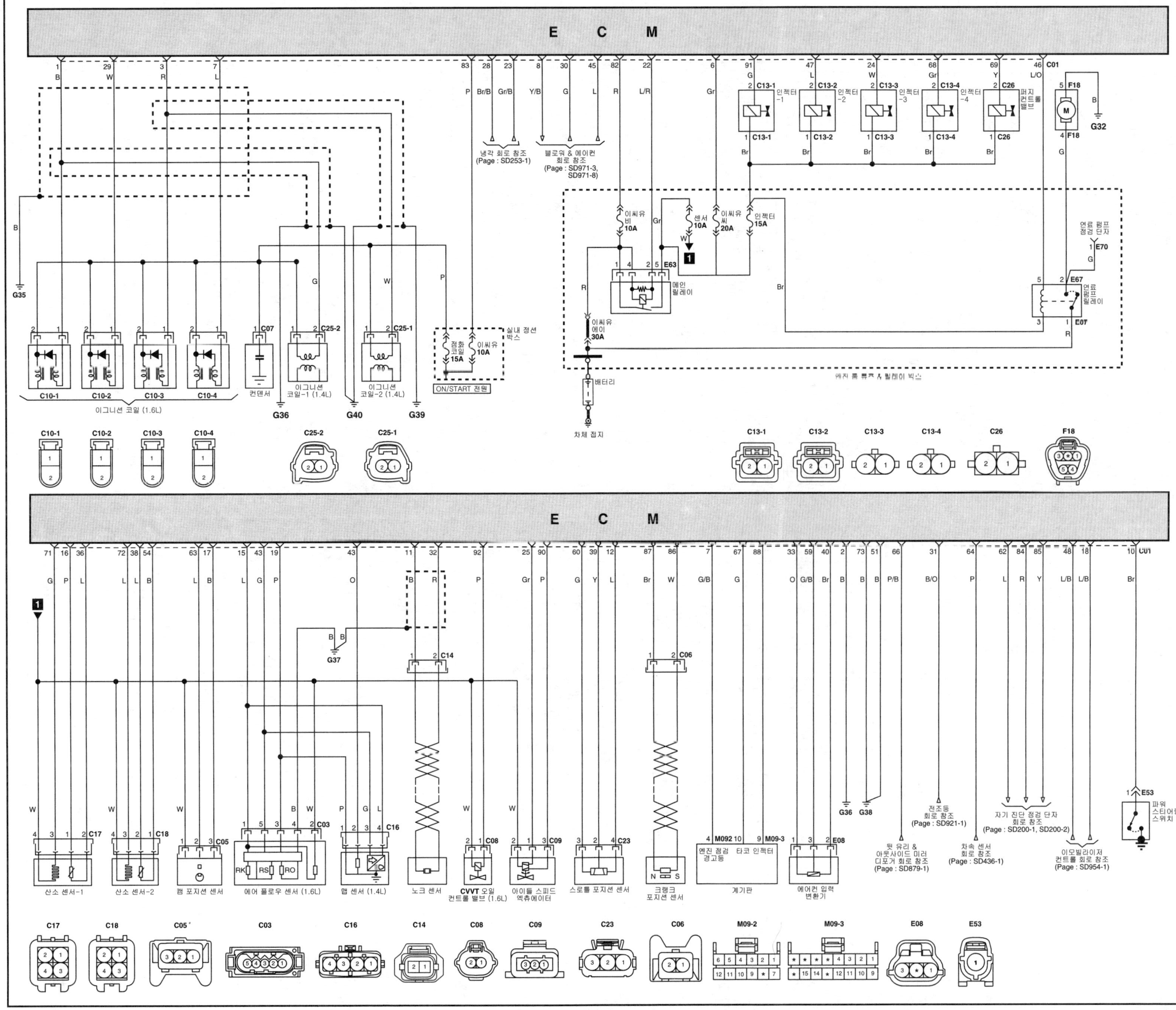

C01

PIN	ASSOCIATED FUNCTION	PIN	ASSOCIATED FUNCTION
1	CYL1. (1.6L). (1.4L)	48	IMMO 경고등
2	접지	49	-
3	CYL3.(1.6L). (1.4L)	50	-
4	-	51	접지
5	-	52	-
6	메인 릴레이 ON 전원	53	-
7	CYL4. (1.6L)	54	센서 신호
8	에어컨 압력 스위치 입력	55	-
9	-	56	-
10	파워 스티어링 스위치 신호	57	-
11	센서 신호	58	-
12	센서 접지	59	전원
13	-	60	센서 전원
14	-	61	-
15	센서 접지	62	CAN 통신 (Low)
16	센서 접지	63	센서 신호
17	센서 접지	64	차속 신호
18	IMMO. 데이타 라인	65	-
19	AFS. MAP 센서 신호	66	열선 릴레이 ON
20	-	67	타코 입력
21	-	68	인젝터-4 컨트롤
22	메인 릴레이 컨트롤	69	퍼지 컨트롤 솔레노이드 밸브
23	팬 릴레이 컨트롤 (High)	70	에어 점검 경고등
24	인젝터-3 컨트롤	71	센서 히터
25	엑츄에이터 컨트롤 (닫힘)	72	센서 히터
26	-	73	접지
27	-	74	-
28	팬 릴레이 컨트롤 (Low)	75	-
29	CYL2. (1.6L)	76	-
30	에어컨 스위치 ON 입력	77	센서 신호
31	[illegible] 스위치 (Low)	78	
32	센서 접지	79	-
33	접지	80	-
34	-	81	센서 전원
35	센서 접지	82	상시 전원
36	센서 신호	83	ON/START 전원
37	-	84	CAN 통신 (Light)
38	센서 접지	85	K-Line
39	센서 신호	86	센서 B
40	신호	87	센서 A
41	-	88	인젝션 신호
42	-	89	-
43	ATS 신호	90	엑츄에이터 (열림)
44	-	91	인젝터-1 컨트롤
45	에어컨 릴레이 컨트롤	92	CVVT 오일 컨트롤 밸브
46	연료 펌프 릴레이 컨트롤	93	-
47	인젝터-2 컨트롤	94	-

C01

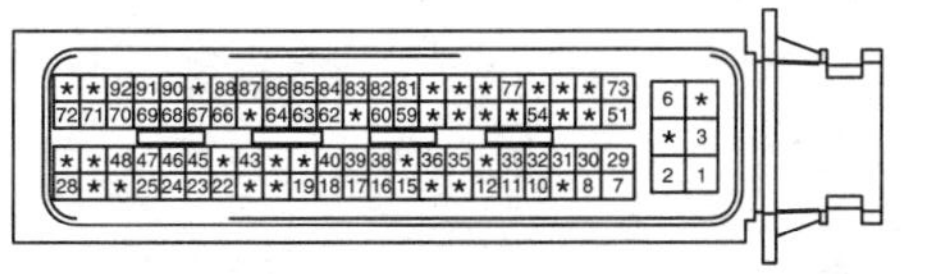

A2JF313Y

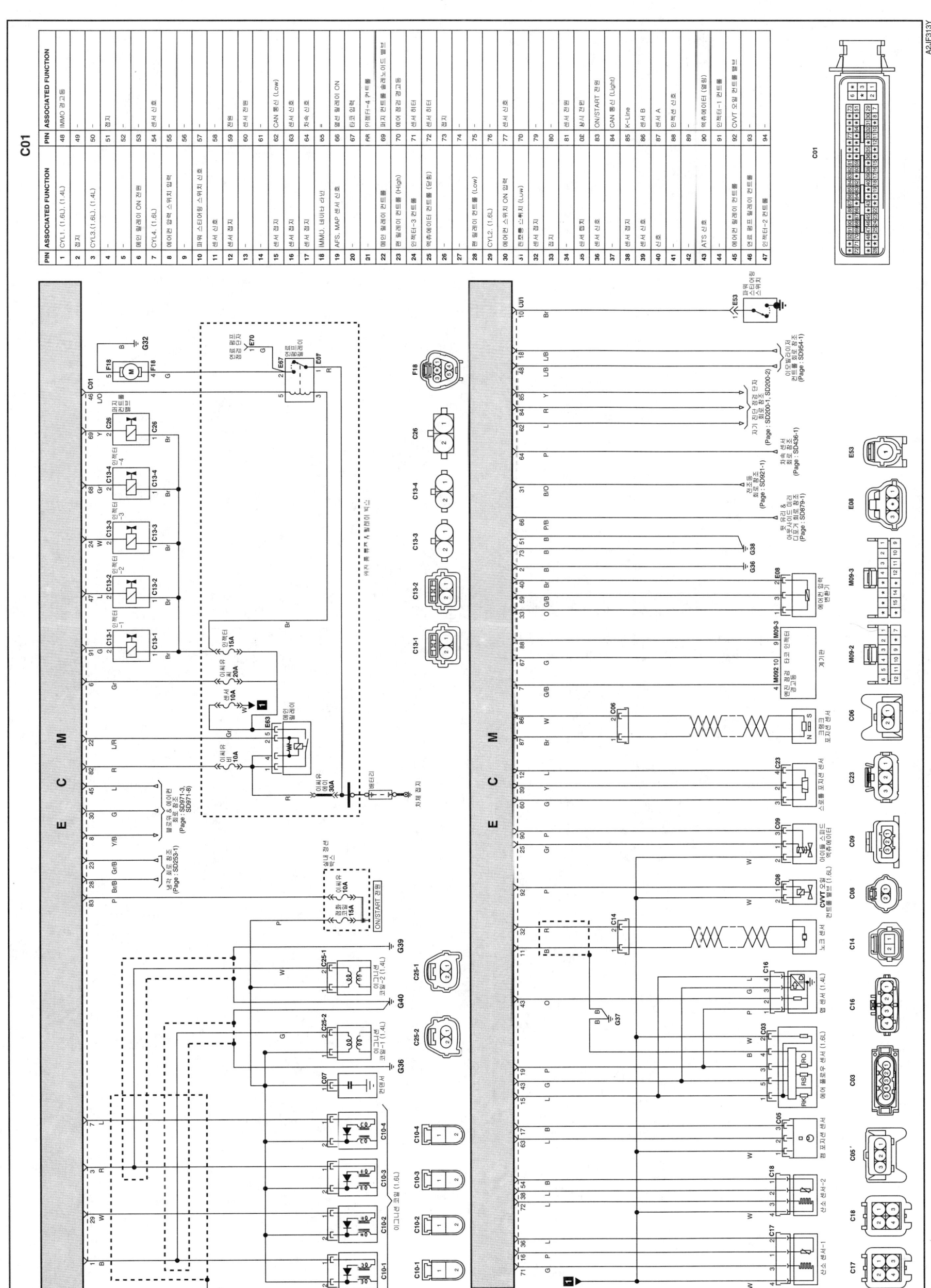

엔진 컨트롤 회로 (M/T) (4)

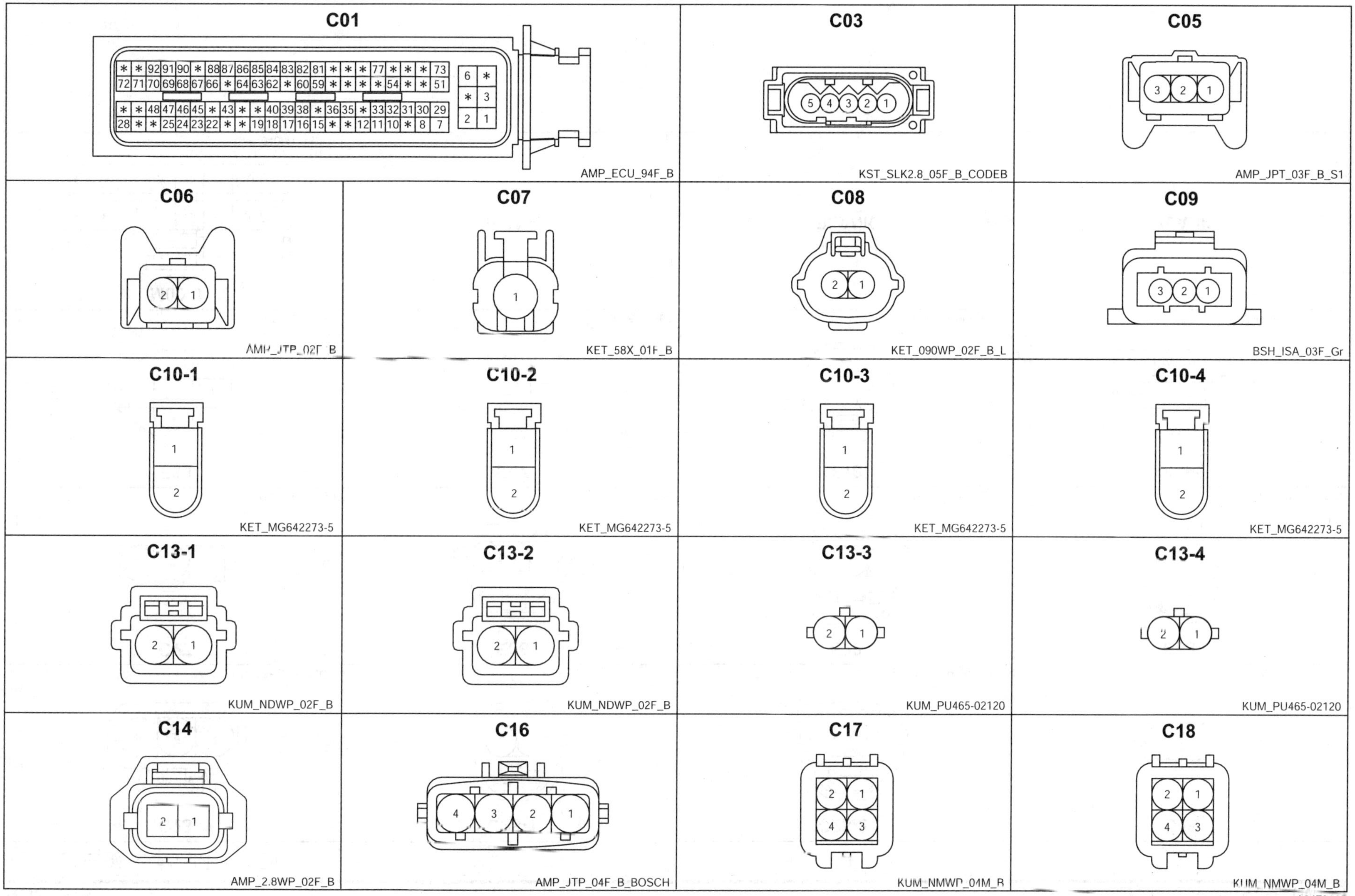
C01
AMP_ECU_94F_B
C03
KST_SLK2.8_05F_B_CODEB
C05
AMP_JPT_03F_B_S1
C06
AMP_JTP_02F_B
C07
KET_58X_01F_B
C08
KET_090WP_02F_B_L
C09
BSH_ISA_03F_Gr
C10-1
KET_MG642273-5
C10-2
KET_MG642273-5
C10-3
KET_MG642273-5
C10-4
KET_MG642273-5
C13-1
KUM_NDWP_02F_B
C13-2
KUM_NDWP_02F_B
C13-3
KUM_PU465-02120
C13-4
KUM_PU465-02120
C14
AMP_2.8WP_02F_B
C16
AMP_JTP_04F_B_BOSCH
C17
KUM_NMWP_04M_B
C18
KUM_NMWP_04M_B

A2JF313D

엔진 컨트롤 회로 (M/T) (5)

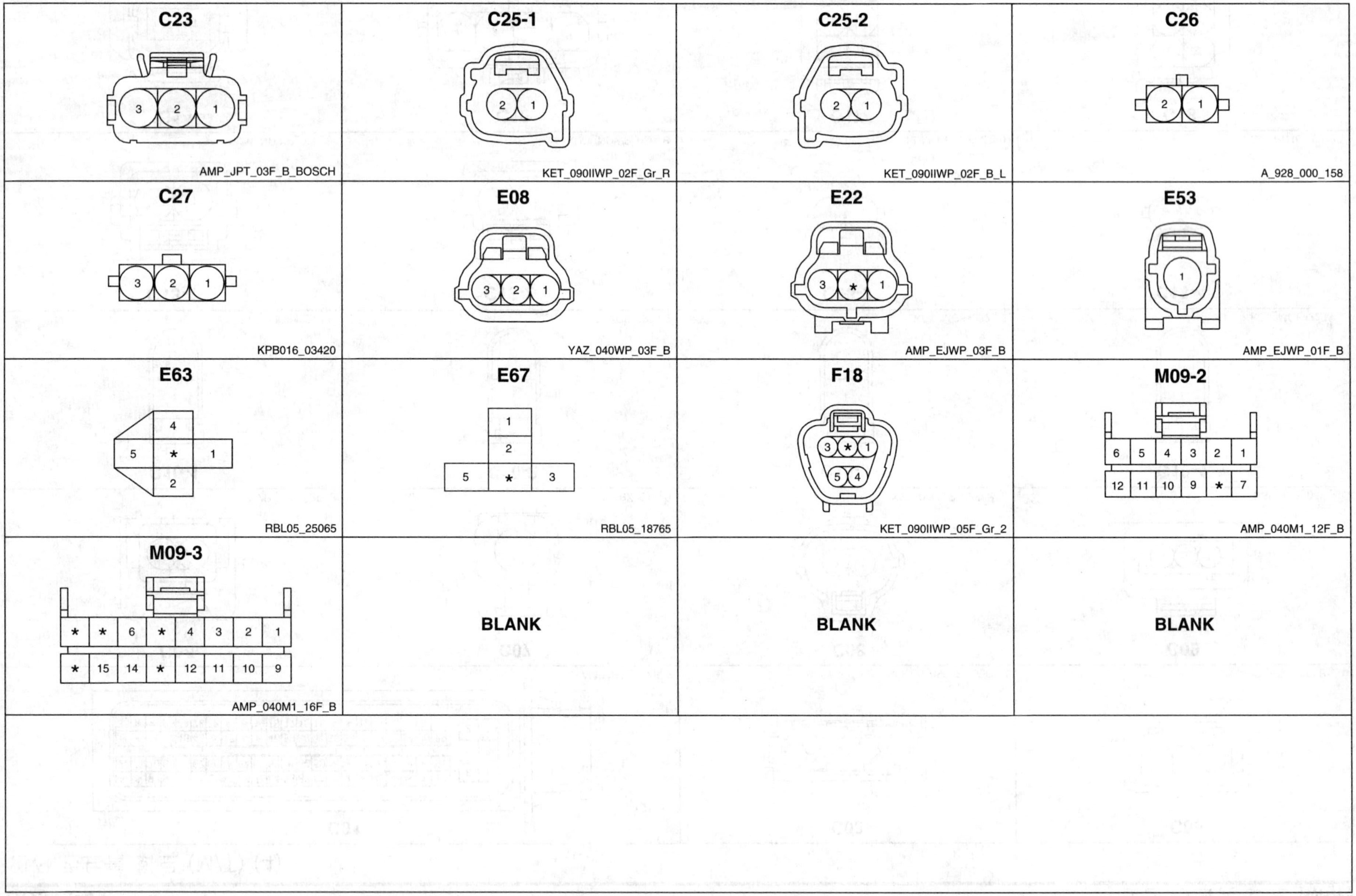
C23
3 2 1
AMP_JPT_03F_B_BOSCH
C25-1
2 1
KET_090IIWP_02F_Gr_R
C25-2
2 1
KET_090IIWP_02F_B_L
C26
2 1
A_928_000_158
C27
3 2 1
KPB016_03420
E08
3 2 1
YAZ_040WP_03F_B
E22
3 * 1
AMP_EJWP_03F_B
E53
1
AMP_EJWP_01F_B
E63
4
5 * 1
2
RBL05_25065
E67
1
2
5 * 3
RBL05_18765
F18
3 * 1
5 4
KET_090IIWP_05F_Gr_2
M09-2
6 5 4 3 2 1
12 11 10 9 * 7
AMP_040M1_12F_B
M09-3
* * 6 * 4 3 2 1
* 15 14 * 12 11 10 9
AMP_040M1_16F_B
BLANK
BLANK
BLANK

A2JF313E

MEMO

엔진 컨트롤 회로 (A/T) (7)

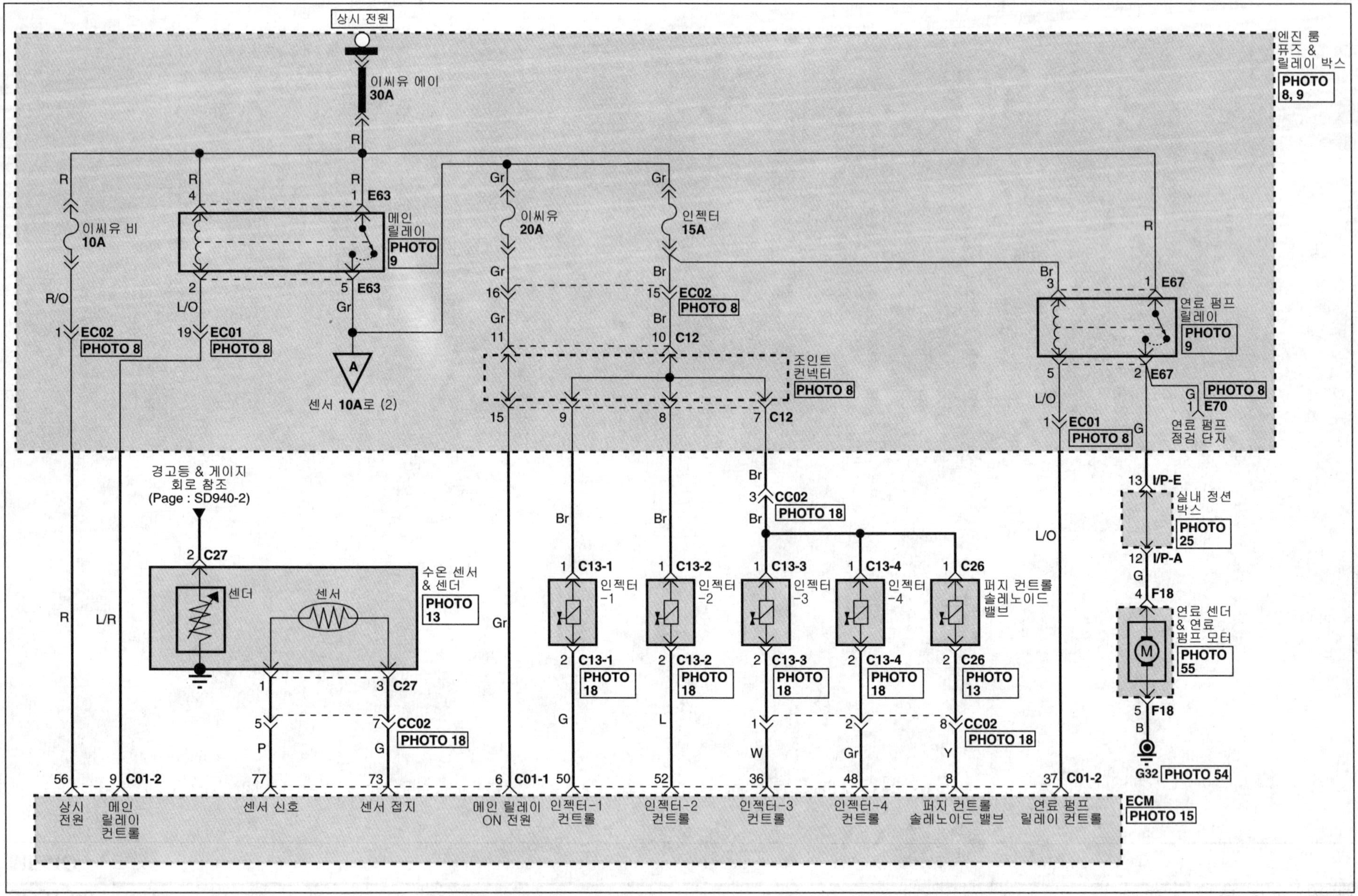
상시 전원
이씨유 에이 30A
엔진 룸 퓨즈 & 릴레이 박스 PHOTO 8, 9
이씨유 비 10A
메인 릴레이 PHOTO 9
E63
EC02 PHOTO 8
EC01 PHOTO 8
센서 10A로 (2)
이씨유 20A
인젝터 15A
조인트 컨넥터 PHOTO 8
C12
연료 펌프 릴레이 PHOTO 9
E67
E70 PHOTO 8
연료 펌프 점검 단자
I/P-E
실내 정션 박스 PHOTO 25
I/P-A
F18
연료 센더 & 연료 펌프 모터 PHOTO 55
G32 PHOTO 54
경고등 & 게이지 회로 참조 (Page : SD940-2)
C27
수온 센서 & 센더 PHOTO 13
센더
센서
CC02 PHOTO 18
C13-1 인젝터 -1 PHOTO 18
C13-2 인젝터 -2 PHOTO 18
C13-3 인젝터 -3 PHOTO 18
C13-4 인젝터 -4 PHOTO 18
C26 퍼지 컨트롤 솔레노이드 밸브 PHOTO 13
C01-2
C01-1
ECM PHOTO 15
상시 전원
메인 릴레이 컨트롤
센서 신호
센서 접지
메인 릴레이 ON 전원
인젝터-1 컨트롤
인젝터-2 컨트롤
인젝터-3 컨트롤
인젝터-4 컨트롤
퍼지 컨트롤 솔레노이드 밸브
연료 펌프 릴레이 컨트롤

A2JF313G

엔진 컨트롤 회로 (A/T) (8)

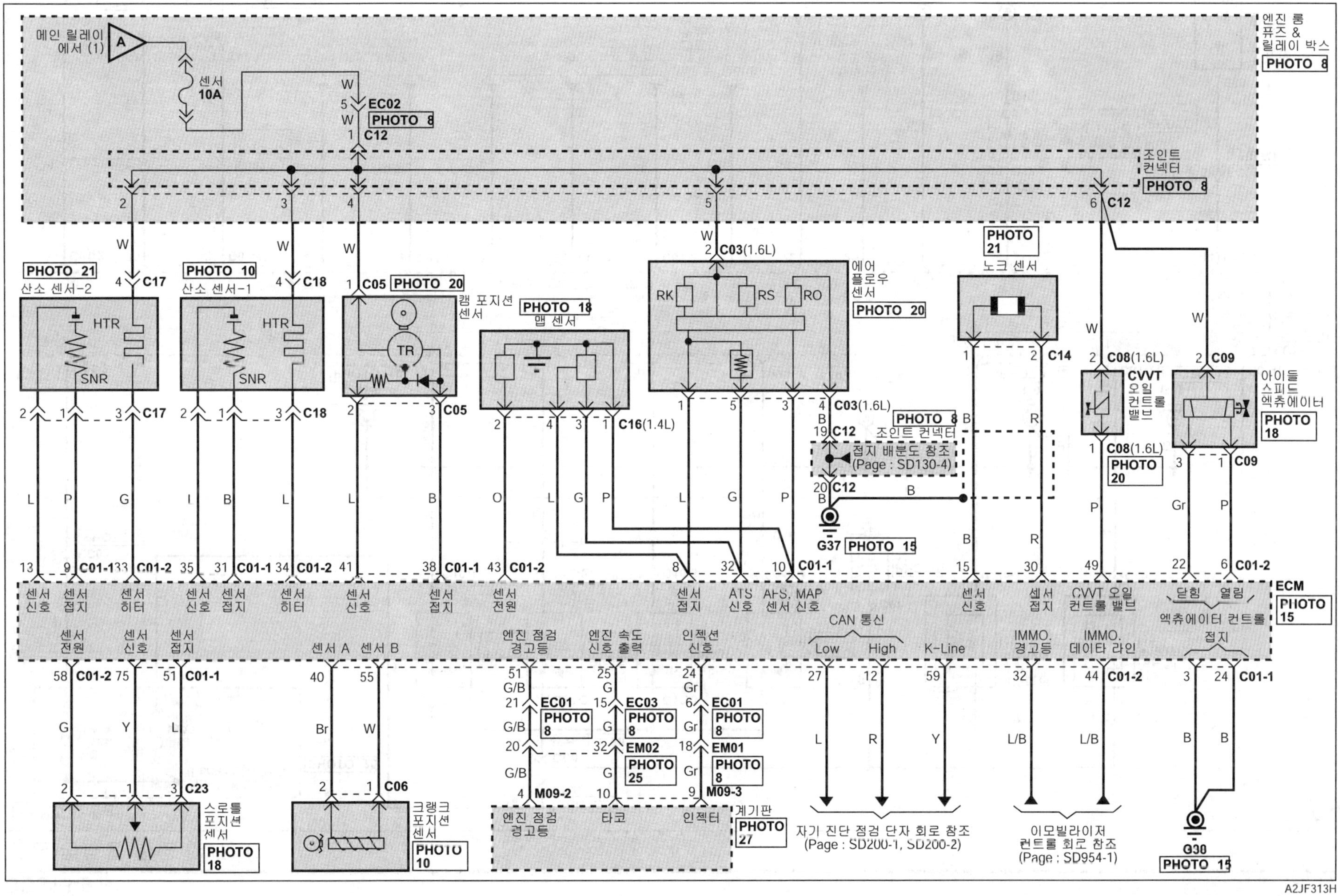
메인 릴레이 에서 (1)
A
센서 10A
엔진 룸 퓨즈 & 릴레이 박스
PHOTO 8
EC02
C12
조인트 컨넥터
PHOTO 21
산소 센서-2
PHOTO 10
산소 센서-1
HTR
SNR
C17
C18
C05
PHOTO 20
캠 포지션 센서
TR
PHOTO 18
맵 센서
C16(1.4L)
C03(1.6L)
에어 플로우 센서
RK
RS
RO
PHOTO 21
노크 센서
C14
C08(1.6L)
CVVT 오일 컨트롤 밸브
C09
아이들 스피드 엑츄에이터
PHOTO 18
조인트 컨넥터
접지 배분도 참조 (Page : SD130-4)
G37
PHOTO 15
C01-1
C01-2
ECM
PHOTO 15
센서 신호
센서 접지
센서 히터
센서 전원
ATS 신호
AFS, MAP 센서 신호
CVVT 오일 컨트롤 밸브
닫힘
열림
엑츄에이터 컨트롤
접지
센서 A
센서 B
엔진 점검 경고등
엔진 속도 신호 출력
인젝션 신호
CAN 통신
Low
High
K-Line
IMMO. 경고등
IMMO. 데이타 라인
EC01
EC03
EM02
EM01
PHOTO 25
C23
스로틀 포지션 센서
C06
크랭크 포지션 센서
PHOTO 10
M09-2
M09-3
엔진 점검 경고등
타코
인젝터
계기판
PHOTO 27
자기 진단 점검 단자 회로 참조 (Page : SD200-1, SD200-2)
이모빌라이저 컨트롤 회로 참조 (Page : SD954-1)
G30
A2JF313H

엔진 컨트롤 회로 (A/T) (9)

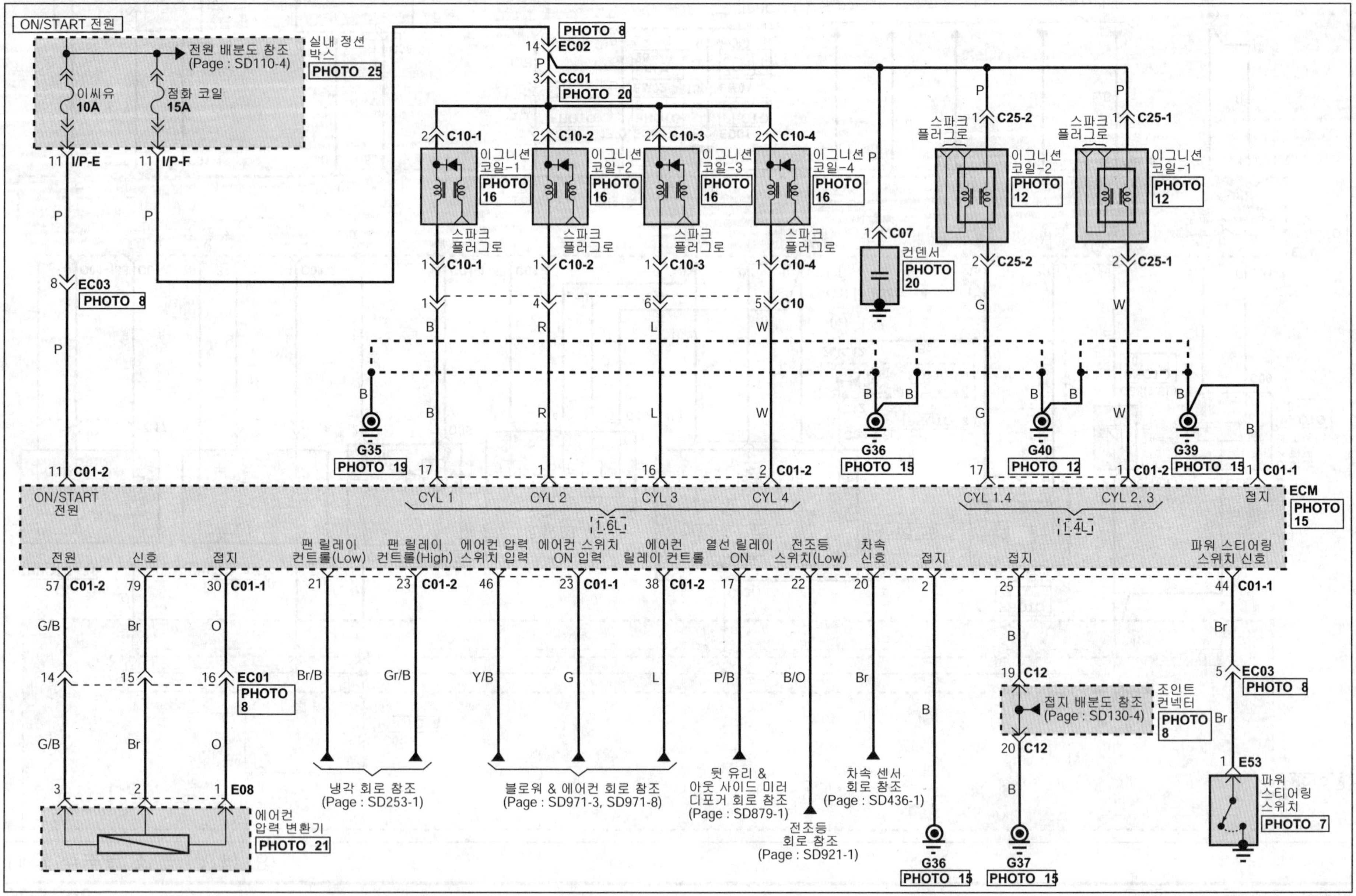

A2JF313I

엔진 컨트롤 회로 (A/T)

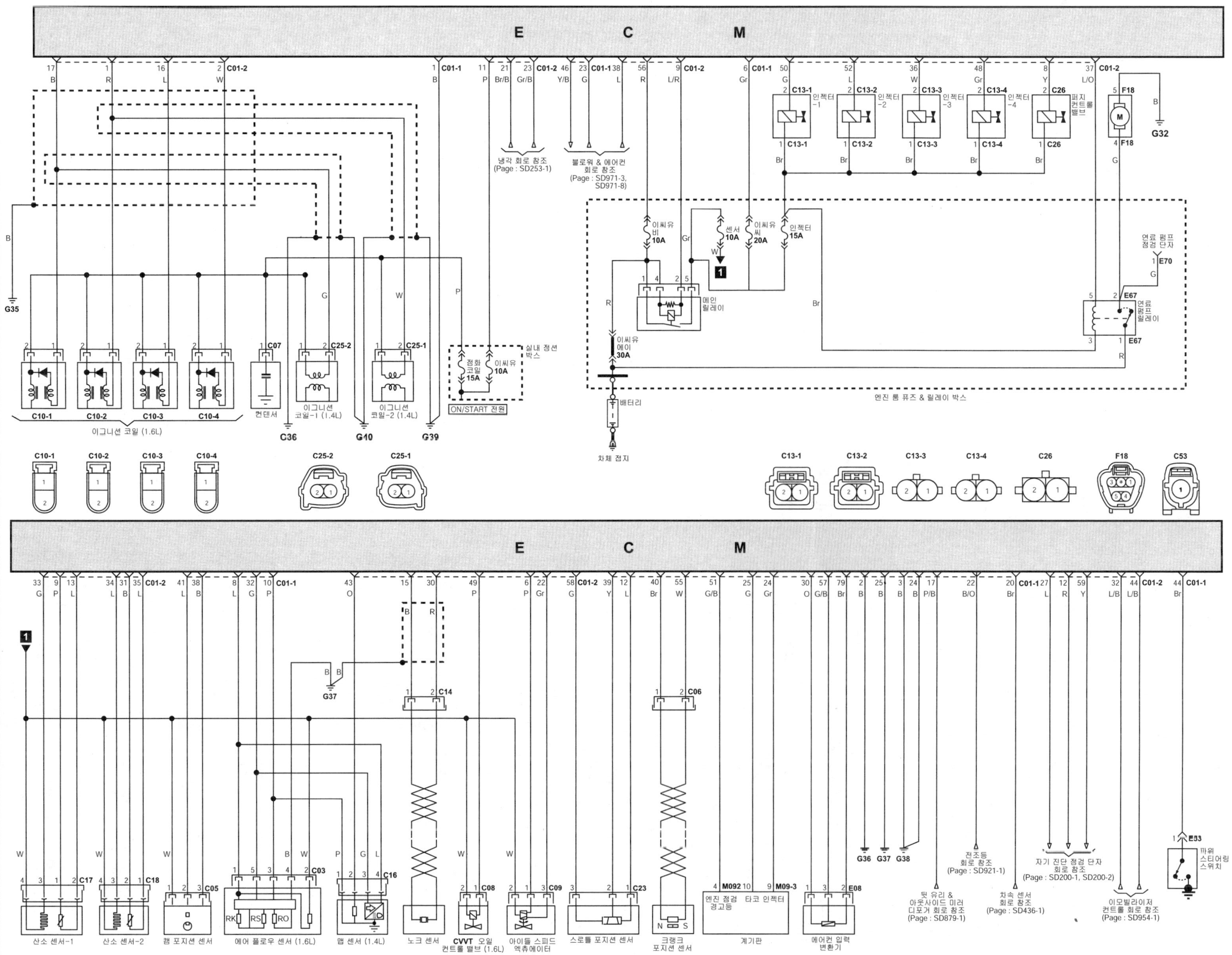

C01-1

PIN	PIN NAME
1	접지
2	접지
3	접지
4	TCM
5	TCM
6	메인 컨트롤 릴레이 ON 전원
7	–
8	센서 접지
9	센서 접지
10	AFS, MAP 신호
11	–
12	–
13	센서 신호
14	–
15	–
16	–
17	열선 릴레이 ON
18	–
19	–
20	차속 신호
21	–
22	전조등 스위치 (LOW)
23	에어컨 스위치 ON 입력
24	접지
25	접지
26	TCM
27	TCM
28	–
29	–
30	접지
31	센서 접지
32	ATS 신호
33	–
34	–
35	센서 신호
36	–
37	–
38	센서 접지
39	–
40	–
41	센서 신호
42	–
43	–
44	파워 신호 스티어링 스위치 신호
45	–
46	에어컨 압력 스위치 입력
47	–
48	TCM
49	–
50	TCM
51	센서 접지
52	–
53	–
54	–
55	–
56	–
57	TCM
58	–
59	–
60	TCM
61	TCM
62	TCM
63	–
64	–
65	–
66	TCM
67	TCM
68	TCM
69	–
70	TCM
71	TCM
72	TCM
73	센서 접지
74	–
75	센서 신호
76	–
77	센서 신호
78	–
79	신호
80	TCM
81	TCM
82	TCM
83	TCM
84	TCM
85	–
86	TCM
87	TCM
88	TCM
89	TCM
90	TCM
91	TCM
92	TCM
93	–
94	TCM

C01-2

PIN	PIN NAME
1	CYL2. (1.6L), (1.4L)
2	CYL4. (1.6L)
3	TCM
4	–
5	–
6	엑츄에이터 컨트롤 (열림)
7	–
8	퍼지 컨트롤 솔레노이드 밸브
9	메인 릴레이 컨트롤
10	–
11	ON/START 전원
12	CAN 통신 (High)
13	–
14	–
15	센서 신호
16	CYL3. (1.6L)
17	CYL1. (1.6L), (1.4L)
18	–
19	–
20	–
21	팬 릴레이 컨트롤 (Low)
22	엑츄에이터 컨트롤 (닫힘)
23	팬 릴레이 컨트롤 (High)
24	인젝션 신호
25	타코 입력
26	–
27	CAN 통신 (Low)
28	–
29	–
30	센서 접지
31	–
32	IMMO 경고등
33	센서 히터
34	센서 히터
35	–
36	인젝터-3 컨트롤
37	연료 펌프 릴레이 컨트롤
38	에어컨 릴레이 컨트롤
39	–
40	센서 A
41	–
42	–
43	센서 전원
44	IMMO. 데이타 라인
45	–
46	–
47	–
48	인젝터-4 컨트롤
49	CVVT 오일 컨트롤 밸브
50	인젝터-1 컨트롤
51	엔진 점검 경고등
52	인젝터-2 컨트롤
53	–
54	–
55	센서 B
56	상시 전원
57	전원
58	센서 전원
59	K-Line
60	–

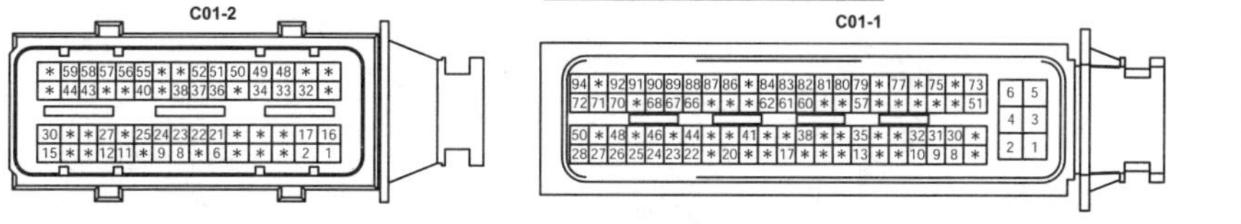

A2JF313Z

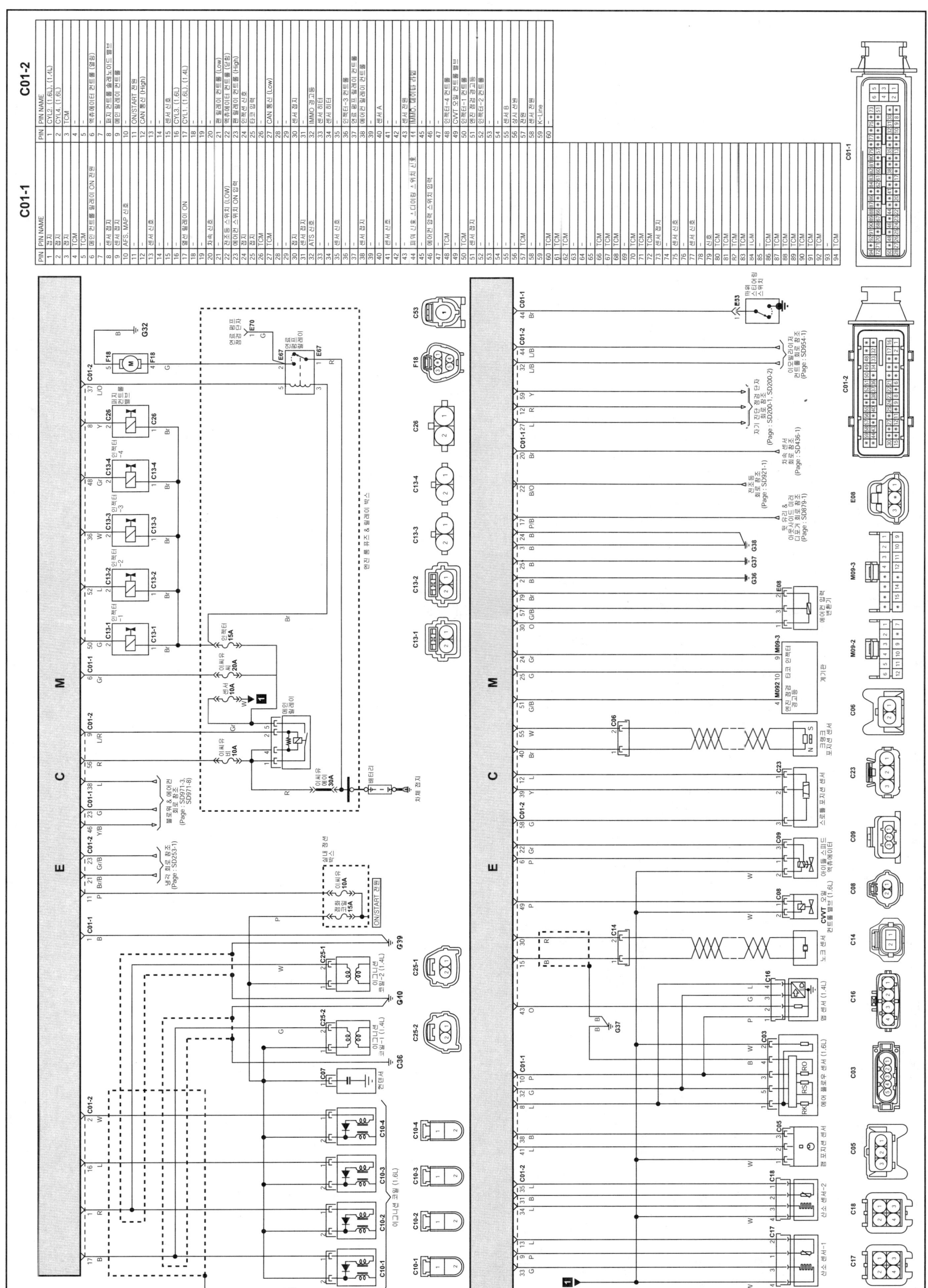

엔진 컨트롤 회로 (A/T) (10)

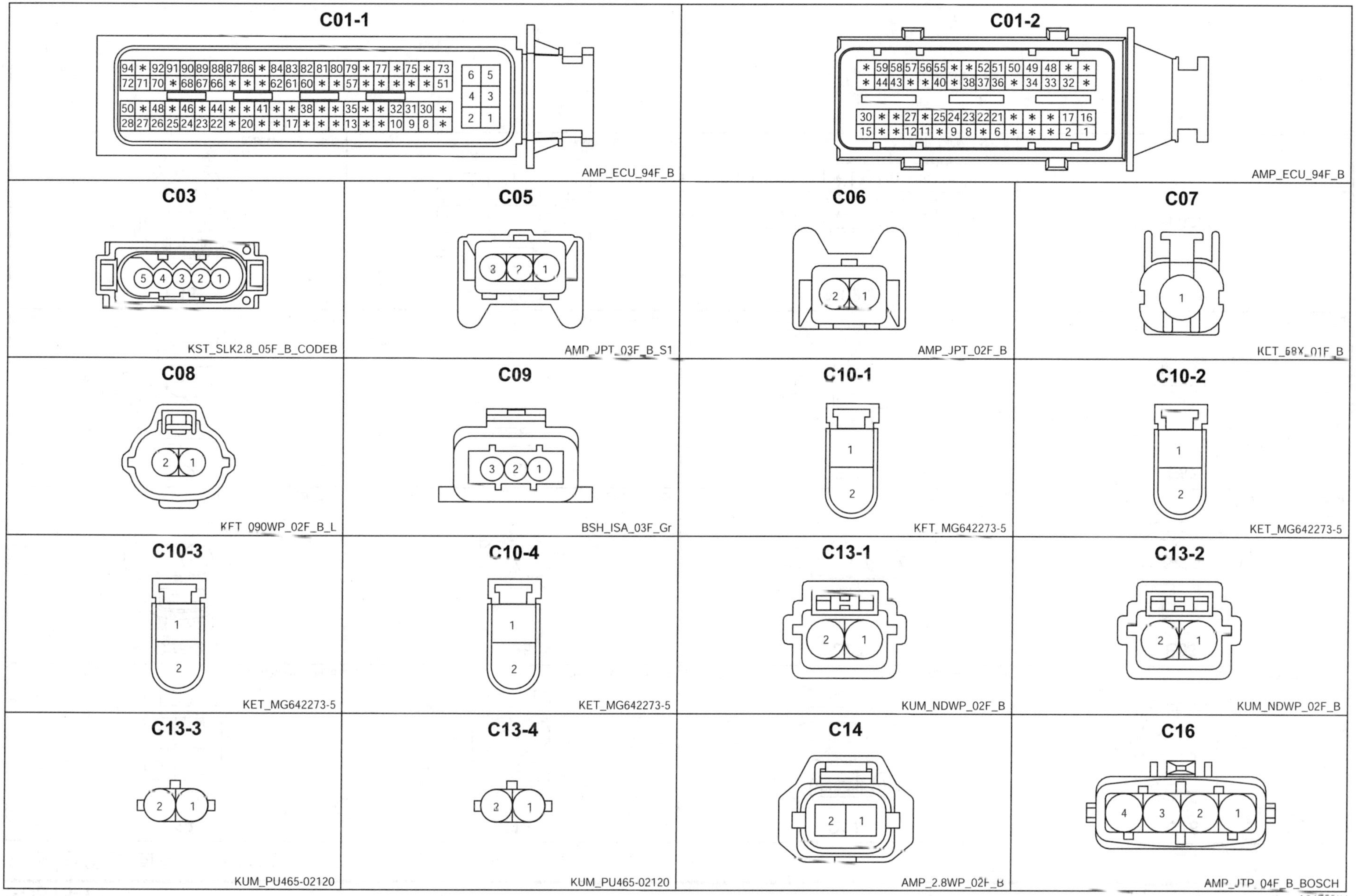

A2JF313J

엔진 컨트롤 회로 (A/T) (11)

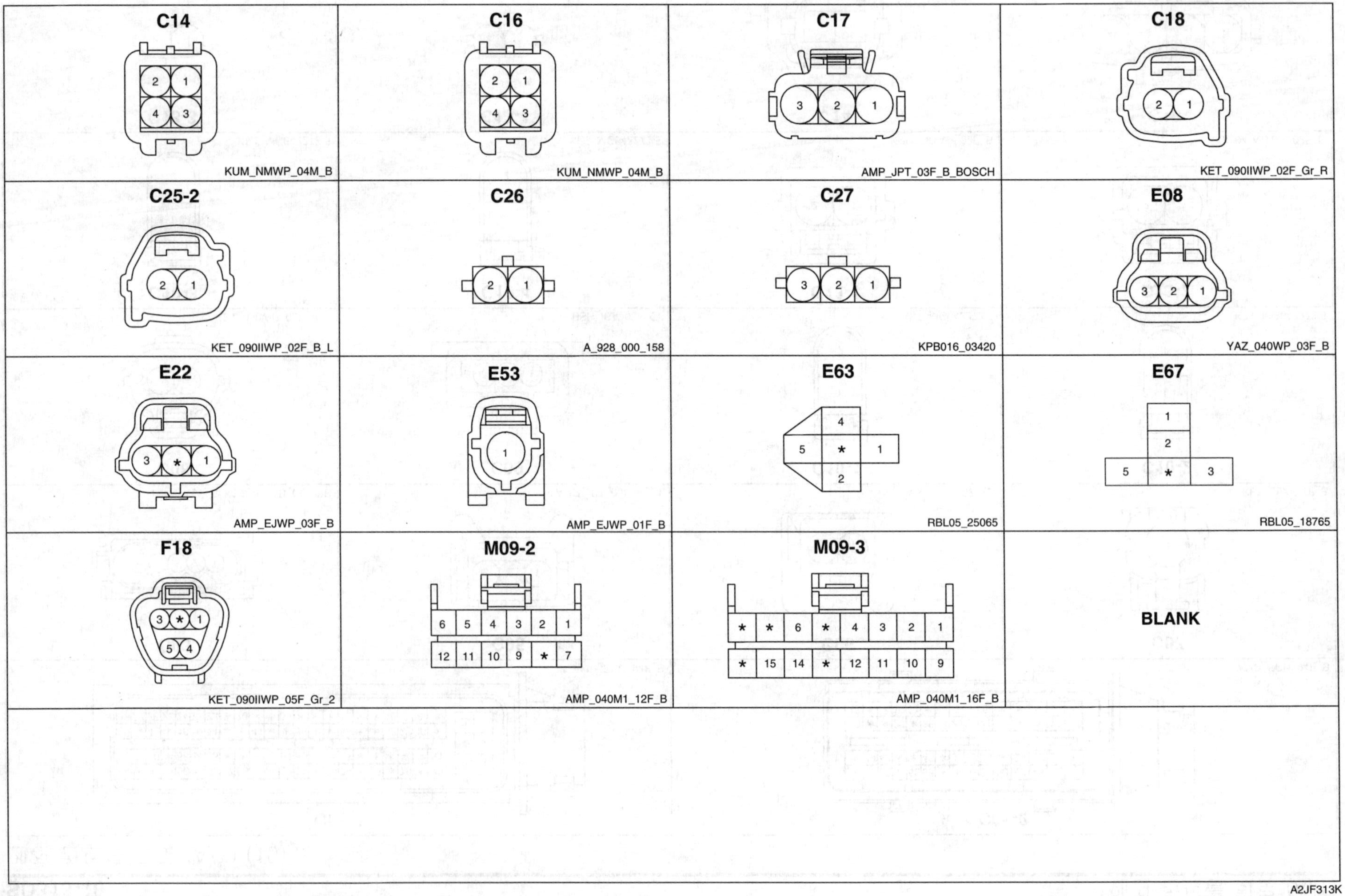
C14
KUM_NMWP_04M_B
C16
KUM_NMWP_04M_B
C17
AMP_JPT_03F_B_BOSCH
C18
KET_090IIWP_02F_Gr_R
C25-2
KET_090IIWP_02F_B_L
C26
A_928_000_158
C27
KPB016_03420
E08
YAZ_040WP_03F_B
E22
AMP_EJWP_03F_B
E53
AMP_EJWP_01F_B
E63
RBL05_25065
E67
RBL05_18765
F18
KET_090IIWP_05F_Gr_2
M09-2
AMP_040M1_12F_B
M09-3
AMP_040M1_16F_B
BLANK

A2JF313K

MEMO

스타팅 회로 (1)

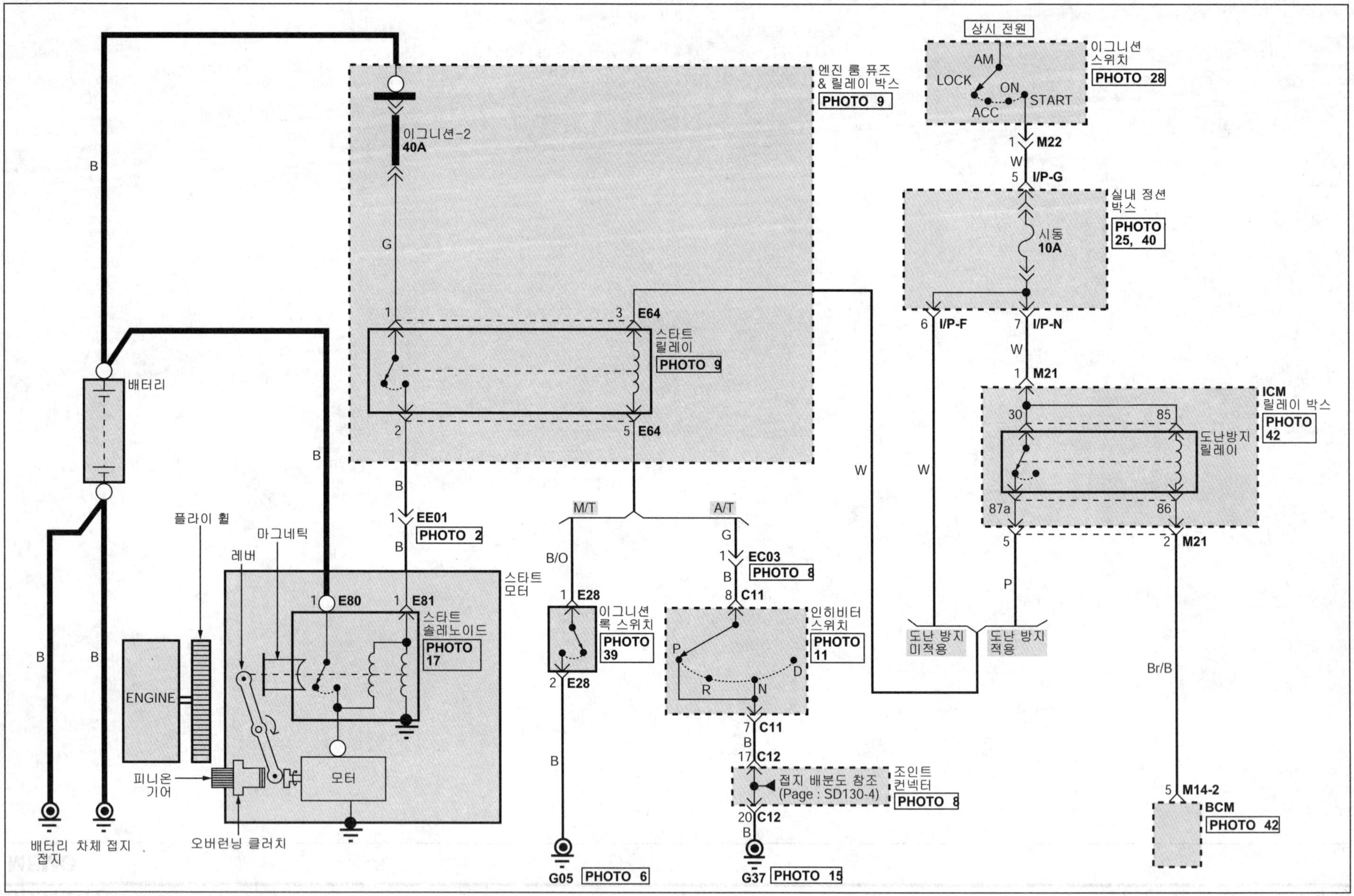
상시 전원
AM
LOCK
ON
START
ACC
이그니션 스위치
PHOTO 28
M22
I/P-G
실내 정션 박스
PHOTO 25, 40
시동 10A
I/P-F
I/P-N
M21
ICM 릴레이 박스
PHOTO 42
도난방지 릴레이
30
85
87a
86
도난 방지 미적용
도난 방지 적용
Br/B
M14-2
BCM
PHOTO 42
엔진 룸 퓨즈 & 릴레이 박스
PHOTO 9
이그니션-2 40A
E64
스타트 릴레이
PHOTO 9
배터리
EE01
PHOTO 2
M/T
A/T
B/O
E28
이그니션 록 스위치
PHOTO 39
EC03
PHOTO 8
C11
인히비터 스위치
PHOTO 11
P
R
N
D
C12
접지 배분도 참조 (Page : SD130-4)
조인트 컨넥터
PHOTO 8
G05
PHOTO 6
G37
PHOTO 15
스타트 모터
E80
E81
스타트 솔레노이드
PHOTO 17
플라이 휠
마그네틱
레버
ENGINE
피니온 기어
모터
오버런닝 클러치
배터리 접지
차체 접지
A2JF360A

스타팅 회로 (2)

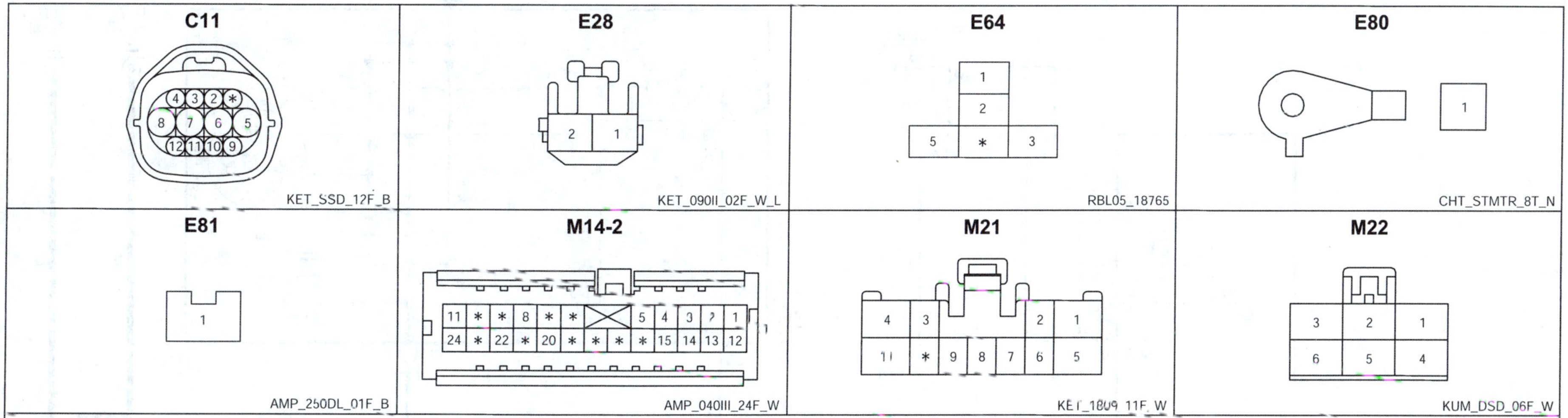
C11
KET_SSD_12F_B
E28
KET_090II_02F_W_L
E64
RBL05_18765
E80
CHT_STMTR_8T_N
E81
AMP_250DL_01F_B
M14-2
AMP_040III_24F_W
M21
KET_1809_11F_W
M22
KUM_DSD_06F_W

A2JF360B

충전 회로 (1)

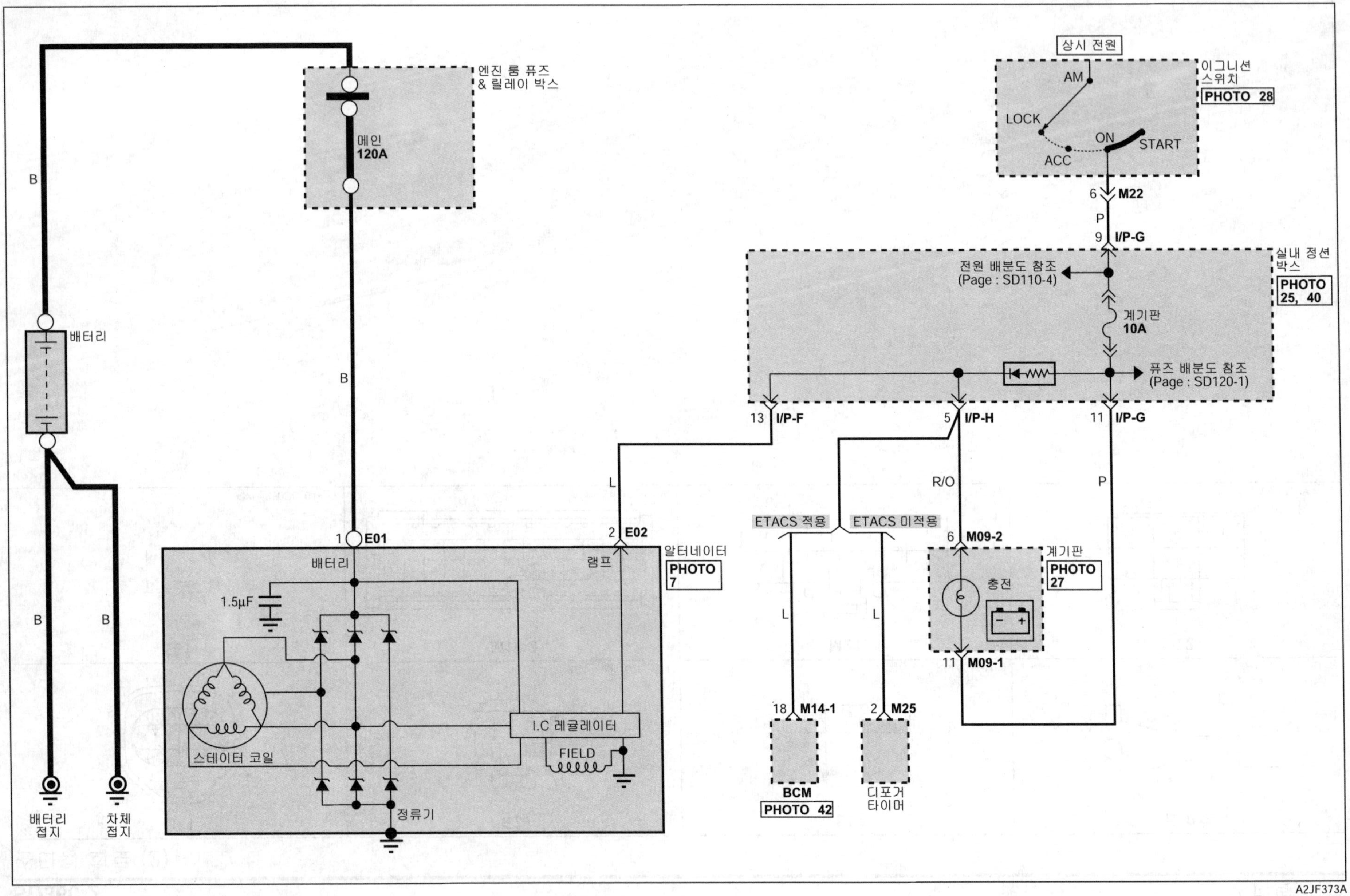
엔진 룸 퓨즈
& 릴레이 박스
메인
120A
B
배터리
B
B
배터리
접지
차체
접지
1 E01
배터리
1.5μF
스테이터 코일
I.C 레귤레이터
FIELD
정류기
2 E02
램프
알터네이터
PHOTO 7
L
상시 전원
AM
LOCK
ACC
ON
START
이그니션
스위치
PHOTO 28
6 M22
P
9 I/P-G
실내 정션
박스
PHOTO 25, 40
전원 배분도 참조
(Page : SD110-4)
계기판
10A
퓨즈 배분도 참조
(Page : SD120-1)
13 I/P-F
5 I/P-H
11 I/P-G
R/O
P
ETACS 적용
ETACS 미적용
L
L
18 M14-1
BCM
PHOTO 42
2 M25
디포거
타이머
6 M09-2
충전
계기판
PHOTO 27
11 M09-1

A2JF373A

충전 회로 (2)

E01	E02	M09-1	M09-2
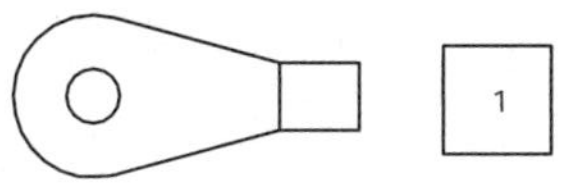 ALT_RING_TML	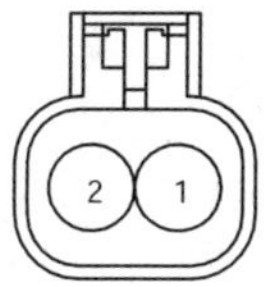 KET_58X_02F_B	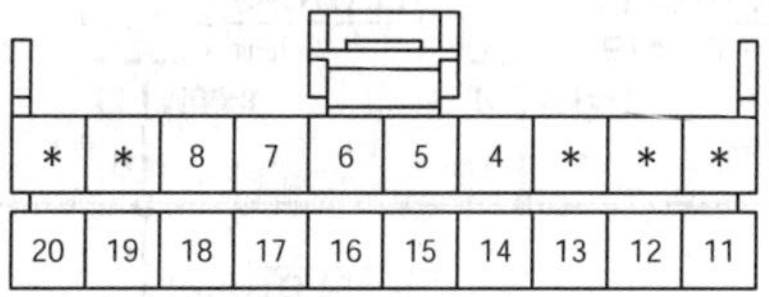 AMP_040M1_20F_B	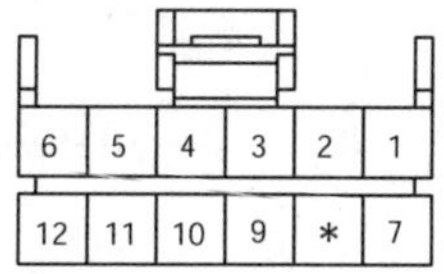 AMP_040M1_12F_B
M14-1	**M22**	**M25**	
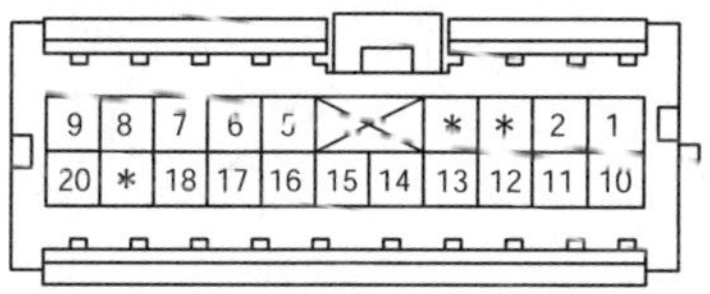 AMP_040III_20F_W	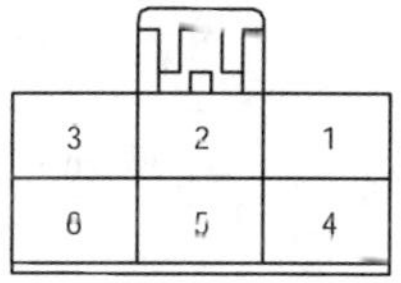 KUM_DSD_06F_W	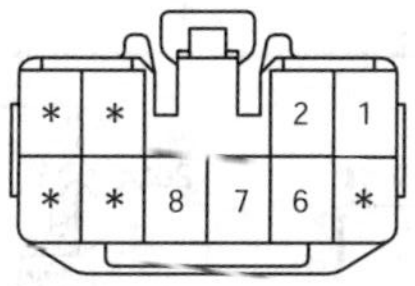 KET_090II_10F_W	**BLANK**

A2JF373B

차속 센서 회로 (1)

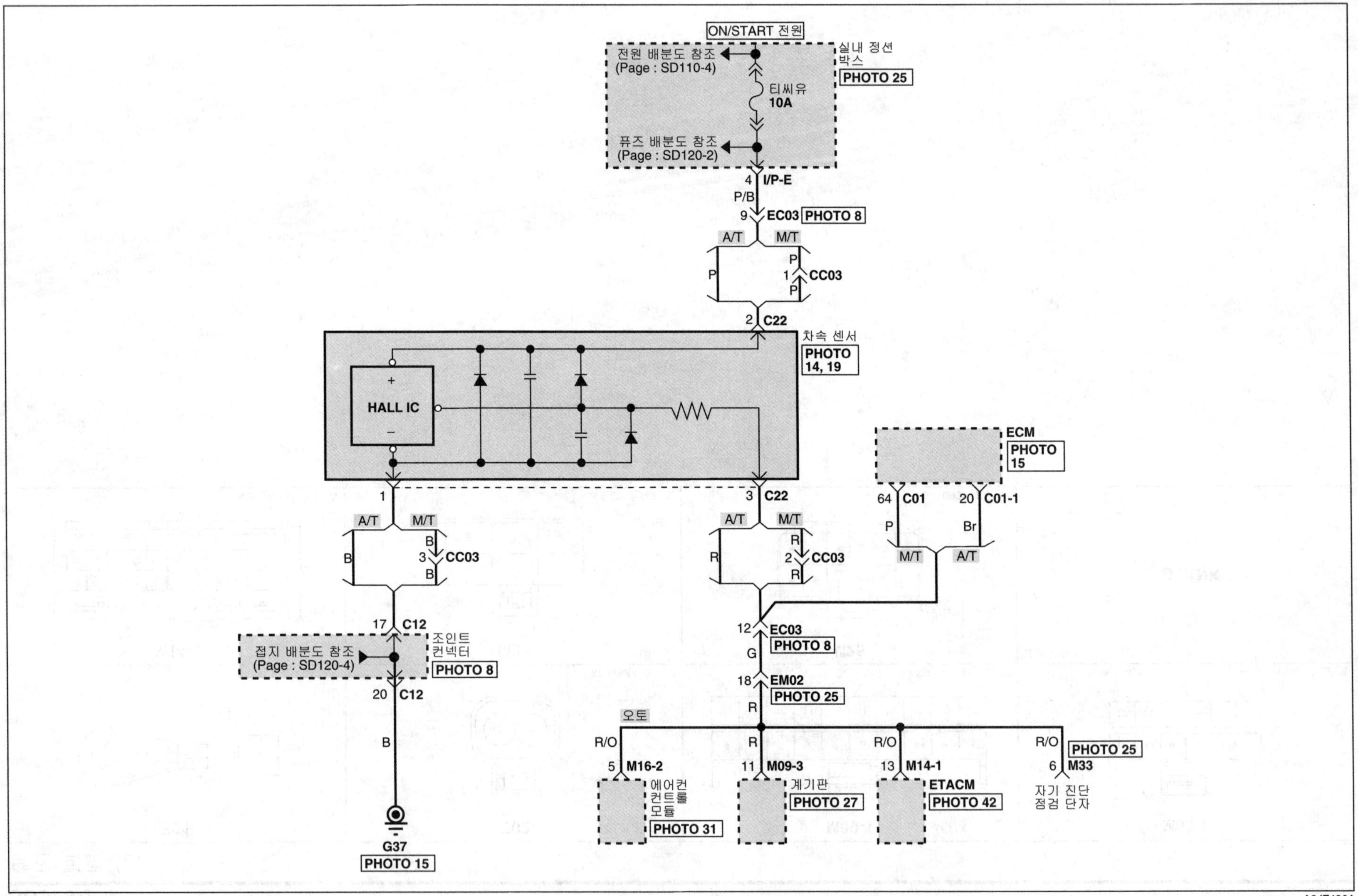
ON/START 전원
전원 배분도 참조
(Page : SD110-4)
실내 정션 박스
PHOTO 25
티씨유
10A
퓨즈 배분도 참조
(Page : SD120-2)
4 I/P-E
P/B
9 EC03 PHOTO 8
A/T
M/T
P
1 CC03
P
2 C22
차속 센서
PHOTO 14, 19
HALL IC
+
–
1
3 C22
A/T
M/T
B
3 CC03
R
2 CC03
17 C12
접지 배분도 참조
(Page : SD120-4)
조인트 컨넥터
PHOTO 8
20 C12
B
G37
PHOTO 15
ECM
PHOTO 15
64 C01
20 C01-1
P
Br
12 EC03
PHOTO 8
G
18 EM02
PHOTO 25
R
오토
R/O
5 M16-2
에어컨 컨트롤 모듈
PHOTO 31
11 M09-3
계기판
PHOTO 27
13 M14-1
ETACM
PHOTO 42
6 M33
PHOTO 25
자기 진단 점검 단자

A2JF436A

차속 센서 회로 (2)

C01

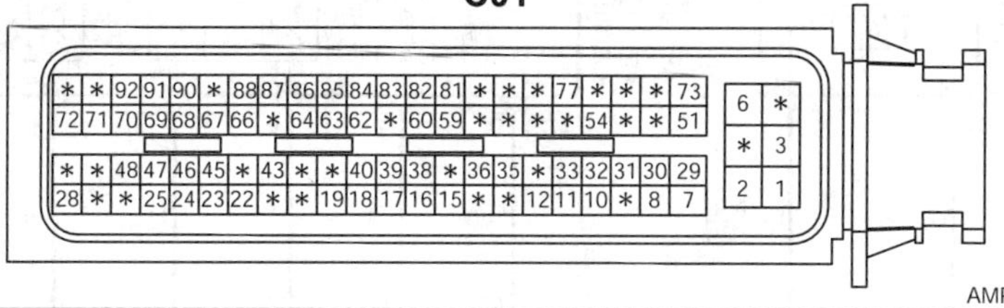

AMP_ECU_94F_B

C01-1

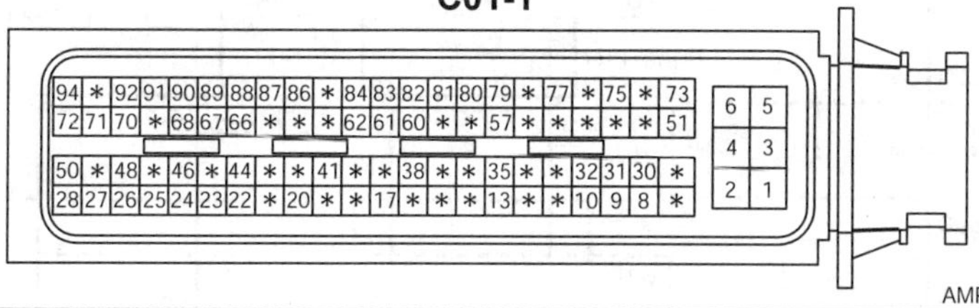

AMP_ECU_94F_B

C22

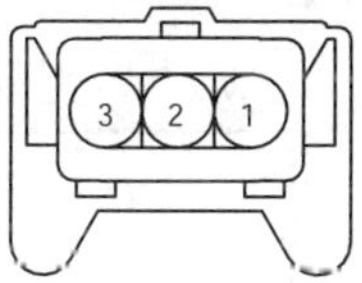

AMP_JPT_03F_B_S1

M09-3

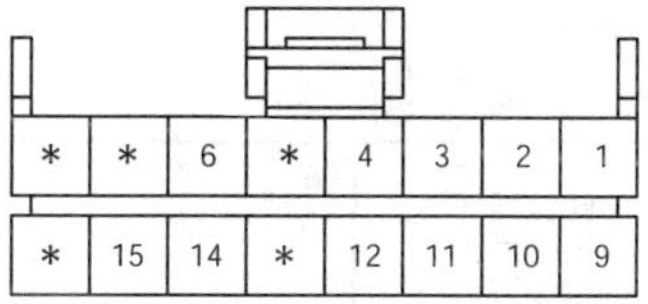

AMP_040M1_16F_R

M14-1

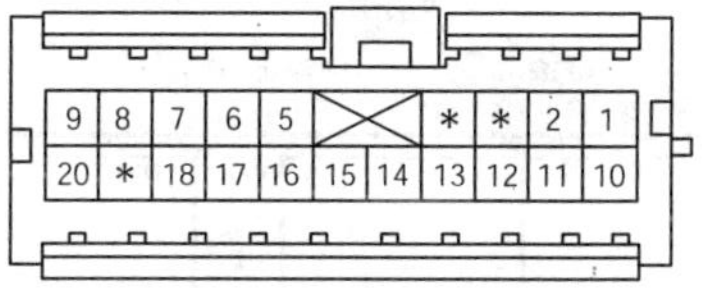

AMP_040III_20F_W

M16-2

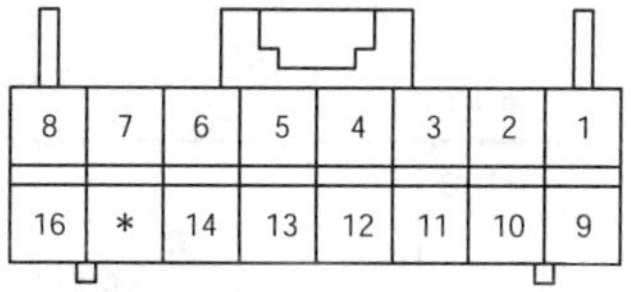

AMP_0407_16F_W_040

M33

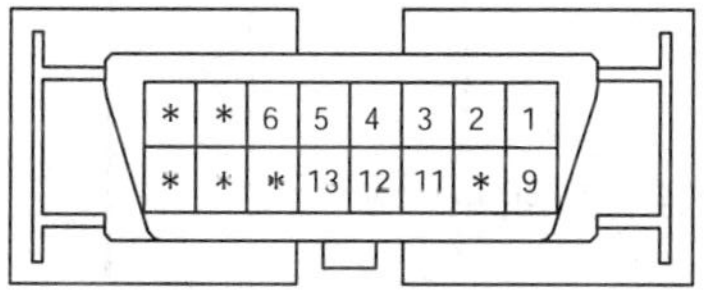

MLX_OBDII_16F_B_SIN

BLANK

BLANK

BLANK

A2JF436B

자동 변속기 컨트롤 회로 (1)

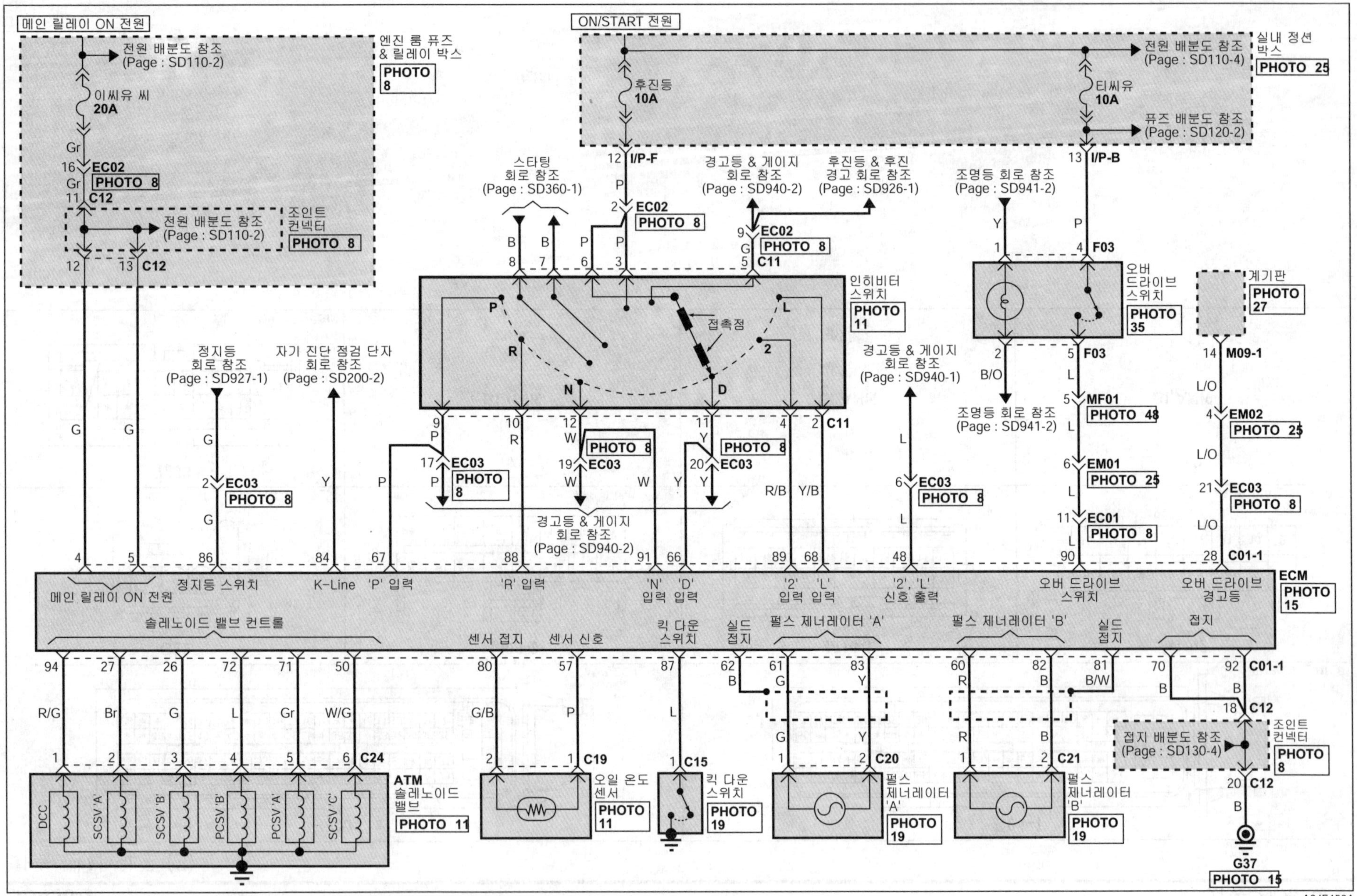
메인 릴레이 ON 전원
전원 배분도 참조 (Page : SD110-2)
이씨유 씨 20A
엔진 룸 퓨즈 & 릴레이 박스
PHOTO 8
EC02
C12
조인트 컨넥터
ON/START 전원
후진등 10A
티씨유 10A
전원 배분도 참조 (Page : SD110-4)
퓨즈 배분도 참조 (Page : SD120-2)
실내 정션 박스
PHOTO 25
I/P-F
I/P-B
스타팅 회로 참조 (Page : SD360-1)
경고등 & 게이지 회로 참조 (Page : SD940-2)
후진등 & 후진 경고 회로 참조 (Page : SD926-1)
조명등 회로 참조 (Page : SD941-2)
인히비터 스위치
PHOTO 11
접촉점
오버 드라이브 스위치
PHOTO 35
계기판
PHOTO 27
정지등 회로 참조 (Page : SD927-1)
자기 진단 점검 단자 회로 참조 (Page : SD200-2)
경고등 & 게이지 회로 참조 (Page : SD940-1)
EC03
C11
F03
MF01
PHOTO 48
EM01
EC01
M09-1
EM02
C01-1
ECM
PHOTO 15
메인 릴레이 ON 전원
정지등 스위치
K-Line
'P' 입력
'R' 입력
'N' 입력
'D' 입력
'2' 입력
'L' 입력
'2', 'L' 신호 출력
오버 드라이브 스위치
오버 드라이브 경고등
솔레노이드 밸브 컨트롤
센서 접지
센서 신호
킥 다운 스위치
실드 접지
펄스 제너레이터 'A'
펄스 제너레이터 'B'
접지
C24
ATM 솔레노이드 밸브
PHOTO 11
DCC
SCSV 'A'
SCSV 'B'
PCSV 'B'
PCSV 'A'
SCSV 'C'
C19
오일 온도 센서
C15
킥 다운 스위치
PHOTO 19
C20
펄스 제너레이터 'A'
C21
펄스 제너레이터 'B'
접지 배분도 참조 (Page : SD130-4)
G37
A2JF450A

자동 변속기 컨트롤 회로 (2)

C01-1

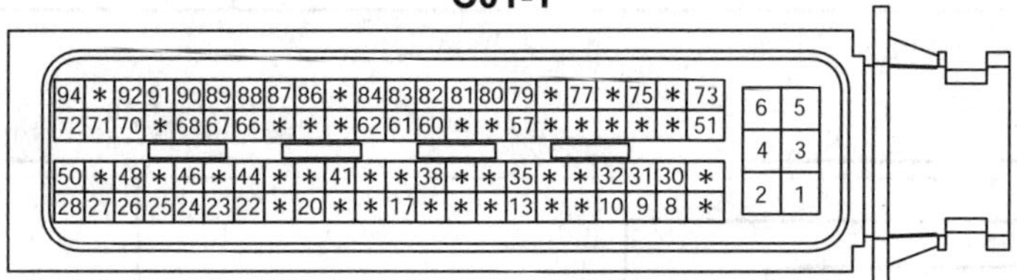

AMP_ECU_94F_B

C11

KET_SSD_12F_B

C15

KUM_NMWP_01F_B

C19

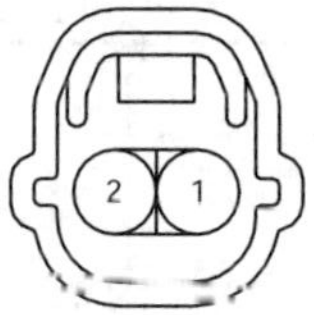

KET_SSD_02F_B

C20

AMP_090_02F_B_WP

C21

AMP_2.8WP_02F_B

C24

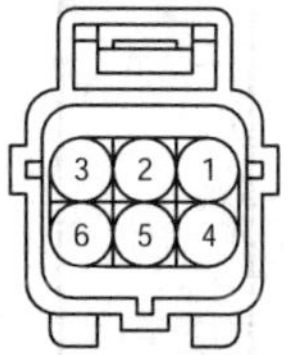

AMP_EJWP_06F_B

F03

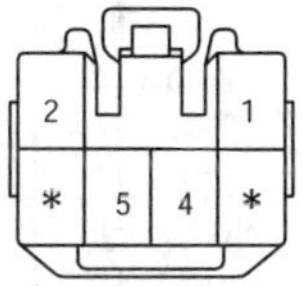

KET_090II_06F_W

M09-1

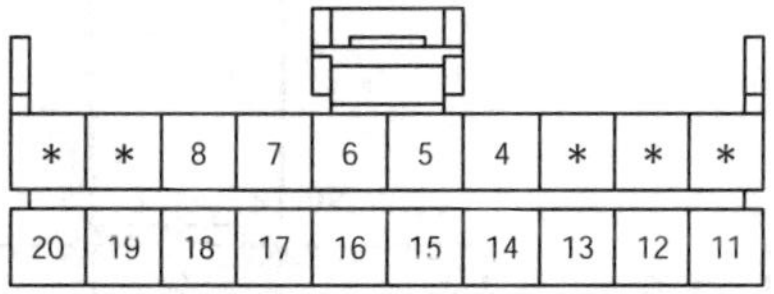

AMP_040M1_20F_B

BLANK

BLANK

A2JF450B

에어백 회로 (1)

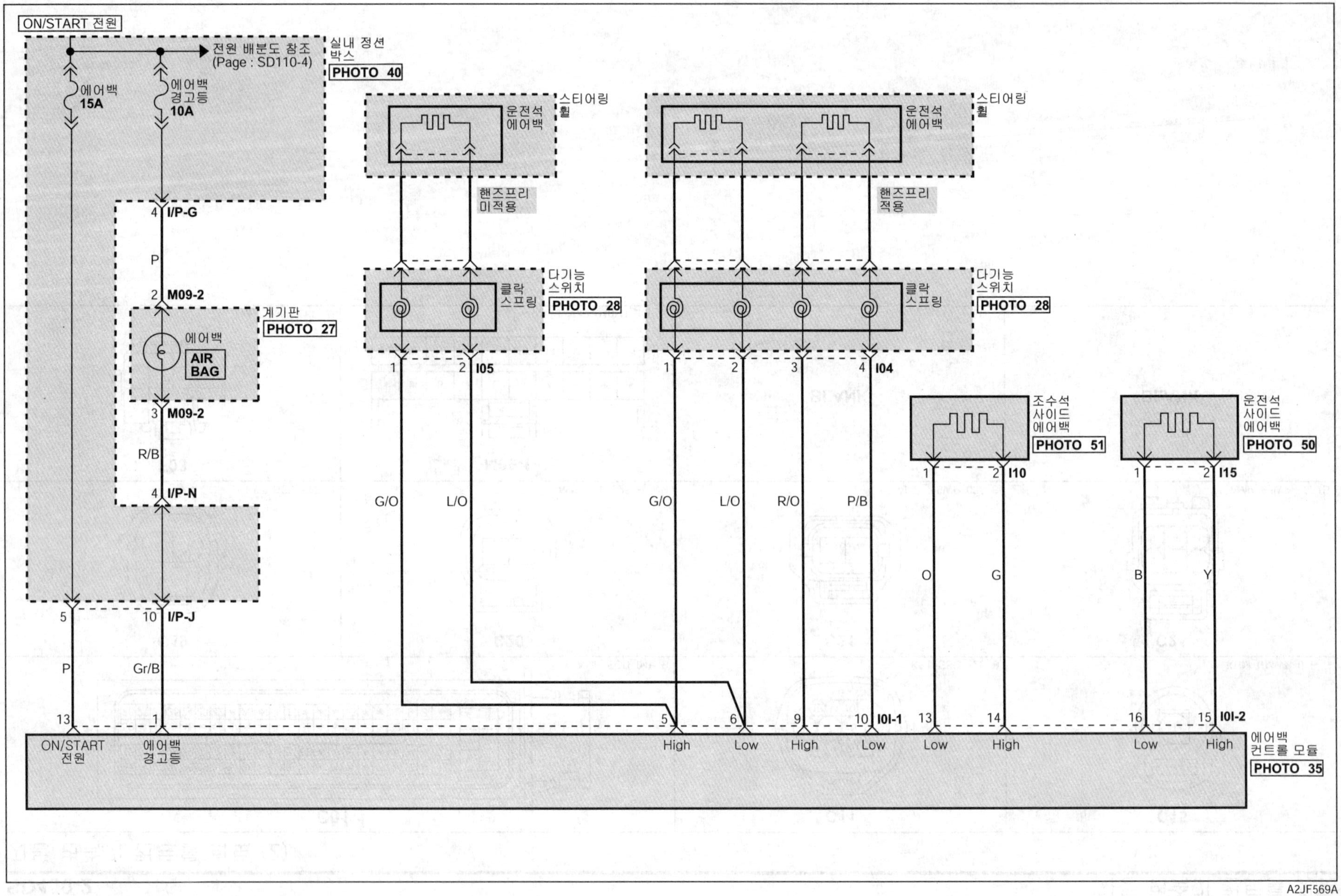
ON/START 전원
에어백 15A
에어백 경고등 10A
전원 배분도 참조 (Page : SD110-4)
실내 정션 박스
PHOTO 40
I/P-G
P
M09-2
계기판
PHOTO 27
에어백
AIR BAG
R/B
I/P-N
I/P-J
Gr/B
운전석 에어백
스티어링 휠
핸즈프리 미적용
핸즈프리 적용
클락 스프링
다기능 스위치
PHOTO 28
I05
I04
G/O
L/O
R/O
P/B
조수석 사이드 에어백
PHOTO 51
운전석 사이드 에어백
PHOTO 50
I10
I15
O
G
B
Y
I0I-1
I0I-2
ON/START 전원
에어백 경고등
High
Low
에어백 컨트롤 모듈
PHOTO 35

A2JF569A

에어백 회로 (2)

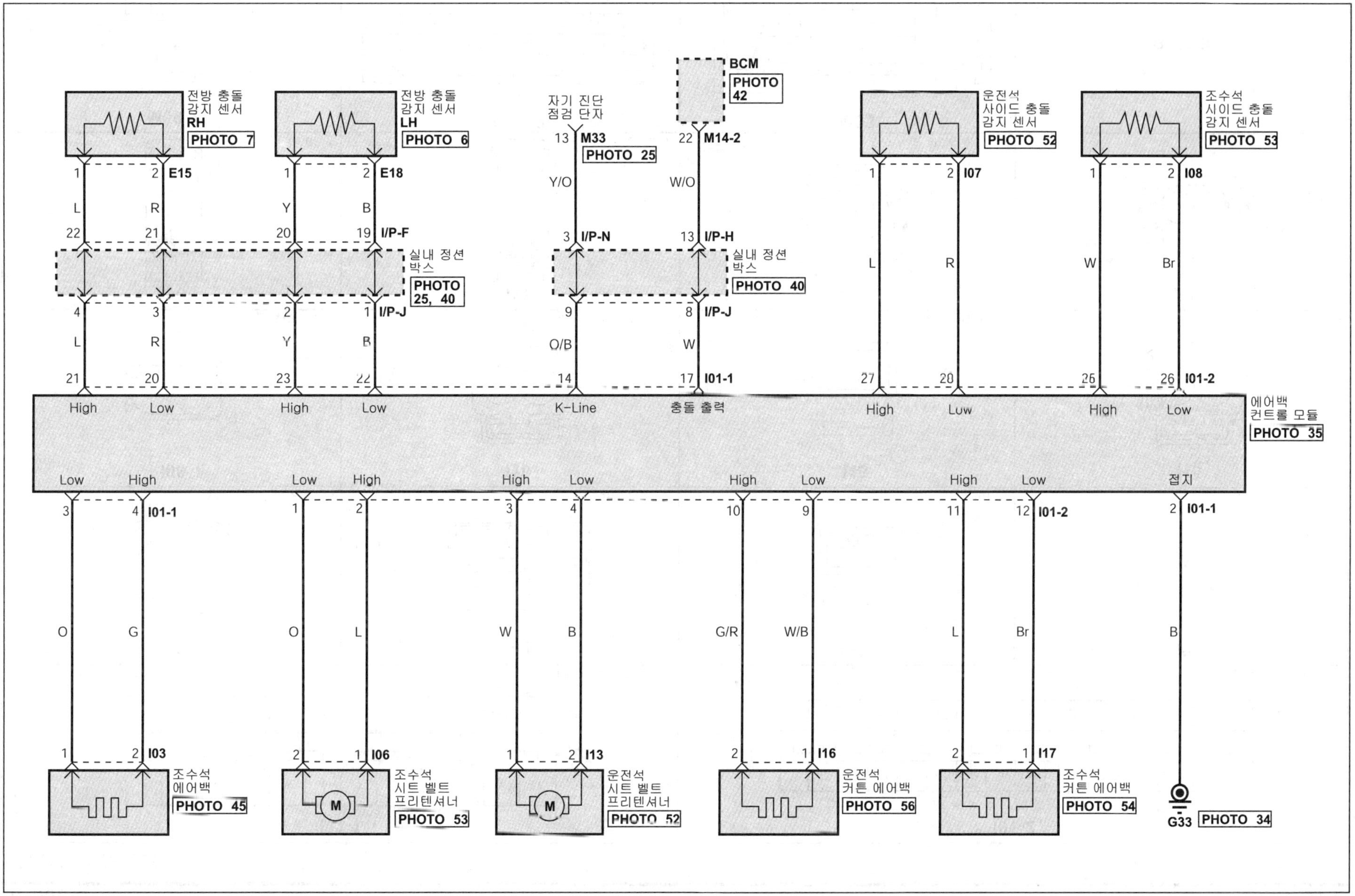
전방 충돌 감지 센서 RH
PHOTO 7
E15
전방 충돌 감지 센서 LH
PHOTO 6
E18
자기 진단 점검 단자
M33
PHOTO 25
BCM
PHOTO 42
M14-2
운전석 사이드 충돌 감지 센서
PHOTO 52
I07
조수석 사이드 충돌 감지 센서
PHOTO 53
I08
I/P-F
실내 정션 박스
PHOTO 25, 40
I/P-J
I/P-N
I/P-H
실내 정션 박스
PHOTO 40
I01-1
I01-2
Y/O
W/O
O/B
K-Line
충돌 출력
High
Low
접지
에어백 컨트롤 모듈
PHOTO 35
조수석 에어백
PHOTO 45
I03
조수석 시트 벨트 프리텐셔너
PHOTO 53
I06
운전석 시트 벨트 프리텐셔너
PHOTO 52
I13
운전석 커튼 에어백
PHOTO 56
I16
조수석 커튼 에어백
PHOTO 54
I17
G33
PHOTO 34

A2JF569B

에어백 회로 (3)

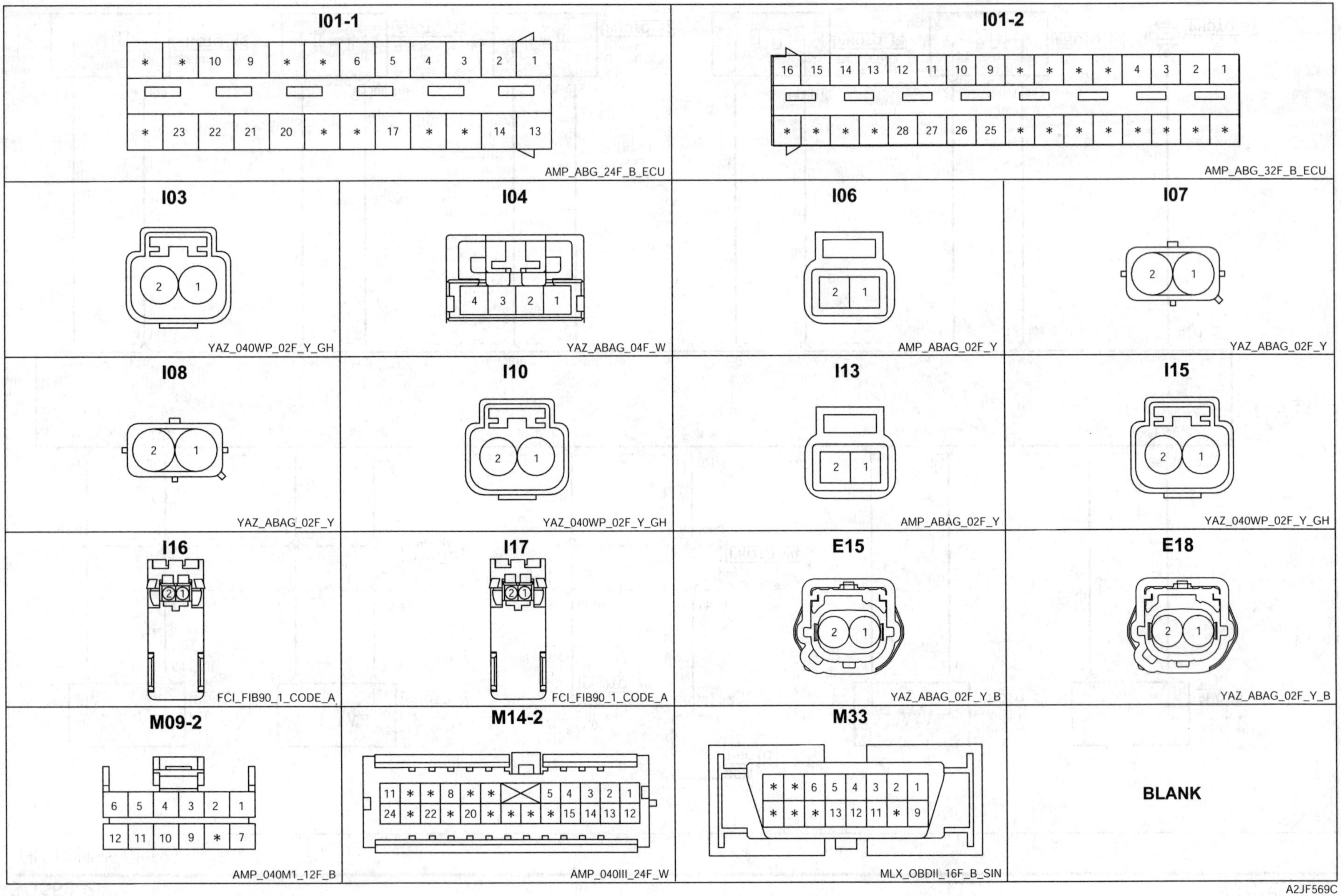
I01-1
* * 10 9 * * 6 5 4 3 2 1
* 23 22 21 20 * * 17 * * 14 13
AMP_ABG_24F_B_ECU
I01-2
16 15 14 13 12 11 10 9 * * * * 4 3 2 1
* * * * 28 27 26 25 * * * * * * * *
AMP_ABG_32F_B_ECU
I03
YAZ_040WP_02F_Y_GH
I04
YAZ_ABAG_04F_W
I06
AMP_ABAG_02F_Y
I07
YAZ_ABAG_02F_Y
I08
YAZ_ABAG_02F_Y
I10
YAZ_040WP_02F_Y_GH
I13
AMP_ABAG_02F_Y
I15
YAZ_040WP_02F_Y_GH
I16
FCI_FIB90_1_CODE_A
I17
FCI_FIB90_1_CODE_A
E15
YAZ_ABAG_02F_Y_B
E18
YAZ_ABAG_02F_Y_B
M09-2
6 5 4 3 2 1
12 11 10 9 * 7
AMP_040M1_12F_B
M14-2
11 * * 8 * * 5 4 3 2 1
24 * 22 * 20 * * * * 15 14 13 12
AMP_040III_24F_W
M33
* * 6 5 4 3 2 1
* * * 13 12 11 * 9
MLX_OBDII_16F_B_SIN
BLANK

A2JF569C

MEMO

ABS (안티 록 브레이크 시스템) 회로 (1)

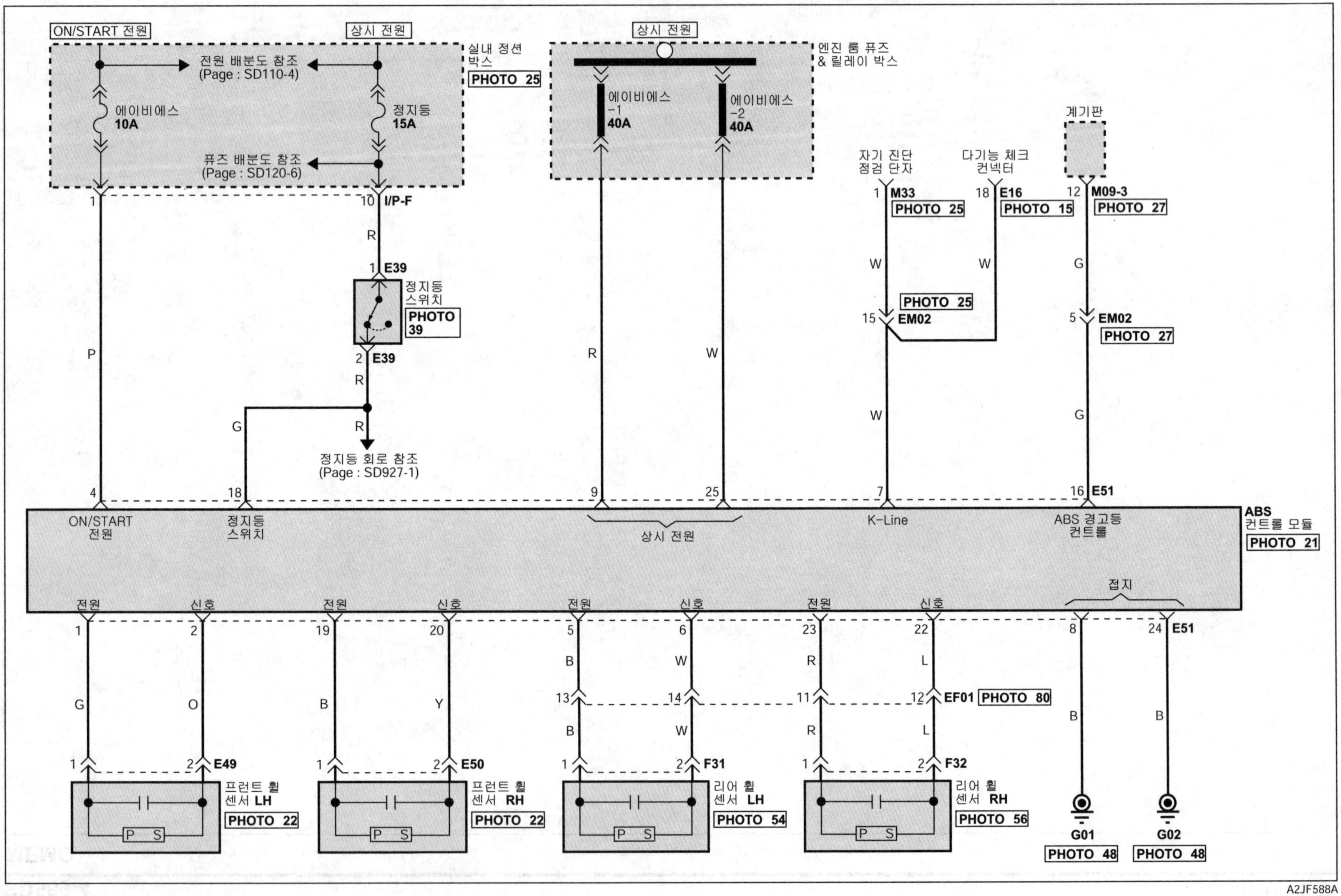
ON/START 전원
상시 전원
전원 배분도 참조
(Page : SD110-4)
에이비에스
10A
정지등
15A
퓨즈 배분도 참조
(Page : SD120-6)
실내 정션 박스
PHOTO 25
I/P-F
E39
정지등 스위치
PHOTO 39
정지등 회로 참조
(Page : SD927-1)
상시 전원
엔진 룸 퓨즈 & 릴레이 박스
에이비에스 -1
40A
에이비에스 -2
40A
자기 진단 점검 단자
M33
PHOTO 25
다기능 체크 컨넥터
E16
PHOTO 15
계기판
M09-3
PHOTO 27
EM02
PHOTO 25
EM02
PHOTO 27
E51
ON/START 전원
정지등 스위치
상시 전원
K-Line
ABS 경고등 컨트롤
ABS 컨트롤 모듈
PHOTO 21
전원
신호
접지
E51
EF01
PHOTO 80
E49
프런트 휠 센서 LH
PHOTO 22
E50
프런트 휠 센서 RH
PHOTO 22
F31
리어 휠 센서 LH
PHOTO 54
F32
리어 휠 센서 RH
PHOTO 56
G01
PHOTO 48
G02
PHOTO 48
A2JF588A

ABS (안티 록 브레이크 시스템) 회로 (2)

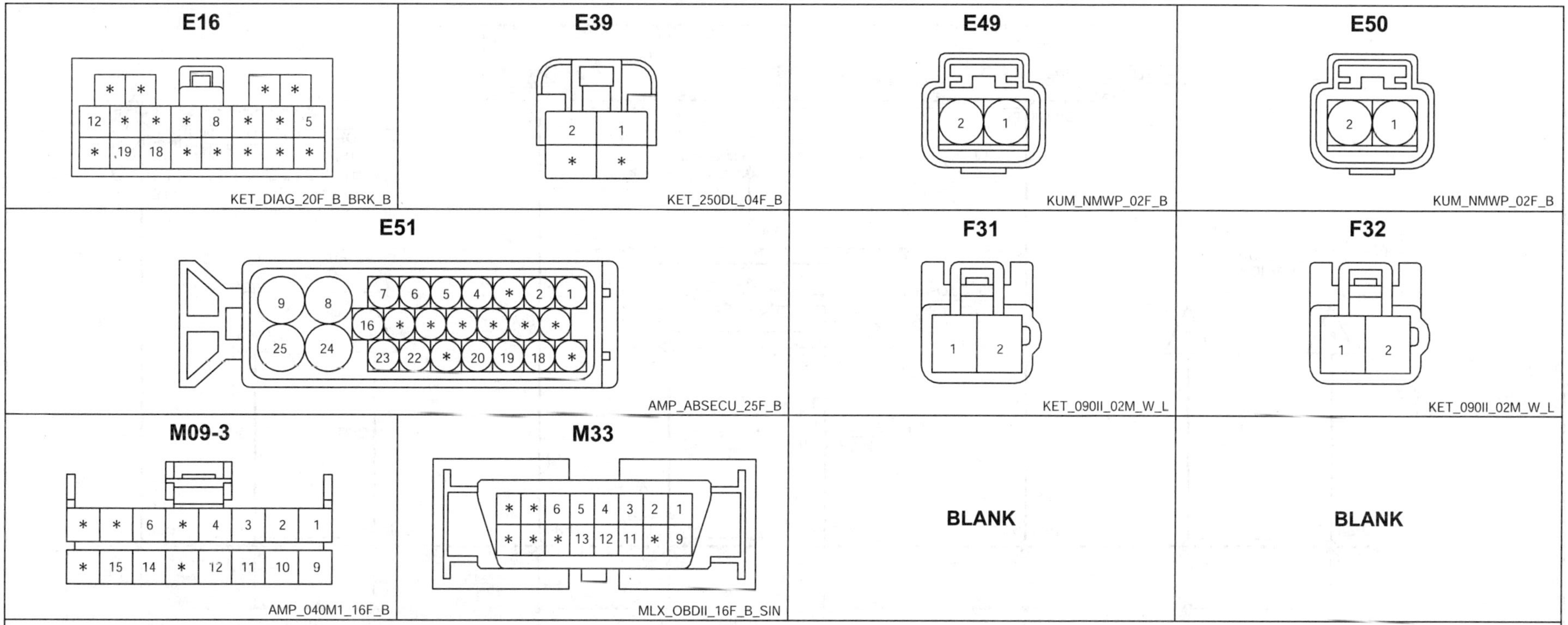
E16
12 * * * 8 * * 5
* 19 18 * * * * *
KET_DIAG_20F_B_BRK_B
E39
2 1
KET_250DL_04F_B
E49
2 1
KUM_NMWP_02F_B
E50
2 1
KUM_NMWP_02F_B
E51
9 8 25 24
7 6 5 4 * 2 1
16 * * * * * *
23 22 * 20 19 18 *
AMP_ABSECU_25F_B
F31
1 2
KET_090II_02M_W_L
F32
1 2
KET_090II_02M_W_L
M09-3
* * 6 * 4 3 2 1
* 15 14 * 12 11 10 9
AMP_040M1_16F_B
M33
* * 6 5 4 3 2 1
* * * 13 12 11 * 9
MLX_OBDII_16F_B_SIN
BLANK
BLANK

A2JF588B

파워 도어 록 회로 (1)

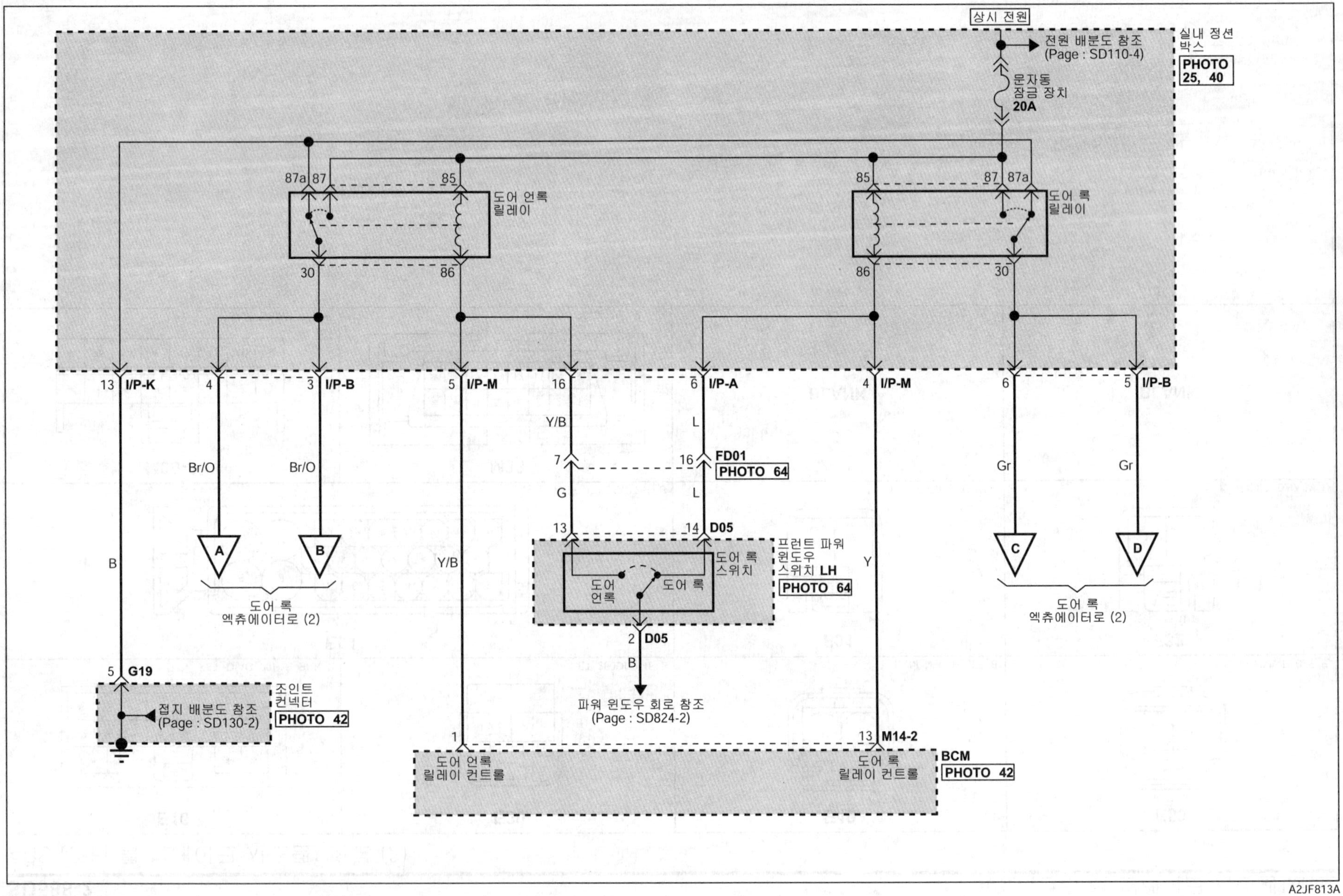
상시 전원
전원 배분도 참조
(Page : SD110-4)
실내 정션
박스
PHOTO
25, 40
문자동
잠금 장치
20A
87a 87 85
도어 언록
릴레이
30 86
85 87 87a
도어 록
릴레이
86 30
13 I/P-K
4
3 I/P-B
5 I/P-M
16
6 I/P-A
4 I/P-M
6
5 I/P-B
Y/B
L
Br/O
Br/O
7
16 FD01
PHOTO 64
G
L
Gr
Gr
13
14 D05
B
A
B
Y/B
프런트 파워
윈도우
스위치 LH
PHOTO 64
도어 록
스위치
도어
언록
도어 록
Y
C
D
도어 록
엑츄에이터로 (2)
도어 록
엑츄에이터로 (2)
2 D05
B
5 G19
조인트
컨넥터
PHOTO 42
접지 배분도 참조
(Page : SD130-2)
파워 윈도우 회로 참조
(Page : SD824-2)
1
13 M14-2
BCM
PHOTO 42
도어 언록
릴레이 컨트롤
도어 록
릴레이 컨트롤
A2JF813A

파워 도어 록 회로 (2)

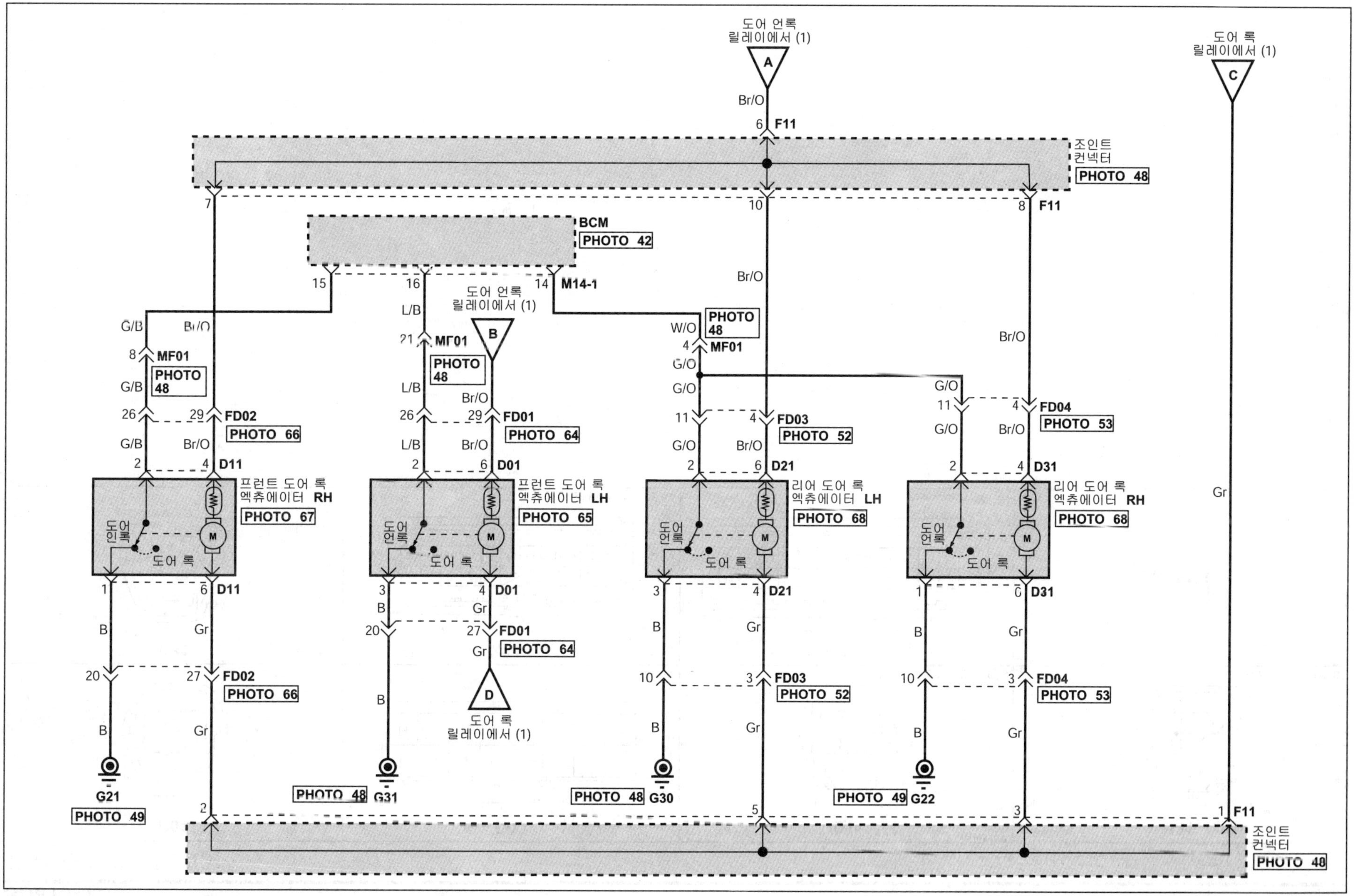
도어 언록 릴레이에서 (1)
A
도어 록 릴레이에서 (1)
C
조인트 컨넥터
PHOTO 48
F11
BCM
PHOTO 42
M14-1
MF01
PHOTO 48
도어 언록 릴레이에서 (1)
B
FD02
PHOTO 66
FD01
PHOTO 64
FD03
PHOTO 52
FD04
PHOTO 53
D11
D01
D21
D31
프런트 도어 록 엑츄에이터 RH
PHOTO 67
프런트 도어 록 엑츄에이터 LH
PHOTO 65
리어 도어 록 엑츄에이터 LH
PHOTO 68
리어 도어 록 엑츄에이터 RH
PHOTO 68
도어 언록
도어 록
M
D
도어 록 릴레이에서 (1)
G21
PHOTO 49
G31
PHOTO 48
G30
PHOTO 48
G22
PHOTO 49
Br/O
G/B
L/B
W/O
G/O
Gr
B

A2JF813B

파워 도어 록 회로 (3)

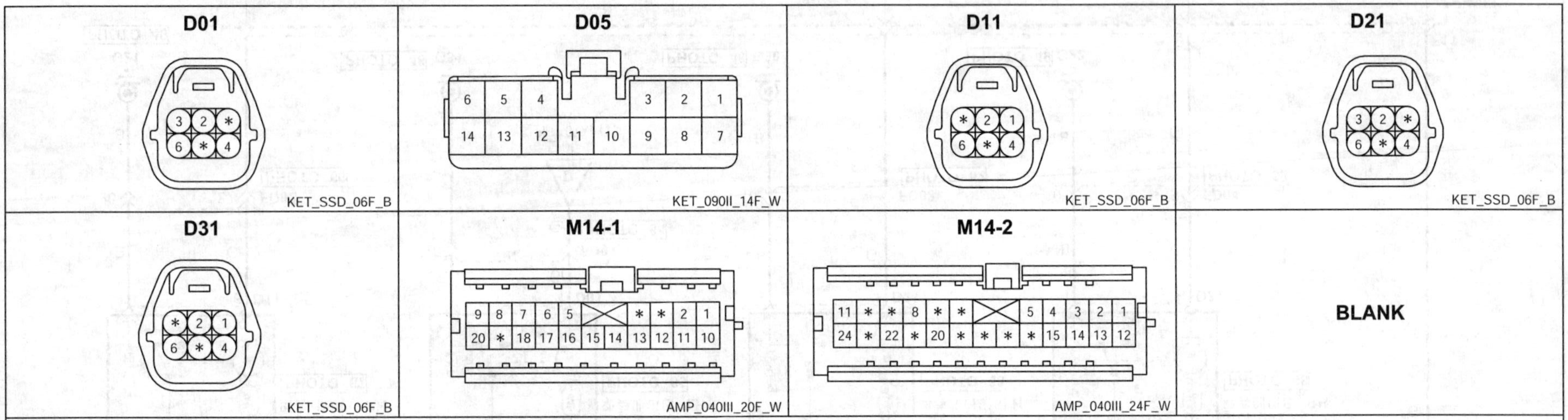
D01
3 2 *
6 * 4
KET_SSD_06F_B
D05
6 5 4 3 2 1
14 13 12 11 10 9 8 7
KET_090II_14F_W
D11
* 2 1
6 * 4
KET_SSD_06F_B
D21
3 2 *
6 * 4
KET_SSD_06F_B
D31
* 2 1
6 * 4
KET_SSD_06F_B
M14-1
9 8 7 6 5 * * 2 1
20 * 18 17 16 15 14 13 12 11 10
AMP_040III_20F_W
M14-2
11 * * 8 * * 5 4 3 2 1
24 * 22 * 20 * * * * 15 14 13 12
AMP_040III_24F_W
BLANK

A2JF813C

MEMO

무선 도어 잠금 & 도난 방지 회로 (1)

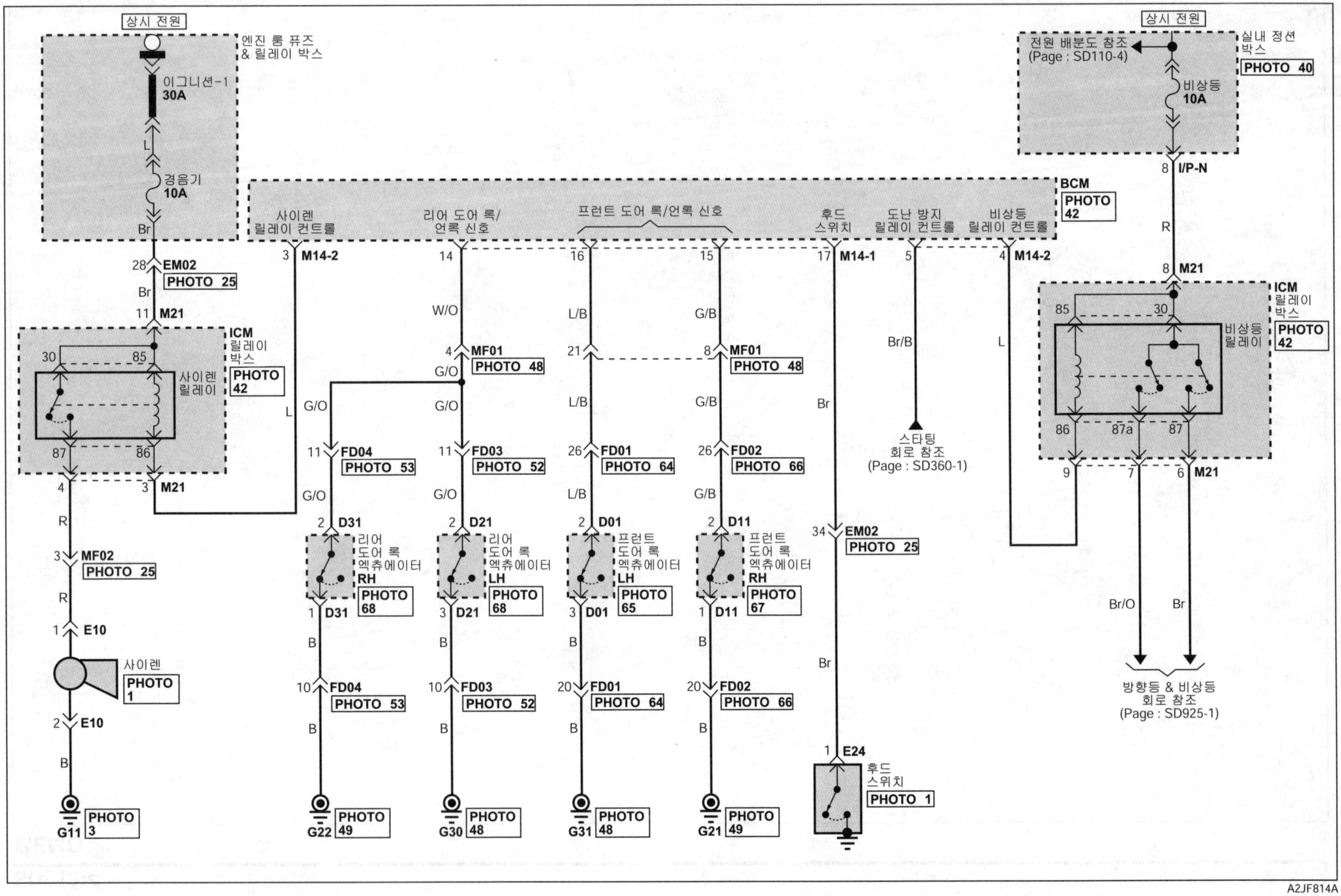
상시 전원
엔진 룸 퓨즈 & 릴레이 박스
이그니션-1 30A
경음기 10A
EM02 PHOTO 25
M21
ICM 릴레이 박스 PHOTO 42
사이렌 릴레이
MF02 PHOTO 25
E10
사이렌 PHOTO 1
G11 PHOTO 3
BCM PHOTO 42
사이렌 릴레이 컨트롤
리어 도어 록/언록 신호
프런트 도어 록/언록 신호
후드 스위치
도난 방지 릴레이 컨트롤
비상등 릴레이 컨트롤
M14-2
M14-1
MF01 PHOTO 48
FD04 PHOTO 53
FD03 PHOTO 52
FD01 PHOTO 64
FD02 PHOTO 66
D31 리어 도어 록 엑츄에이터 RH PHOTO 68
D21 리어 도어 록 엑츄에이터 LH PHOTO 68
D01 프런트 도어 록 엑츄에이터 LH PHOTO 65
D11 프런트 도어 록 엑츄에이터 RH PHOTO 67
G22 PHOTO 49
G30 PHOTO 48
G31 PHOTO 48
G21 PHOTO 49
스타팅 회로 참조 (Page : SD360-1)
EM02 PHOTO 25
E24 후드 스위치 PHOTO 1
상시 전원
실내 정션 박스 PHOTO 40
전원 배분도 참조 (Page : SD110-4)
비상등 10A
I/P-N
M21
ICM 릴레이 박스 PHOTO 42
비상등 릴레이
방향등 & 비상등 회로 참조 (Page : SD925-1)
A2JF814A

무선 도어 잠금 & 도난 방지 회로 (2)

D01

KET_SSD_06F_B

D11

KET_SSD_06F_B

D21

KET_SSD_06F_B

D31

KET_SSD_06F_B

E10

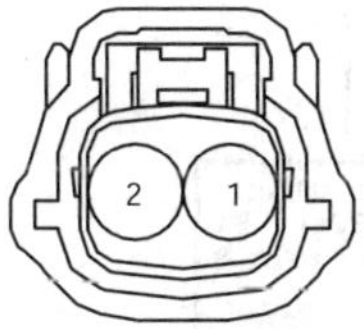

MLX_HORN_02F_B_FILT

E24

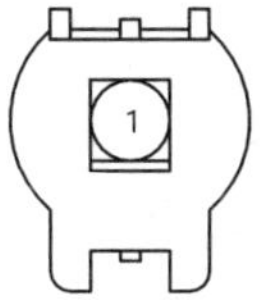

KUM_NMWP_01M_B

M14-1

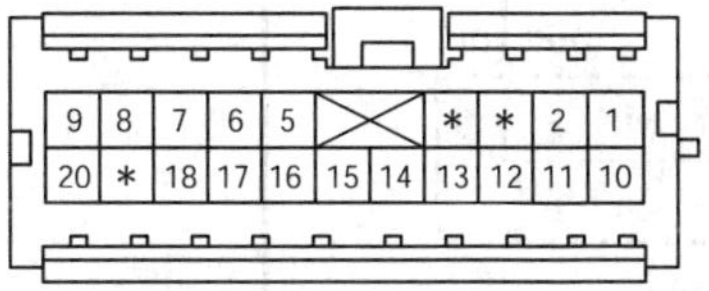

AMP_040III_20F_W

M14-2

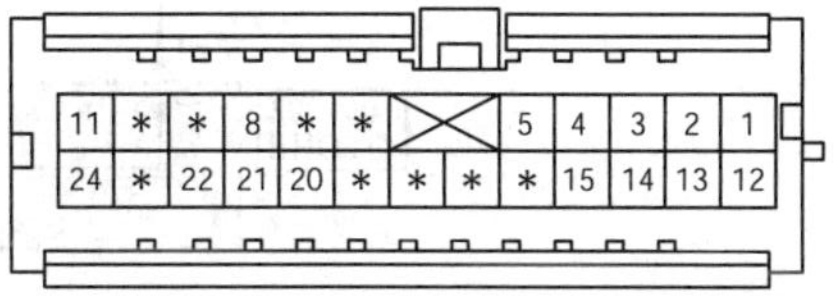

AMP_040III_24F_W

M21

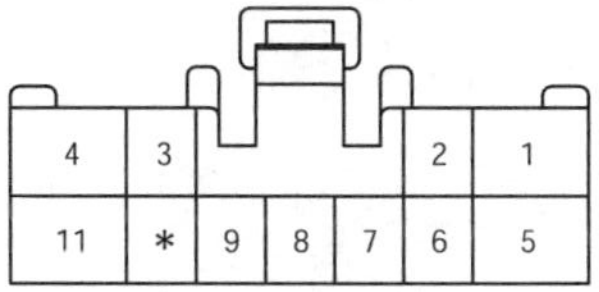

KET_1809_11F_W

BLANK

BLANK

BLANK

A2JF814B

선루프 회로 (1)

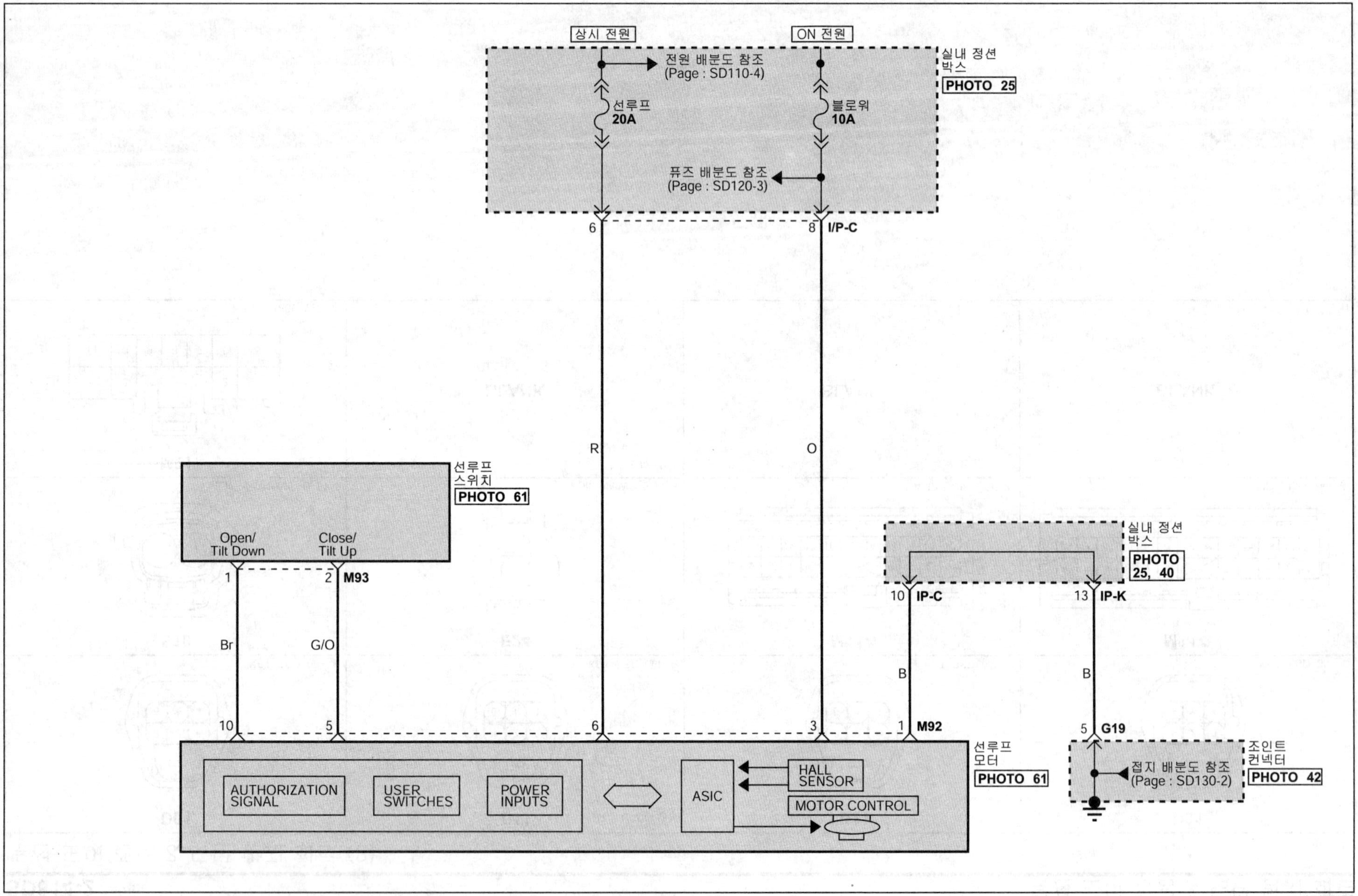
상시 전원
ON 전원
전원 배분도 참조
(Page : SD110-4)
선루프
20A
블로워
10A
퓨즈 배분도 참조
(Page : SD120-3)
실내 정션
박스
PHOTO 25
6
8
I/P-C
R
O
선루프
스위치
PHOTO 61
Open/
Tilt Down
Close/
Tilt Up
1
2
M93
Br
G/O
실내 정션
박스
PHOTO
25, 40
10
IP-C
13
IP-K
B
B
10
5
6
3
1
M92
5
G19
선루프
모터
PHOTO 61
AUTHORIZATION
SIGNAL
USER
SWITCHES
POWER
INPUTS
ASIC
HALL
SENSOR
MOTOR CONTROL
접지 배분도 참조
(Page : SD130-2)
조인트
컨넥터
PHOTO 42
A2JF816A

선루프 회로 (2)

M92

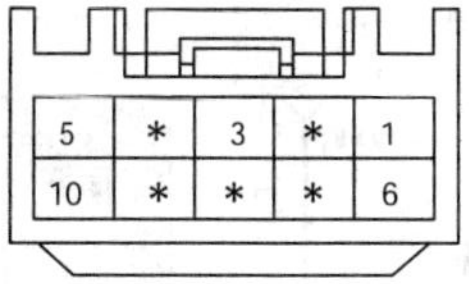

YAZ_1.5SYS_10F_W

M93

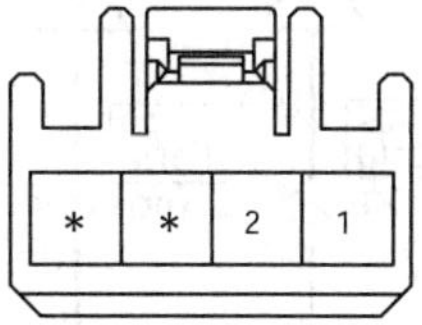

AMP_090III_04F_W

BLANK

BLANK

A2JF816B

파워 윈도우 회로 (1)

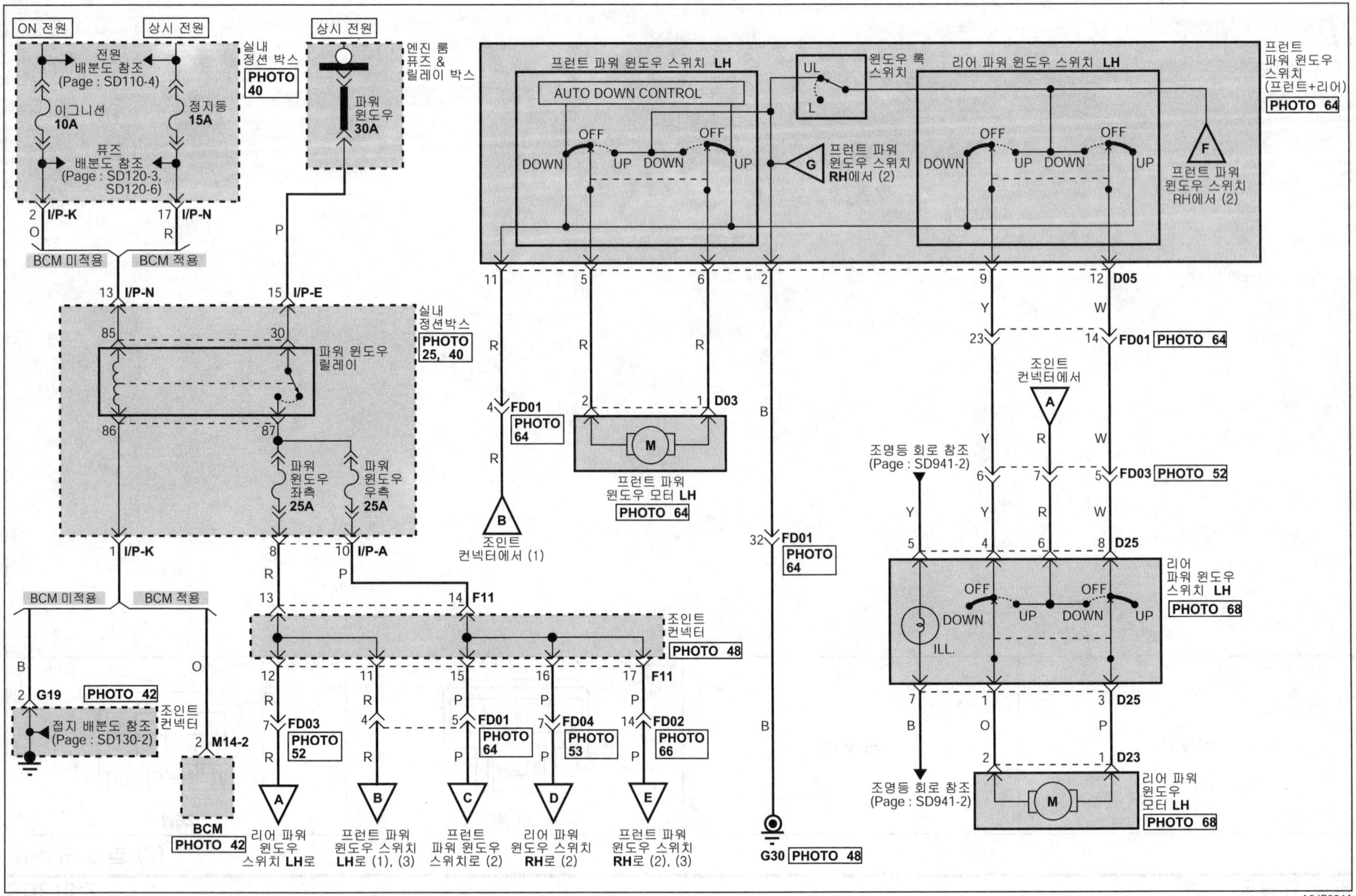
ON 전원
상시 전원
전원 배분도 참조 (Page : SD110-4)
이그니션 10A
정지등 15A
퓨즈 배분도 참조 (Page : SD120-3, SD120-6)
실내 정션 박스
PHOTO 40
엔진 룸 퓨즈 & 릴레이 박스
파워 윈도우 30A
I/P-K
I/P-N
BCM 미적용
BCM 적용
I/P-E
실내 정션박스
PHOTO 25, 40
파워 윈도우 릴레이
파워 윈도우 좌측 25A
파워 윈도우 우측 25A
I/P-A
F11
조인트 컨넥터
PHOTO 48
G19
PHOTO 42
접지 배분도 참조 (Page : SD130-2)
조인트 컨넥터
M14-2
BCM
PHOTO 42
FD03
PHOTO 52
FD01
PHOTO 64
FD04
PHOTO 53
FD02
PHOTO 66
리어 파워 윈도우 스위치 LH로
프런트 파워 윈도우 스위치 LH로 (1), (3)
프런트 파워 윈도우 스위치로 (2)
리어 파워 윈도우 스위치 RH로 (2)
프런트 파워 윈도우 스위치 RH로 (2), (3)
프런트 파워 윈도우 스위치 LH
AUTO DOWN CONTROL
OFF
DOWN
UP
윈도우 록 스위치
UL
L
프런트 파워 윈도우 스위치 RH에서 (2)
리어 파워 윈도우 스위치 LH
프런트 파워 윈도우 스위치 (프런트+리어)
PHOTO 64
D05
D03
프런트 파워 윈도우 모터 LH
PHOTO 64
조인트 컨넥터에서 (1)
조인트 컨넥터에서
G30
PHOTO 48
조명등 회로 참조 (Page : SD941-2)
D25
ILL.
리어 파워 윈도우 스위치 LH
PHOTO 68
D23
리어 파워 윈도우 모터 LH
PHOTO 68
A2JF824A

파워 윈도우 회로 (2)

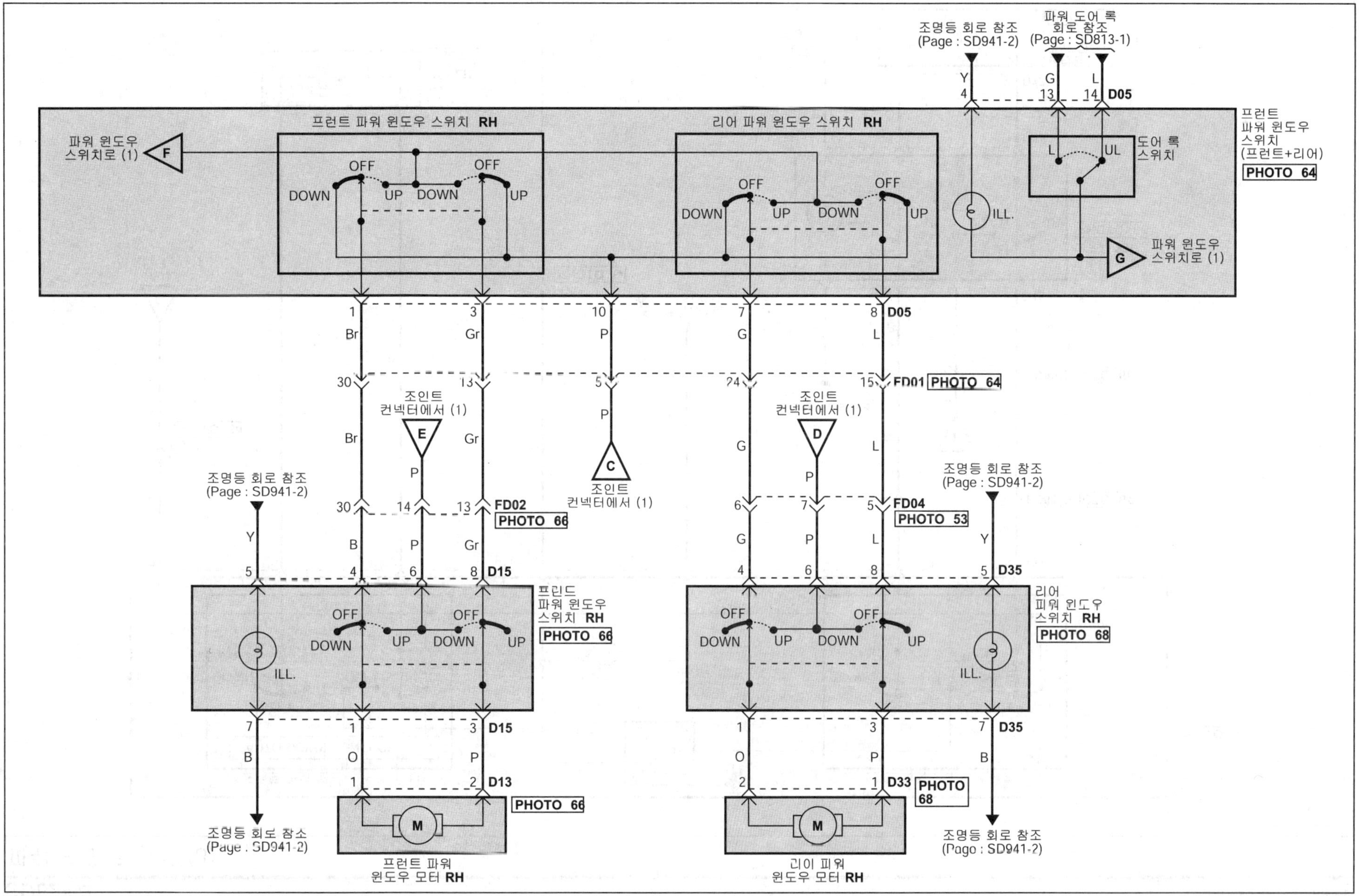
조명등 회로 참조
(Page : SD941-2)
파워 도어 록
회로 참조
(Page : SD813-1)
D05
프런트
파워 윈도우
스위치
(프런트+리어)
PHOTO 64
프런트 파워 윈도우 스위치 RH
리어 파워 윈도우 스위치 RH
파워 윈도우
스위치로 (1)
도어 록
스위치
ILL.
OFF
DOWN
UP
FD01
조인트
컨넥터에서 (1)
FD02
PHOTO 66
FD04
PHOTO 53
D15
D35
프런트
파워 윈도우
스위치 RH
리어
파워 윈도우
스위치 RH
PHOTO 68
D13
D33
프런트 파워
윈도우 모터 RH
리어 파워
윈도우 모터 RH
A2JF824B

파워 윈도우 회로 (3)

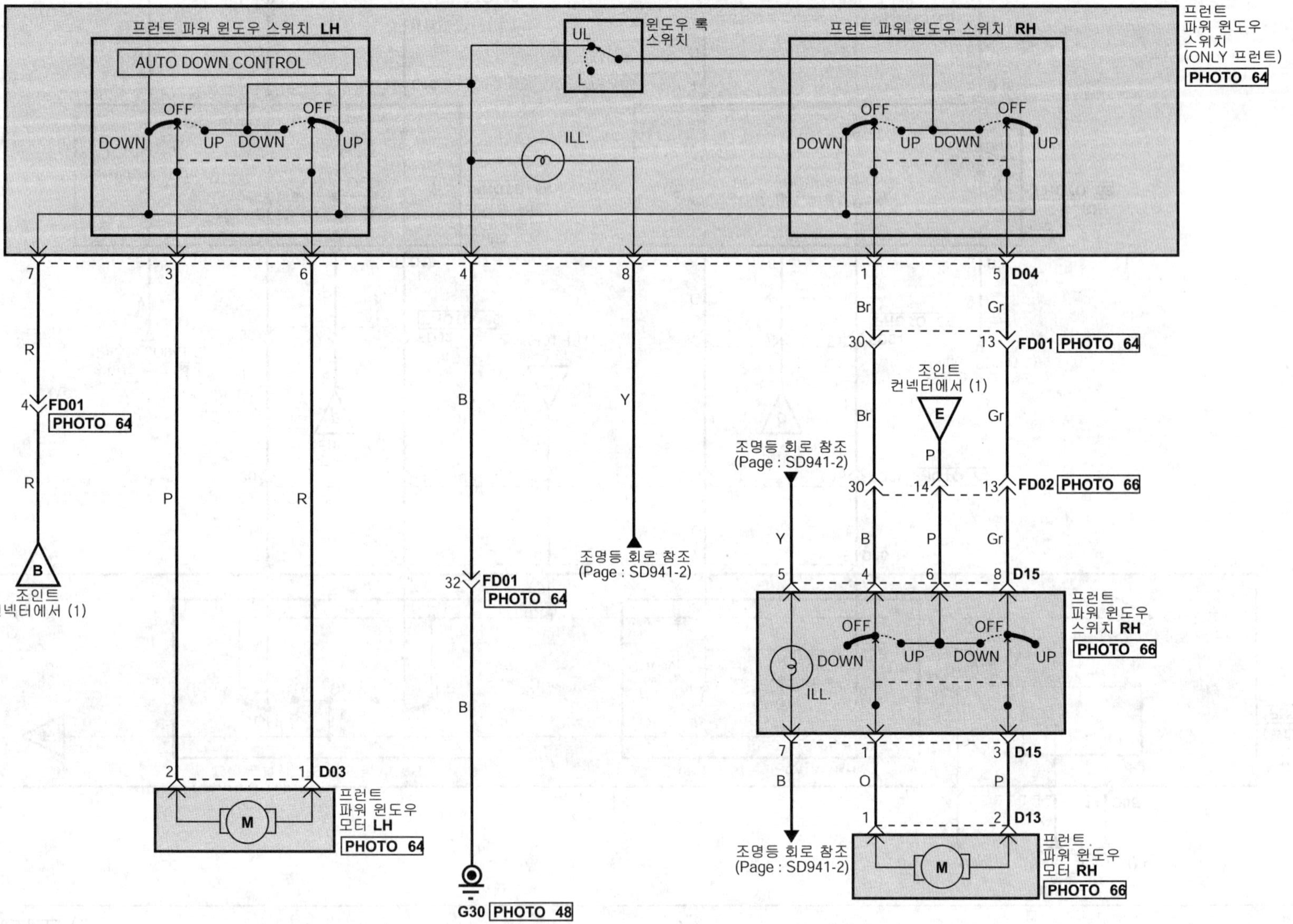
프런트 파워 윈도우 스위치 LH
AUTO DOWN CONTROL
OFF
DOWN
UP
윈도우 록 스위치
UL
L
ILL.
프런트 파워 윈도우 스위치 RH
프런트 파워 윈도우 스위치 (ONLY 프런트)
PHOTO 64
D04
Br
Gr
FD01 PHOTO 64
조인트 컨넥터에서 (1)
E
FD02 PHOTO 66
조명등 회로 참조 (Page : SD941-2)
D15
프런트 파워 윈도우 스위치 RH
PHOTO 66
D13
프런트 파워 윈도우 모터 RH
PHOTO 66
R
P
B
Y
O
FD01
PHOTO 64
B
조인트 컨넥터에서 (1)
D03
프런트 파워 윈도우 모터 LH
PHOTO 64
G30 PHOTO 48
M

A2JF824C

파워 윈도우 회로 (4)

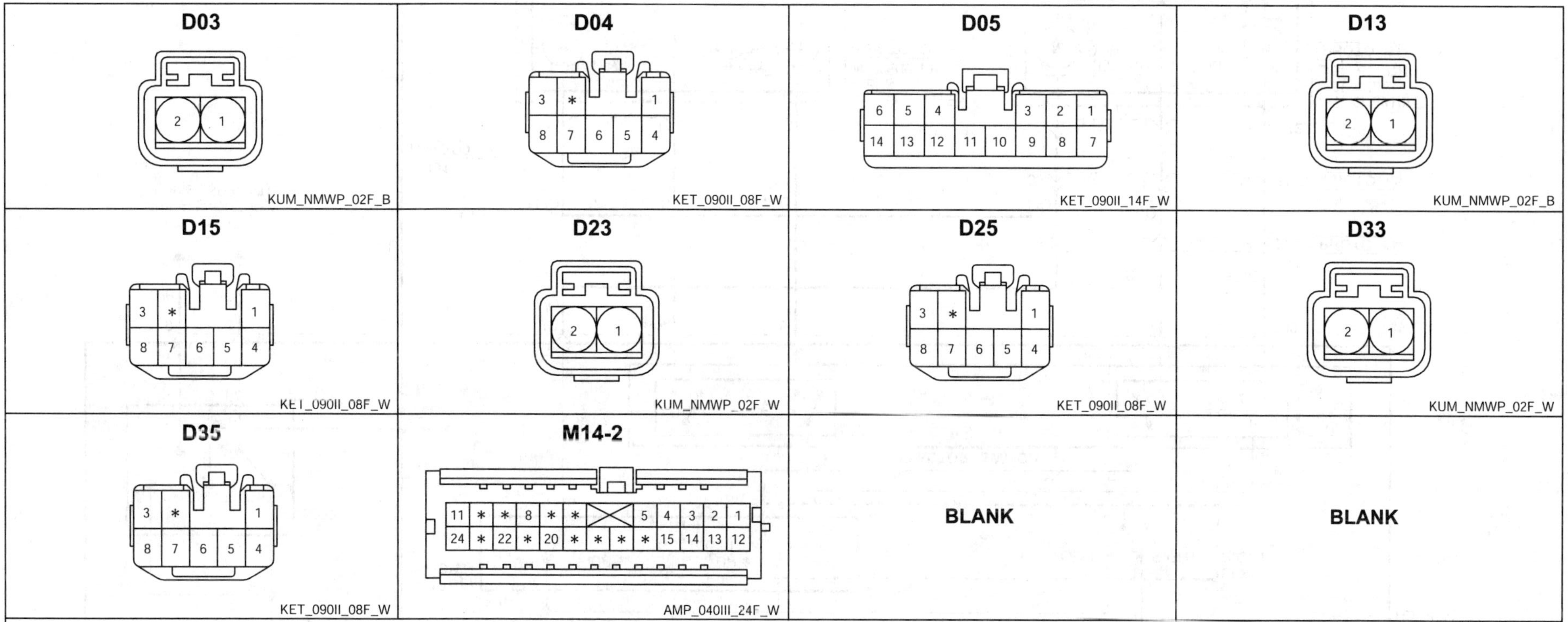
D03
KUM_NMWP_02F_B
D04
KET_090II_08F_W
D05
KET_090II_14F_W
D13
KUM_NMWP_02F_B
D15
KET_090II_08F_W
D23
KUM_NMWP_02F_W
D25
KET_090II_08F_W
D33
KUM_NMWP_02F_W
D35
KET_090II_08F_W
M14-2
AMP_040III_24F_W
BLANK
BLANK

A2JF824D

파워 아웃사이드 미러 회로 (1)

TABLE

	SELECTOR SWITCH POSITION	POSITION	4	6	3	1	12	7	10
MIRROR SELECT SWITCH	LEFT	UP	○	○			○	○	○
		DOWN	○	○			○	○	○
		OFF	○	○			○	○	
		LEFT	○	○			○	○	○
		RIGHT	○	○			○	○	○
	RIGHT	UP			○	○	○	○	○
		DOWN			○	○	○	○	○
		OFF			○	○	○	○	
		LEFT			○	○	○	○	○
		RIGHT			○	○	○	○	○

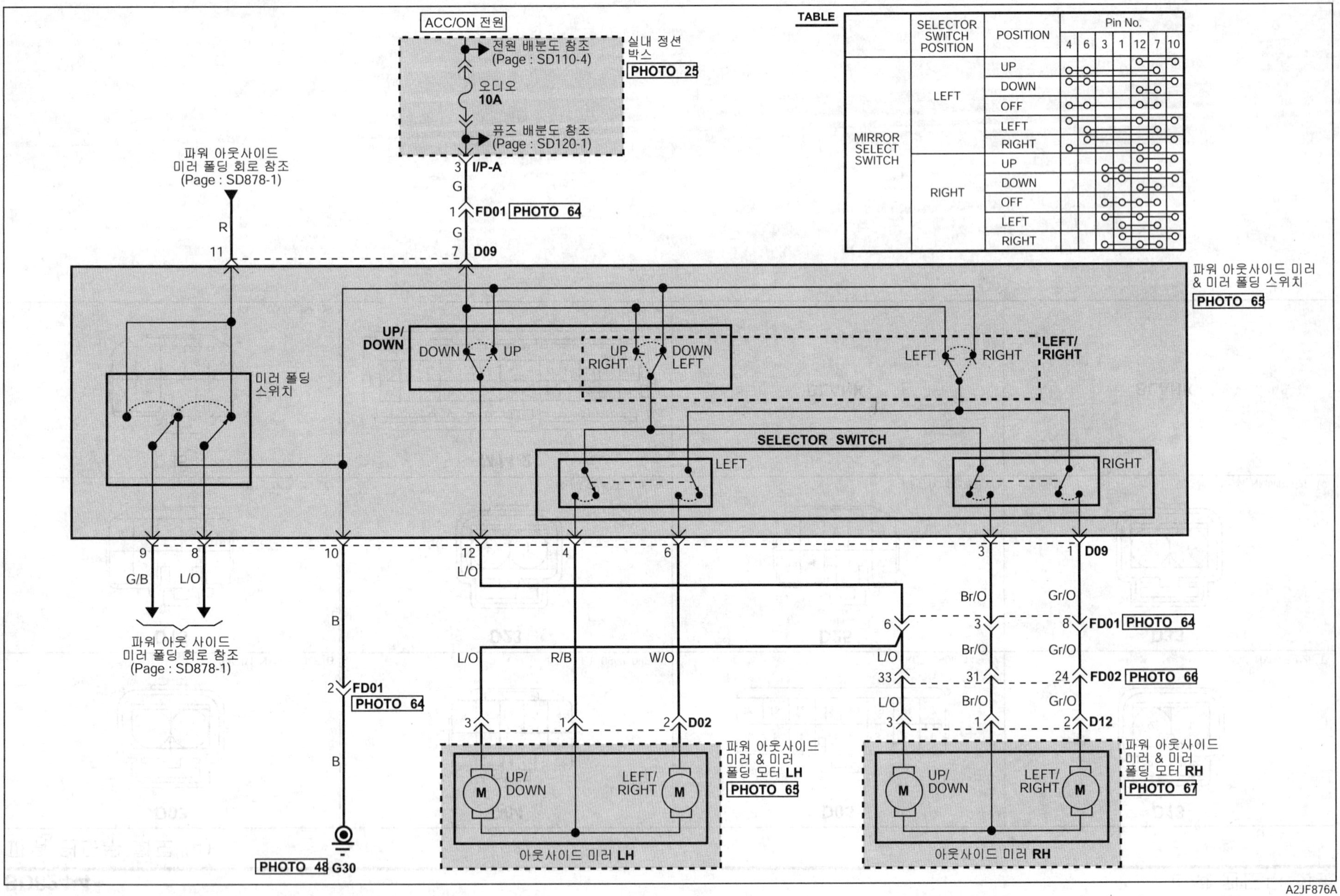

파워 아웃사이드 미러 회로 (2)

D02

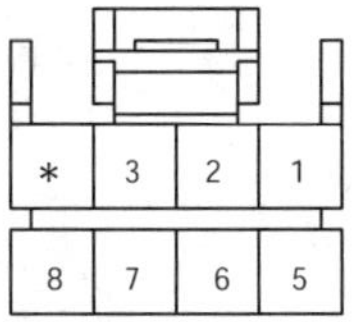

AMP_040M1_08F_B

D09

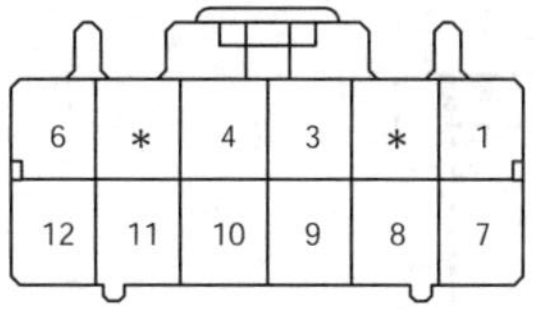

AMP_0407_12F_070

D12

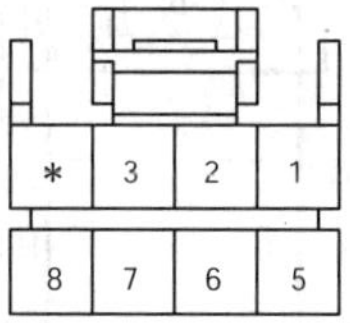

AMP_040M1_08F_B

BLANK

A2JF876B

파워 아웃사이드 미러 폴딩 회로 (1)

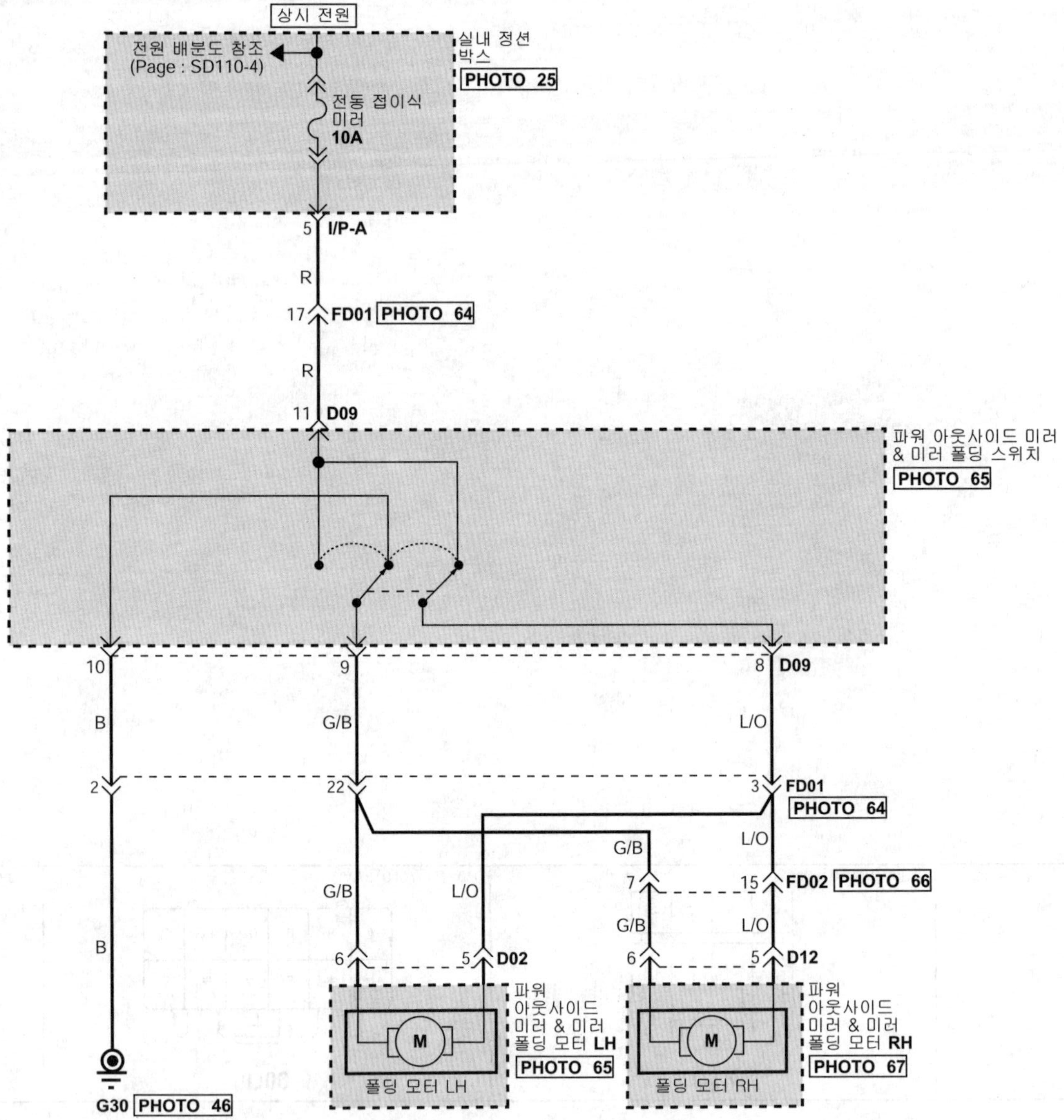
상시 전원
전원 배분도 참조
(Page : SD110-4)
실내 정션
박스
PHOTO 25
전동 접이식
미러
10A
5 I/P-A
R
17 FD01 PHOTO 64
R
11 D09
파워 아웃사이드 미러
& 미러 폴딩 스위치
PHOTO 65
10
9
8 D09
B
G/B
L/O
2
22
3 FD01
PHOTO 64
L/O
G/B
G/B
L/O
7
15 FD02 PHOTO 66
B
G/B
L/O
6
5 D02
6
5 D12
파워
아웃사이드
미러 & 미러
폴딩 모터 LH
PHOTO 65
파워
아웃사이드
미러 & 미러
폴딩 모터 RH
PHOTO 67
M
M
폴딩 모터 LH
폴딩 모터 RH
G30 PHOTO 46

A2JF878A

파워 아웃사이드 미러 폴딩 회로 (2)

D02

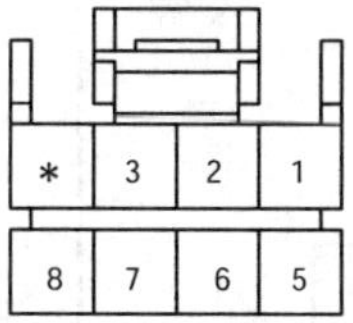

AMP_040M1_08F_B

D09

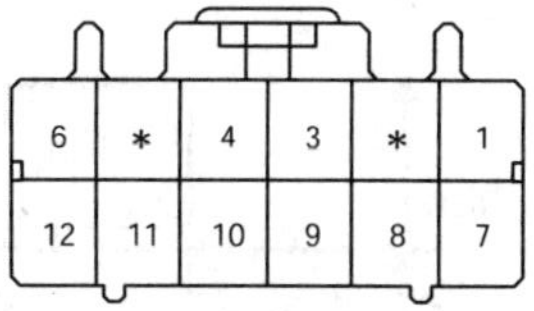

AMP_0407_12F_070

D12

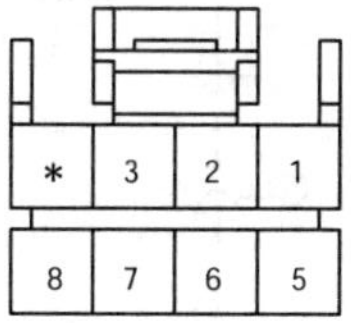

AMP_040M1_08F_B

BLANK

A2JF878B

뒷 유리 & 아웃사이드 미러 디포거 회로 (1)

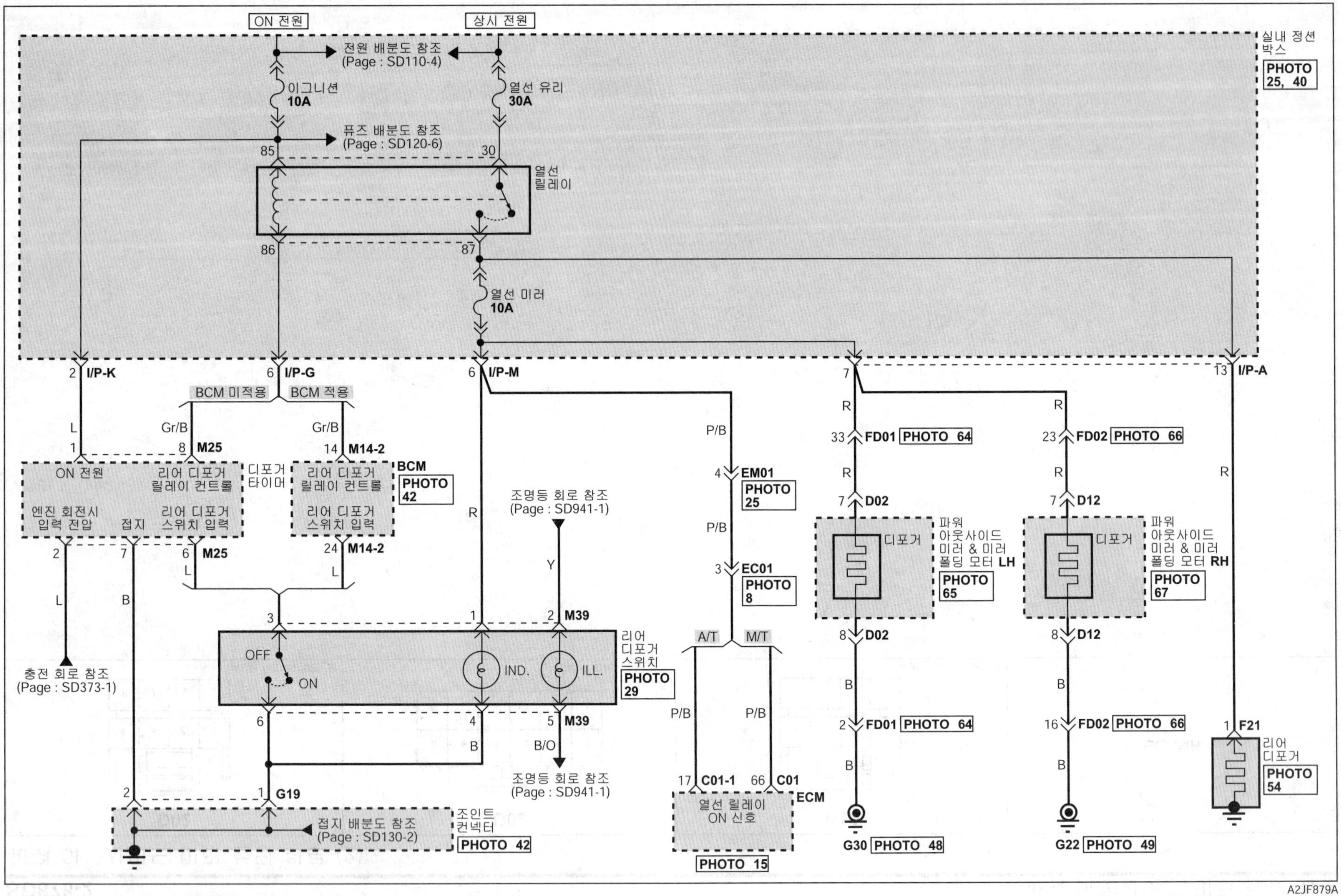
ON 전원
상시 전원
전원 배분도 참조 (Page : SD110-4)
이그니션 10A
열선 유리 30A
퓨즈 배분도 참조 (Page : SD120-6)
85
30
열선 릴레이
86
87
열선 미러 10A
실내 정션 박스
PHOTO 25, 40
2 I/P-K
6 I/P-G
6 I/P-M
7
13 I/P-A
BCM 미적용
BCM 적용
L
Gr/B
1
8 M25
14 M14-2
ON 전원
리어 디포거 릴레이 컨트롤
엔진 회전시 입력 전압
접지
리어 디포거 스위치 입력
디포거 타이머
BCM
PHOTO 42
2
7
6 M25
24 M14-2
B
충전 회로 참조 (Page : SD373-1)
R
조명등 회로 참조 (Page : SD941-1)
Y
3
1
2 M39
OFF
ON
IND.
ILL.
리어 디포거 스위치
PHOTO 29
6
4
5 M39
B/O
G19
접지 배분도 참조 (Page : SD130-2)
조인트 컨넥터
PHOTO 42
P/B
4 EM01
PHOTO 25
3 EC01
PHOTO 8
A/T
M/T
17 C01-1
66 C01
ECM
열선 릴레이 ON 신호
PHOTO 15
33 FD01 PHOTO 64
7 D02
디포거
파워 아웃사이드 미러 & 미러 폴딩 모터 LH
PHOTO 65
8 D02
2 FD01 PHOTO 64
G30 PHOTO 48
23 FD02 PHOTO 66
7 D12
파워 아웃사이드 미러 & 미러 폴딩 모터 RH
PHOTO 67
8 D12
16 FD02 PHOTO 66
G22 PHOTO 49
1 F21
리어 디포거
PHOTO 54
A2JF879A

뒷 유리 & 아웃사이드 미러 디포거 회로 (2)

C01

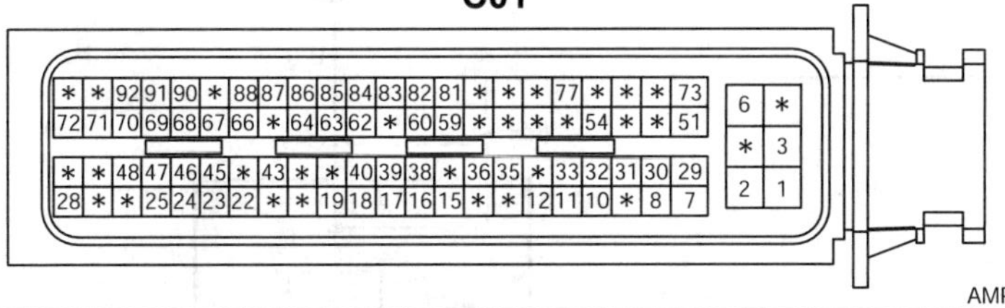

AMP_ECU_94F_B

C01-1

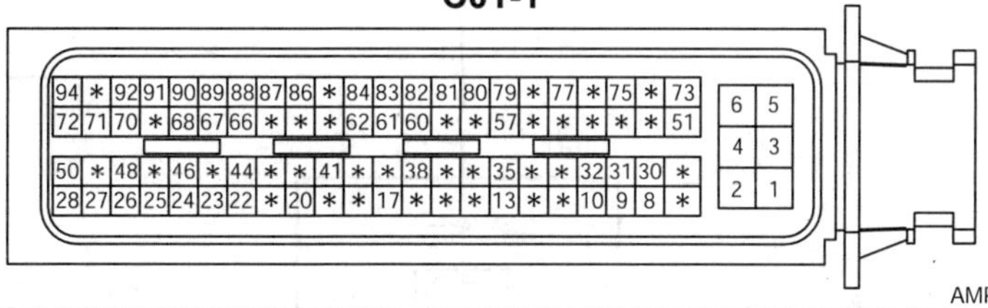

AMP_ECU_94F_B

D02

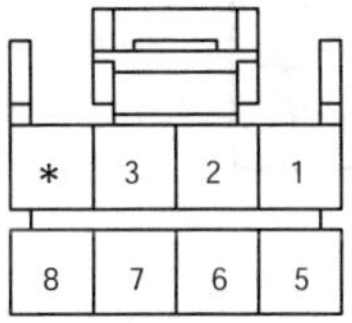

AMP_040M1_08F_B

D12

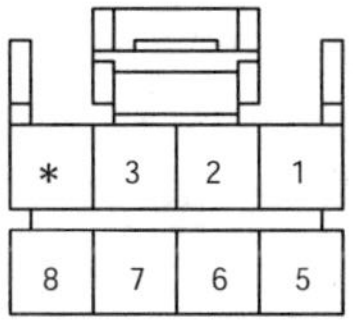

AMP_040M1_08F_B

F21

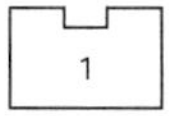

AMP_250DL_01F_B

M25

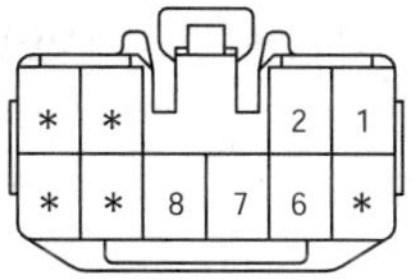

KET_090II_10F_W

M39

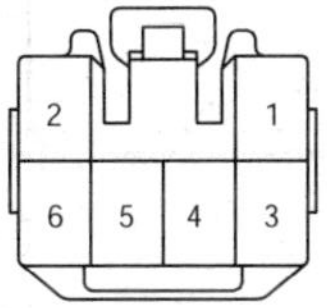

KET_090II_06F_W

M14-2

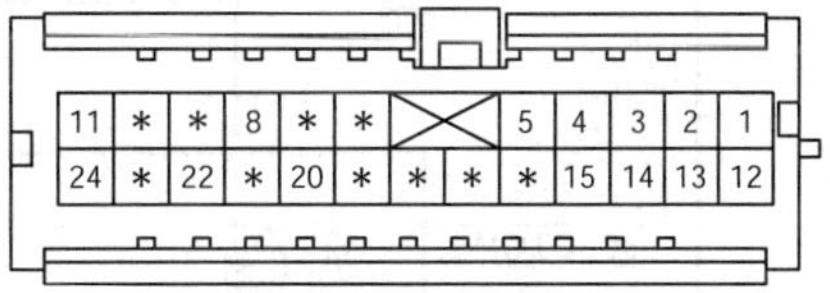

AMP_040III_24F_W

BLANK

BLANK

A2JF879B

시트 히터 회로 (1)

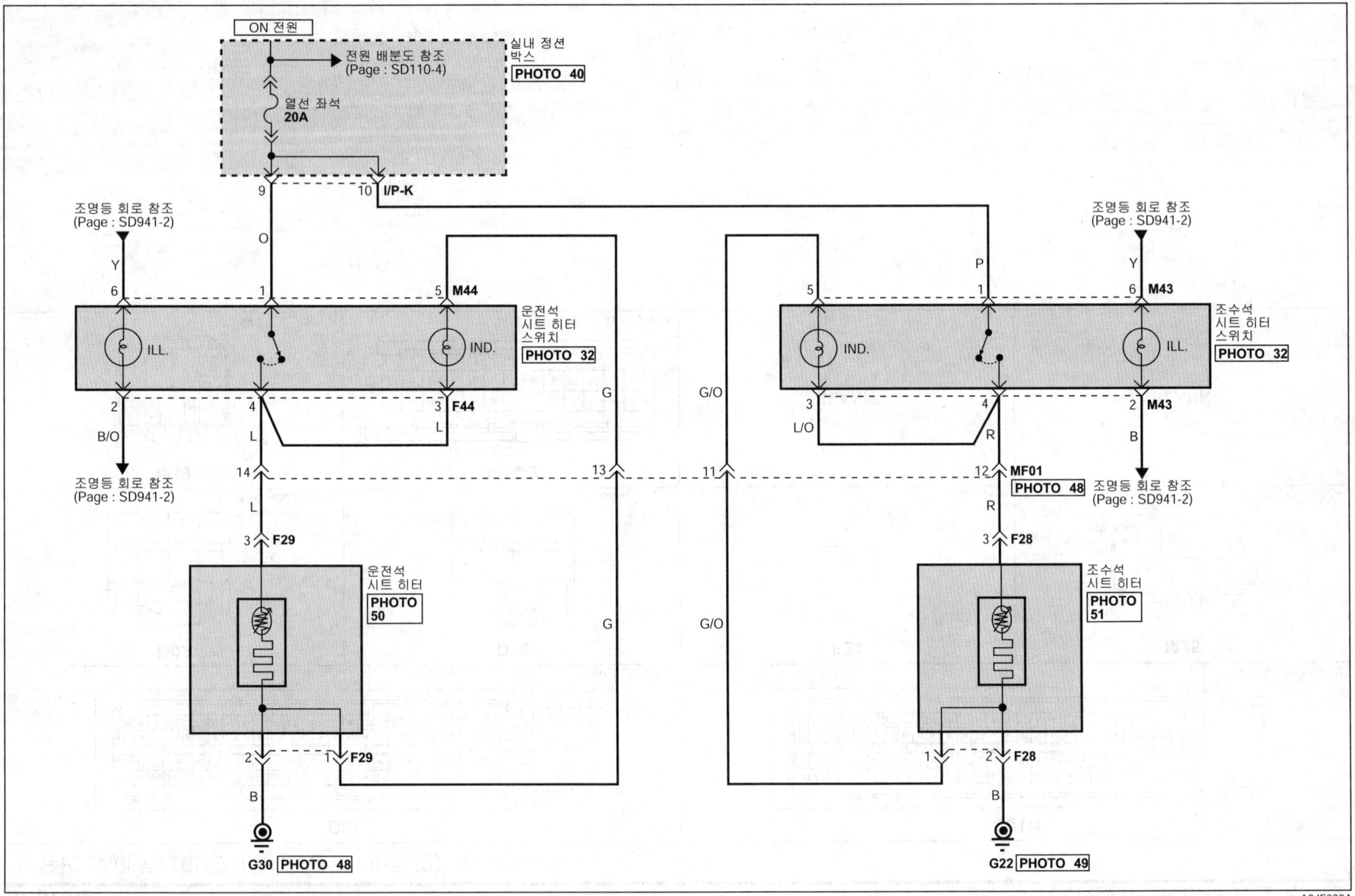

ON 전원
실내 정션 박스
PHOTO 40
전원 배분도 참조 (Page : SD110-4)
열선 좌석 20A
9
10 I/P-K
조명등 회로 참조 (Page : SD941-2)
Y
O
P
6
1
5 M44
운전석 시트 히터 스위치
PHOTO 32
ILL.
IND.
2
4
3 F44
B/O
L
G
G/O
조명등 회로 참조 (Page : SD941-2)
14
13
11
12 MF01
PHOTO 48
3 F29
운전석 시트 히터
PHOTO 50
2
1 F29
B
G30 PHOTO 48
5
1
6 M43
조수석 시트 히터 스위치
PHOTO 32
3
4
2 M43
L/O
R
조수석 시트 히터
PHOTO 51
3 F28
1
2 F28
G22 PHOTO 49
A2JF889A

시트 히터 회로 (2)

F28

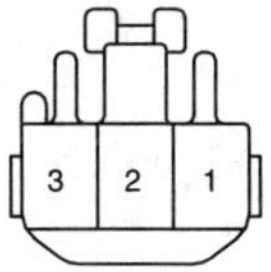

KET_090II_03F_W

F29

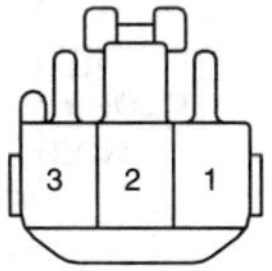

AMP_090III_06F_W

M43

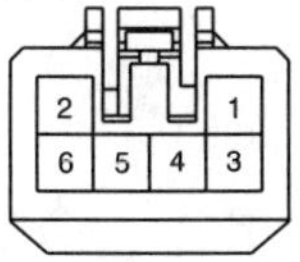

KET_090III_06F_W

M44

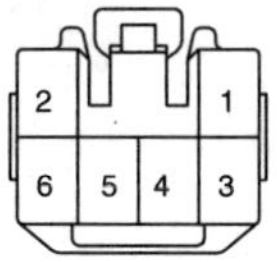

KET_090II_06F_W

A2JF889B

전조등 회로 (1)

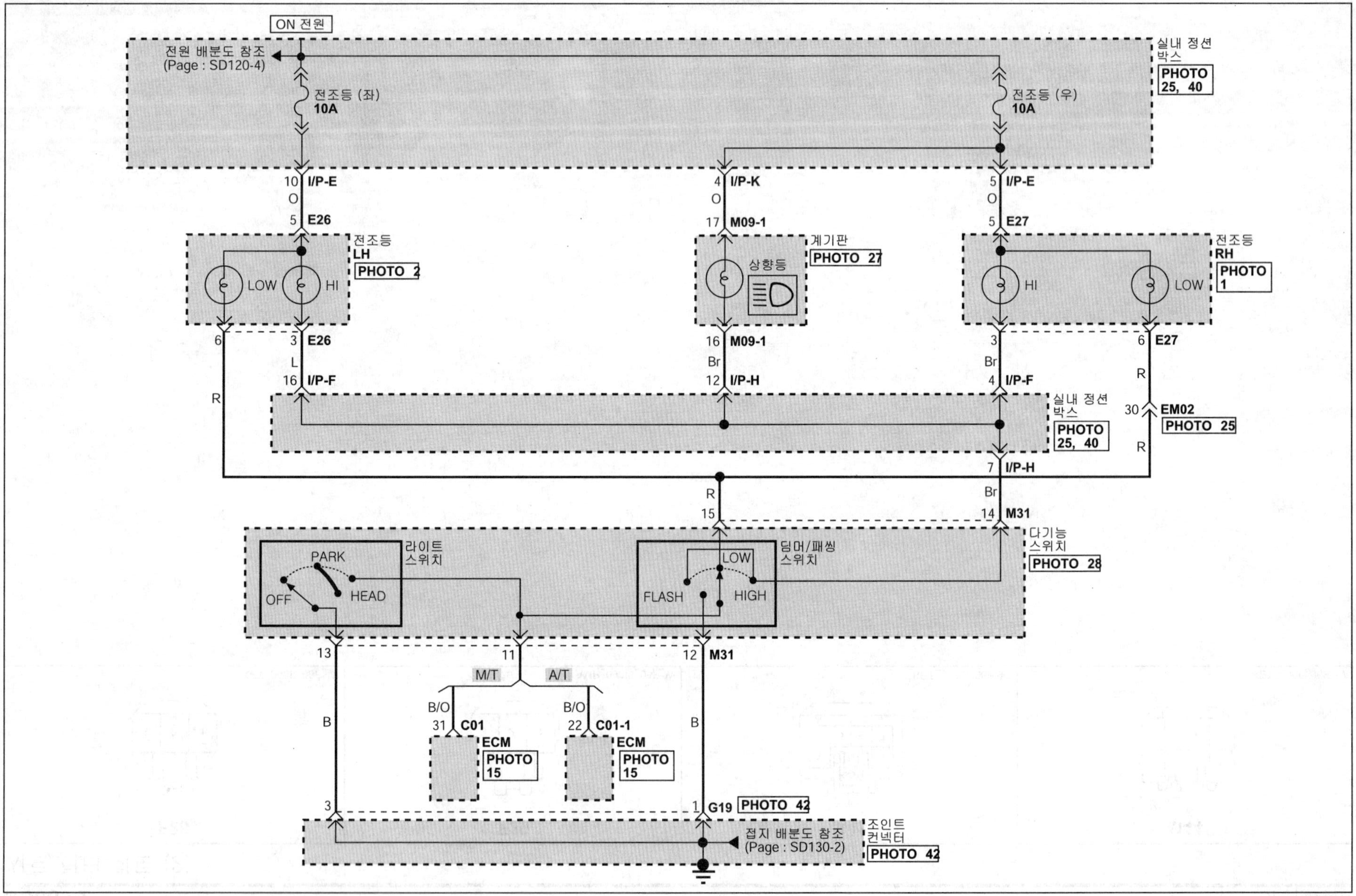
ON 전원
전원 배분도 참조
(Page : SD120-4)
실내 정션
박스
PHOTO
25, 40
전조등 (좌)
10A
전조등 (우)
10A
10 I/P-E
O
5 E26
4 I/P-K
O
17 M09-1
5 I/P-E
O
5 E27
전조등
LH
PHOTO 2
LOW
HI
계기판
PHOTO 27
상향등
전조등
RH
PHOTO
1
HI
LOW
6
3 E26
L
16 I/P-F
R
16 M09-1
Br
12 I/P-H
3
Br
4 I/P-F
6 E27
R
30 EM02
PHOTO 25
R
실내 정션
박스
PHOTO
25, 40
7 I/P-H
R
Br
15
14 M31
다기능
스위치
PHOTO 28
라이트
스위치
PARK
OFF
HEAD
딤머/패씽
스위치
LOW
FLASH
HIGH
13
11
12 M31
M/T
A/T
B/O
31 C01
ECM
PHOTO
15
B/O
22 C01-1
ECM
PHOTO
15
B
B
3
1 G19 PHOTO 42
접지 배분도 참조
(Page : SD130-2)
조인트
컨넥터
PHOTO 42

A2JF921A

전조등 회로 (2)

C01

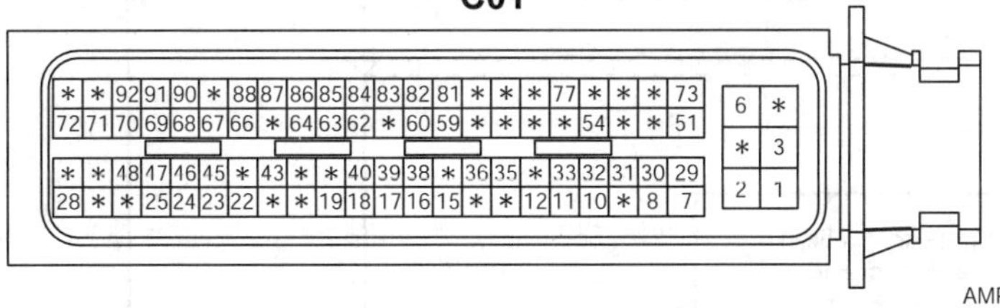

AMP_ECU_94F_B

C01-1

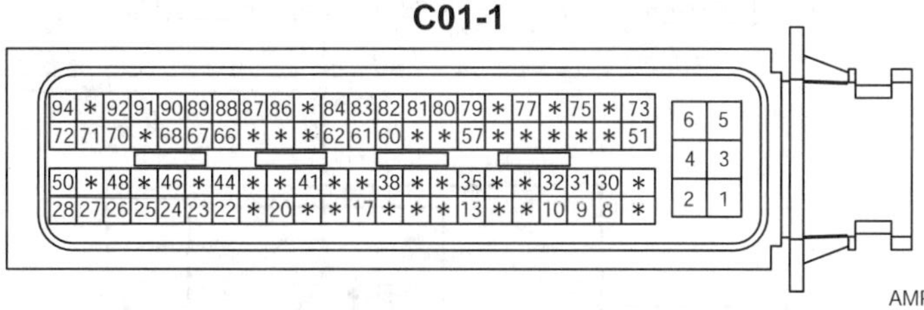

AMP_ECU_94F_B

E26

KUM_NMWP_06F_B

E27

KUM_NMWP_06F_B

M09-1

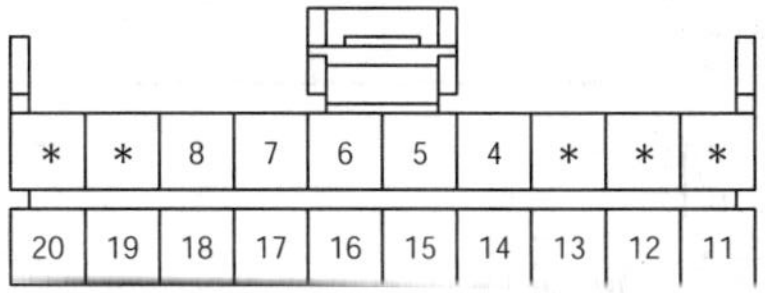

AMP_040M1_20F_B

M31

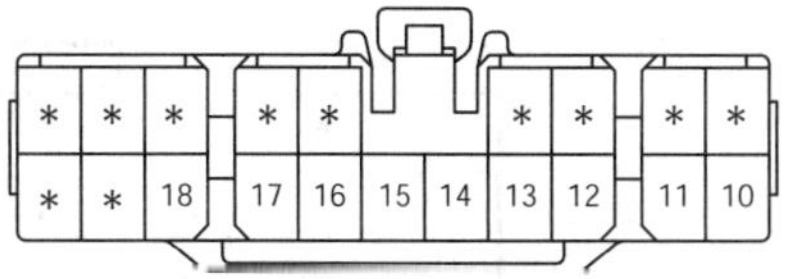

KET_090II_20F_L

A2JF921B

안개등 회로 (1)

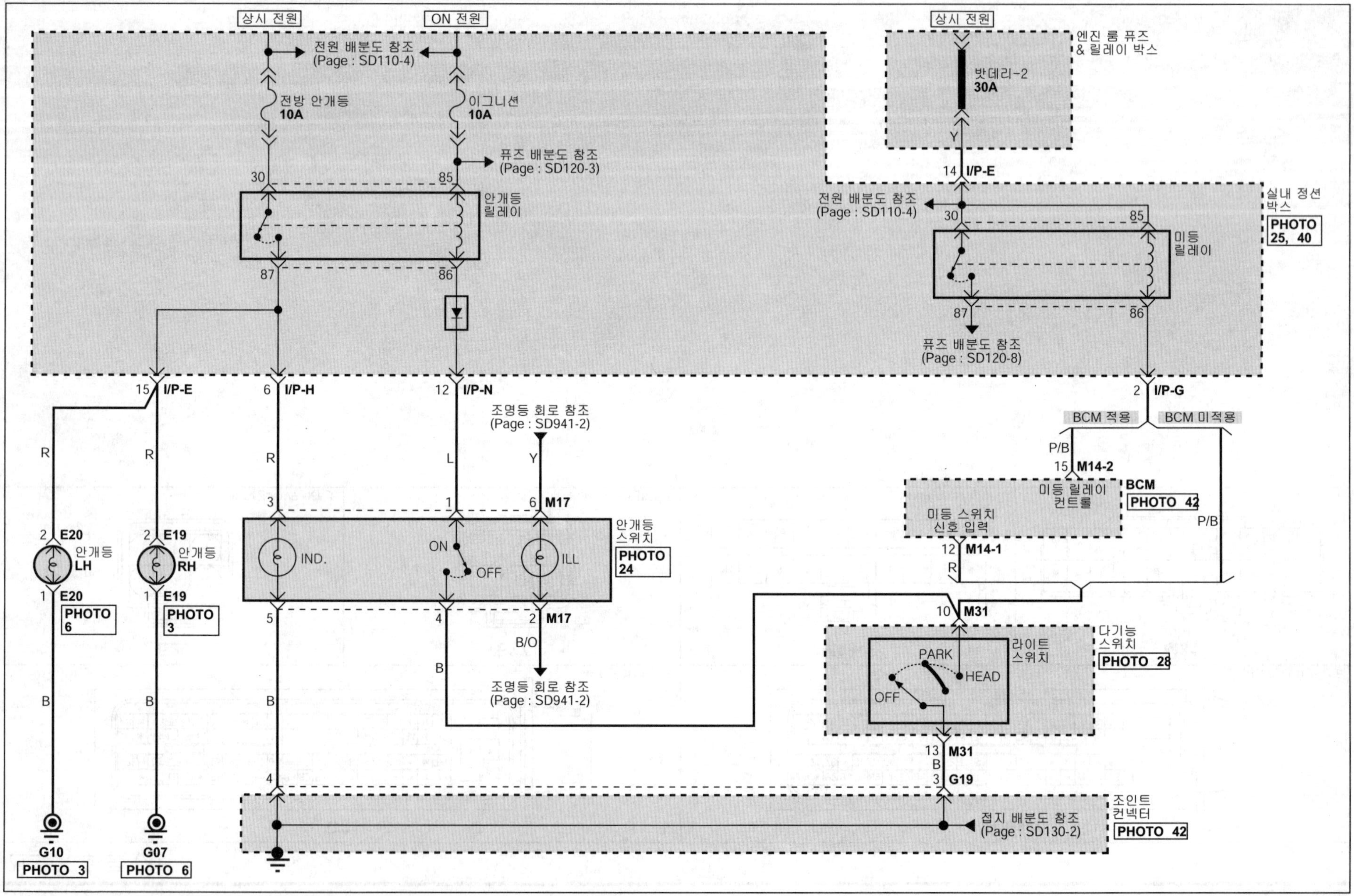
상시 전원
ON 전원
전원 배분도 참조
(Page : SD110-4)
전방 안개등
10A
이그니션
10A
퓨즈 배분도 참조
(Page : SD120-3)
안개등
릴레이
30
85
87
86
15 I/P-E
6 I/P-H
12 I/P-N
조명등 회로 참조
(Page : SD941-2)
R
L
Y
3
1
6 M17
안개등
스위치
PHOTO 24
IND.
ON
OFF
ILL
5
4
2 M17
B/O
B
2 E20
안개등
LH
1 E20
PHOTO 6
2 E19
안개등
RH
1 E19
PHOTO 3
G10
PHOTO 3
G07
PHOTO 6
4
엔진 룸 퓨즈
& 릴레이 박스
밧데리-2
30A
14 I/P-E
실내 정션
박스
PHOTO 25, 40
미등
릴레이
퓨즈 배분도 참조
(Page : SD120-8)
2 I/P-G
BCM 적용
BCM 미적용
P/B
15 M14-2
BCM
PHOTO 42
미등 릴레이
컨트롤
미등 스위치
신호 입력
12 M14-1
10 M31
다기능
스위치
PHOTO 28
라이트
스위치
PARK
HEAD
OFF
13 M31
3 G19
조인트
컨넥터
PHOTO 42
접지 배분도 참조
(Page : SD130-2)

A2JF924A

안개등 회로 (2)

E19

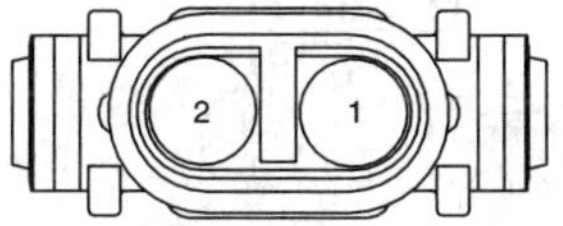

KET_110WP_02F_B_FOG

E20

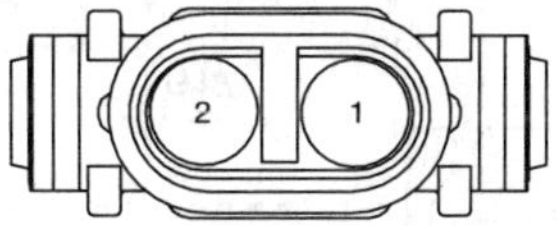

KET_110WP_02F_B_FOG

M14-1

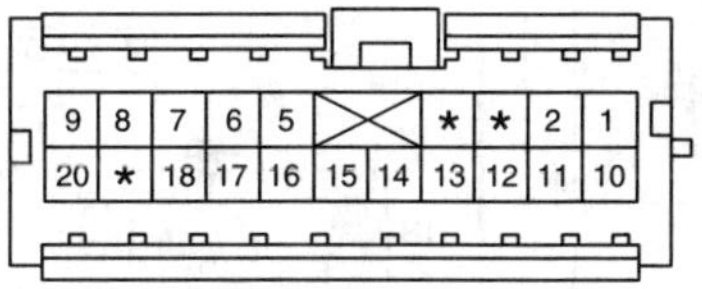

AMP_040III_20F_W

M14-2

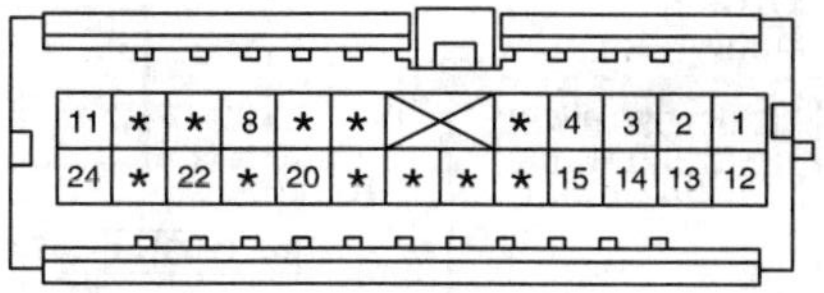

AMP_040III_24F_W

M17

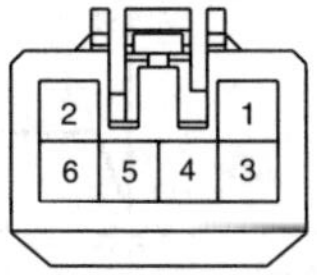

KET_090III_06F_W

M31

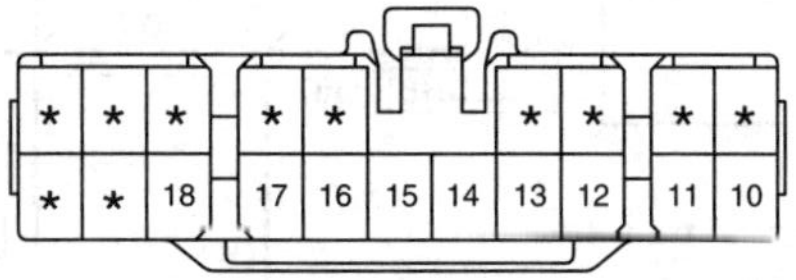

KET_090II_20F_L

BLANK

BLANK

A2JF924B

방향등 & 비상등 회로 (1)

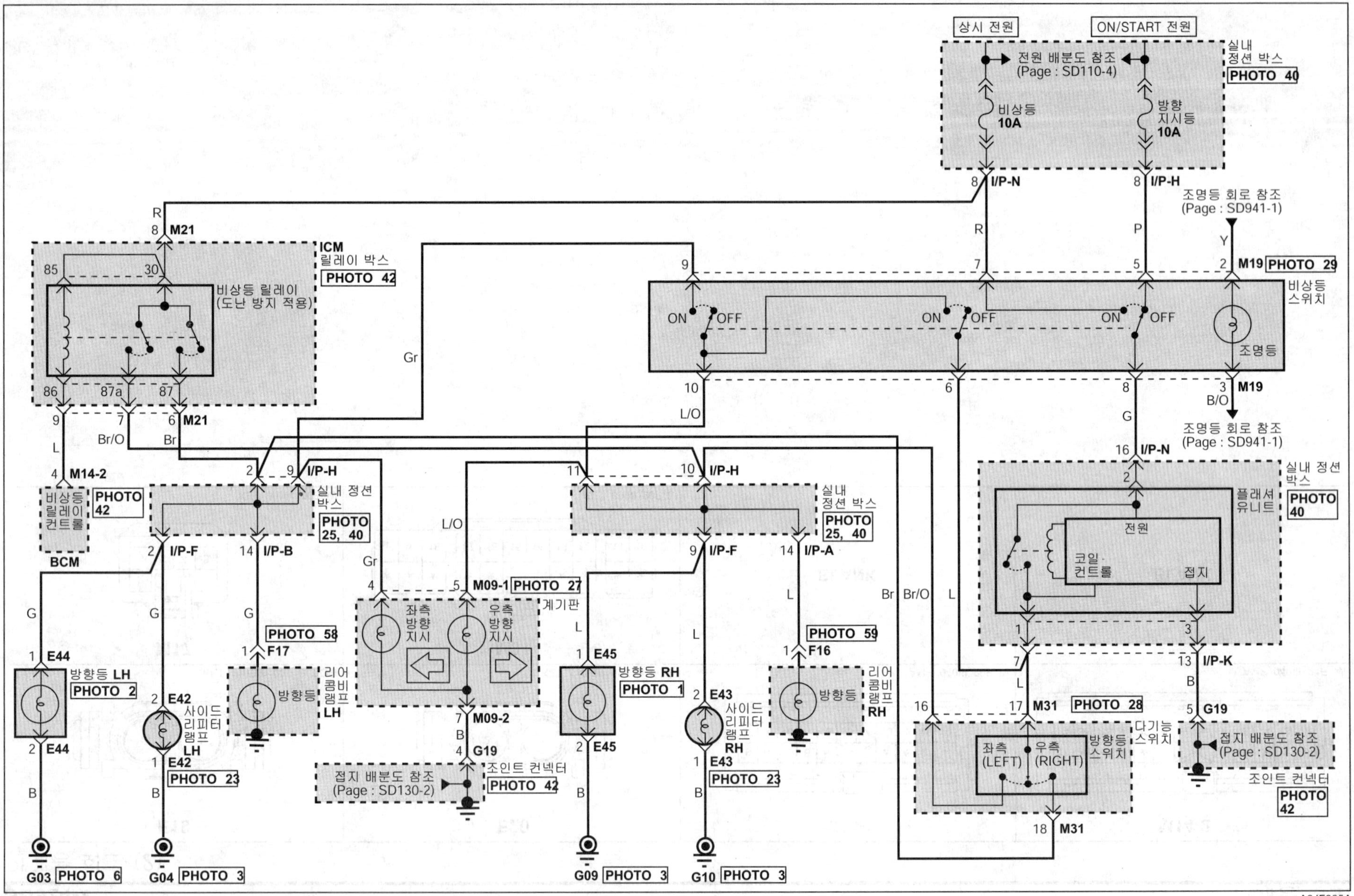
상시 전원
ON/START 전원
전원 배분도 참조
(Page : SD110-4)
실내 정션 박스
PHOTO 40
비상등 10A
방향 지시등 10A
I/P-N
I/P-H
조명등 회로 참조
(Page : SD941-1)
M19
PHOTO 29
비상등 스위치
ON
OFF
조명등
ICM 릴레이 박스
PHOTO 42
비상등 릴레이
(도난 방지 적용)
M21
85
30
86
87a
87
M14-2
비상등 릴레이 컨트롤
BCM
실내 정션 박스
PHOTO 25, 40
I/P-F
I/P-B
I/P-A
I/P-K
플래셔 유니트
전원
코일 컨트롤
접지
M09-1
M09-2
PHOTO 27
계기판
좌측 방향 지시
우측 방향 지시
G19
접지 배분도 참조
(Page : SD130-2)
조인트 컨넥터
E44
방향등 LH
PHOTO 2
E42
사이드 리피터 램프 LH
PHOTO 23
F17
PHOTO 58
방향등
리어 콤비 램프 LH
E45
방향등 RH
PHOTO 1
E43
사이드 리피터 램프 RH
F16
PHOTO 59
리어 콤비 램프 RH
M31
PHOTO 28
다기능 스위치
방향등 스위치
좌측 (LEFT)
우측 (RIGHT)
G03 PHOTO 6
G04 PHOTO 3
G09 PHOTO 3
G10 PHOTO 3
A2JF925A

방향등 & 비상등 회로 (2)

E42

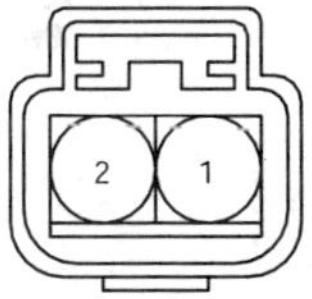

KUM_NMWP_02F_B

E43

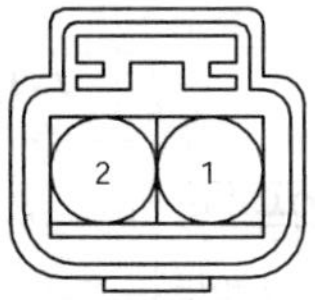

KUM_NMWP_02F_B

E44

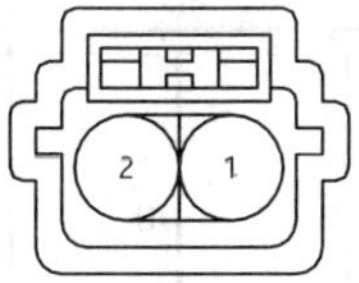

KUM_NDWP_02F_B

E45

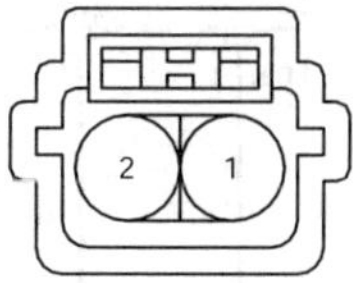

KUM_NDWP_02F_B

F16

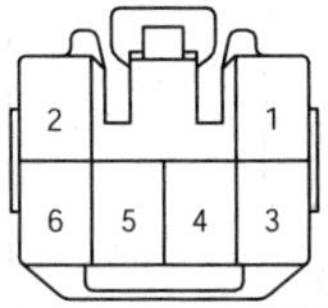

KET_090II_06F_W

F17

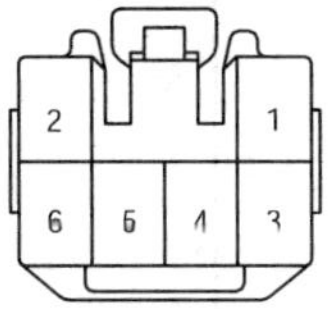

KET_090II_06F_W

M09-1

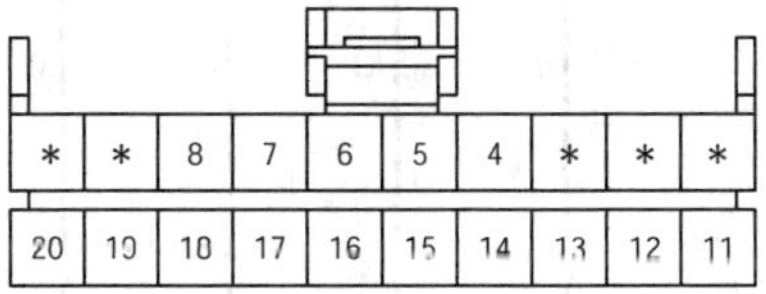

AMP_040M1_20F_B

M09-2

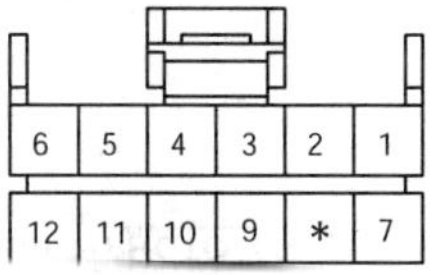

AMP_040M1_12F_B

M14-2

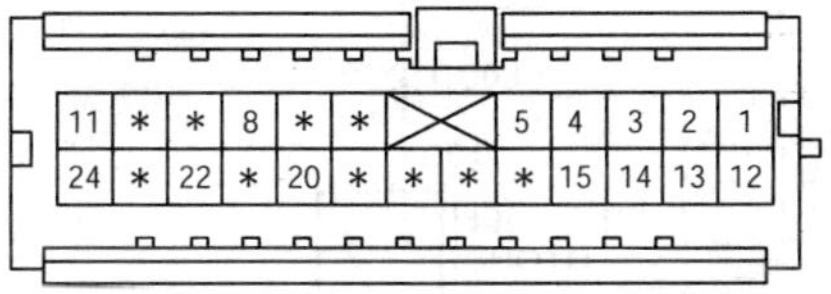

AMP_040III_24F_W

M19

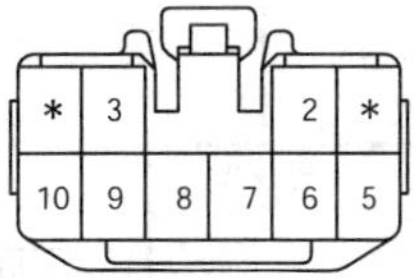

KET_090II_10F_W

M21

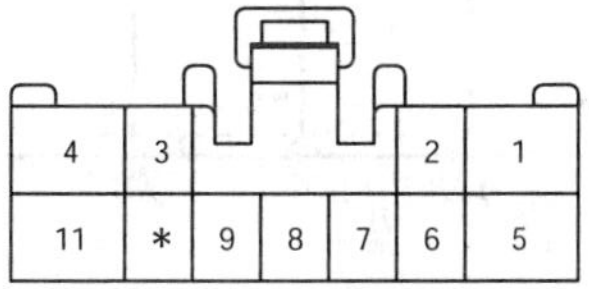

KET_1809_11F_W

M31

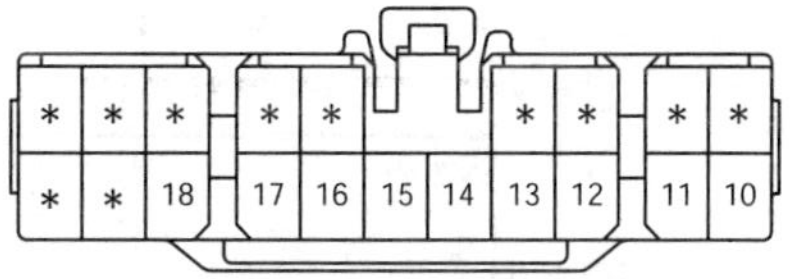

KET_090II_20F_L

A2JF925B

후진등 & 후진 경고 회로 (1)

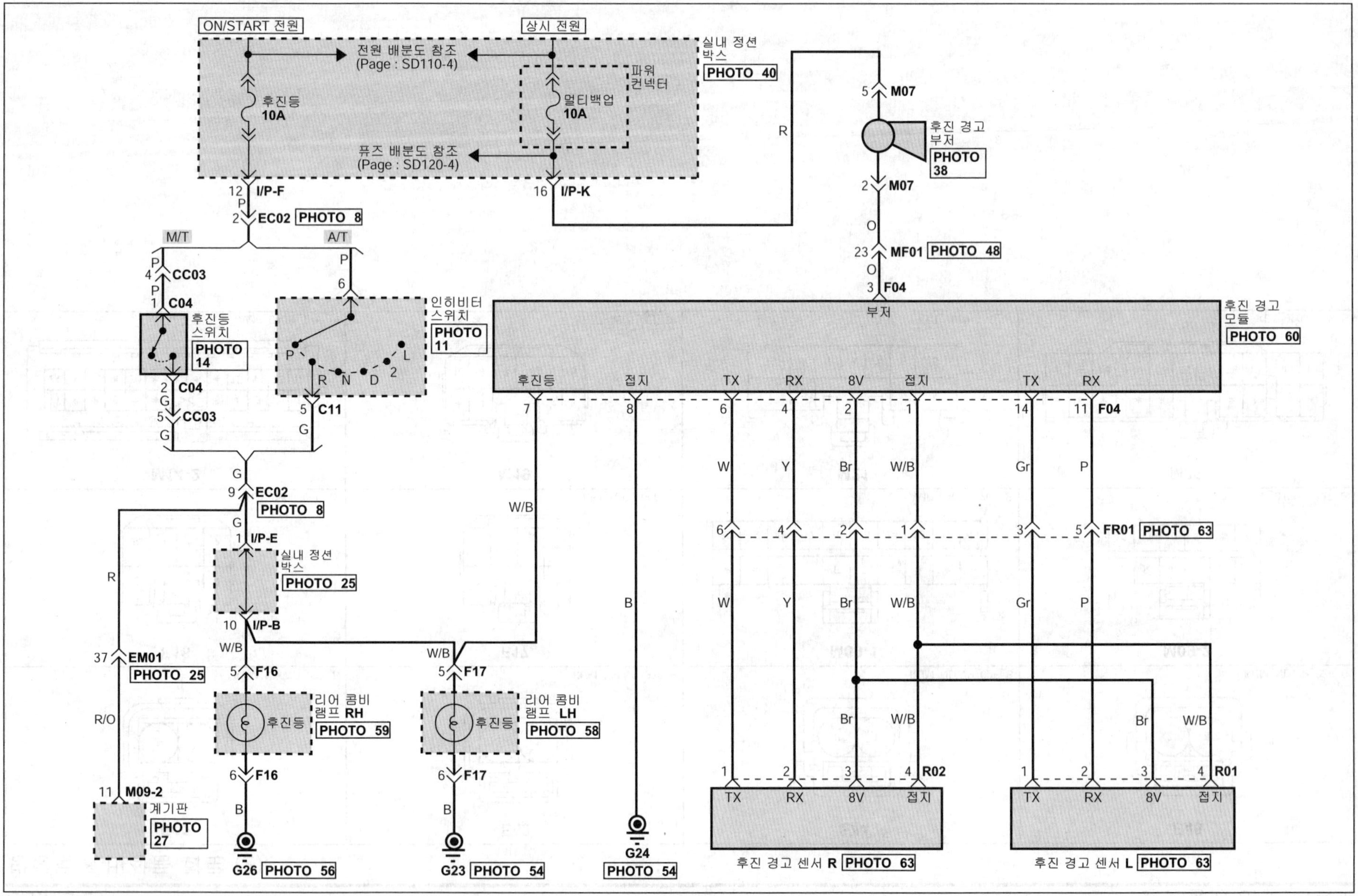
ON/START 전원
상시 전원
전원 배분도 참조 (Page : SD110-4)
퓨즈 배분도 참조 (Page : SD120-4)
후진등 10A
멀티백업 10A
파워 컨넥터
실내 정션 박스 PHOTO 40
12 I/P-F
16 I/P-K
2 EC02 PHOTO 8
M/T
A/T
4 CC03
1 C04
후진등 스위치 PHOTO 14
2 C04
5 CC03
인히비터 스위치 PHOTO 11
P R N D 2 L
5 C11
9 EC02 PHOTO 8
1 I/P-E
실내 정션 박스 PHOTO 25
10 I/P-B
37 EM01 PHOTO 25
11 M09-2
계기판 PHOTO 27
5 F16
리어 콤비 램프 RH PHOTO 59
6 F16
G26 PHOTO 56
5 F17
리어 콤비 램프 LH PHOTO 58
6 F17
G23 PHOTO 54
G24 PHOTO 54
5 M07
후진 경고 부저 PHOTO 38
2 M07
23 MF01 PHOTO 48
3 F04
부저
후진 경고 모듈 PHOTO 60
후진등 접지 TX RX 8V 접지 TX RX
7 8 6 4 2 1 14 11 F04
5 FR01 PHOTO 63
1 2 3 4 R02
1 2 3 4 R01
후진 경고 센서 R PHOTO 63
후진 경고 센서 L PHOTO 63
A2JF926A

후진등 & 후진 경고 회로 (2)

C04

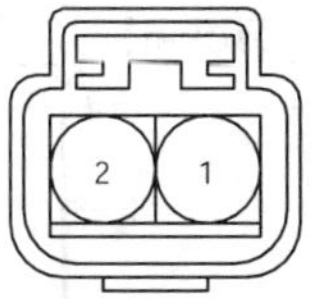

KUM_NMWP_02F_LGr

C11

KET_SSD_12F_B

F04

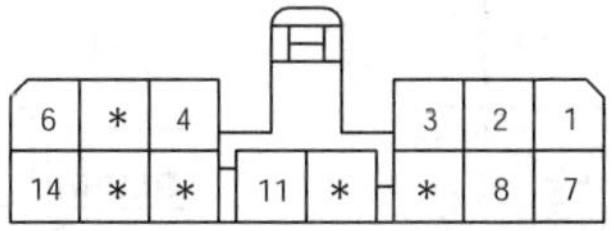

AMP_070_14F_W

F16

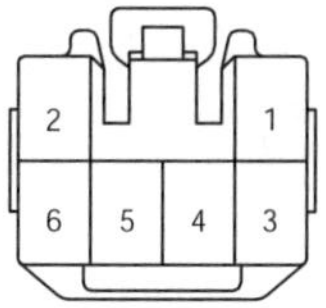

KET_090II_06F_W

F17

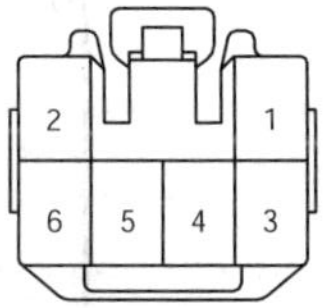

AMP_090II_06F_W

M07

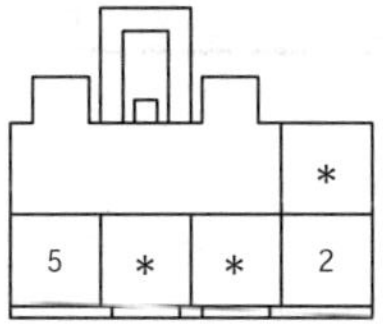

KUM_CDR_05F_W

M09-2

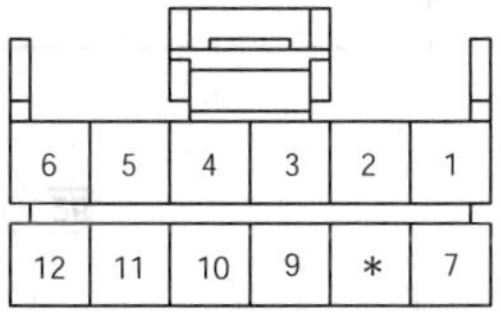

AMP_040M1_12F_B

R01

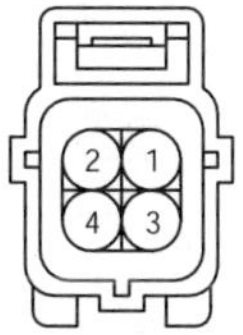

AMP_EJWP_04F_B

R02

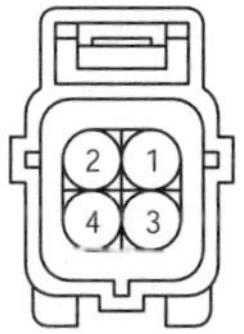

AMP_EJWP_04F_B

BLANK

BLANK

BLANK

A2JF926B

정지등 회로 (1)

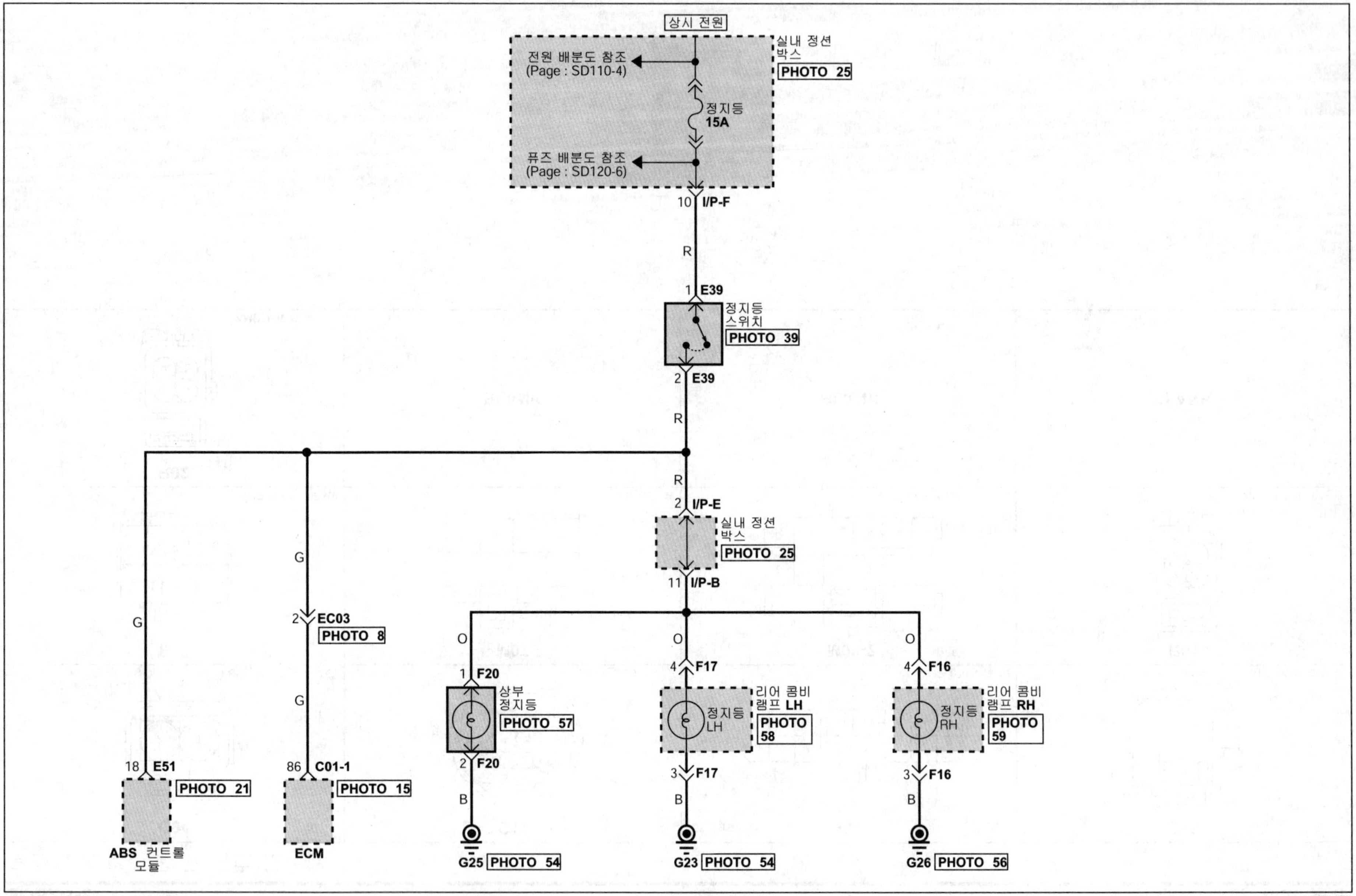
상시 전원
실내 정션 박스
PHOTO 25
전원 배분도 참조 (Page : SD110-4)
정지등 15A
퓨즈 배분도 참조 (Page : SD120-6)
10 I/P-F
R
1 E39
정지등 스위치
PHOTO 39
2 E39
R
R
2 I/P-E
실내 정션 박스
PHOTO 25
11 I/P-B
G
G
2 EC03
PHOTO 8
G
86 C01-1
PHOTO 15
ECM
18 E51
PHOTO 21
ABS 컨트롤 모듈
O
1 F20
상부 정지등
PHOTO 57
2 F20
B
G25 PHOTO 54
O
4 F17
정지등 LH
리어 콤비 램프 LH
PHOTO 58
3 F17
B
G23 PHOTO 54
O
4 F16
정지등 RH
리어 콤비 램프 RH
PHOTO 59
3 F16
B
G26 PHOTO 56

A2JF927A

정지등 회로 (2)

C01-1

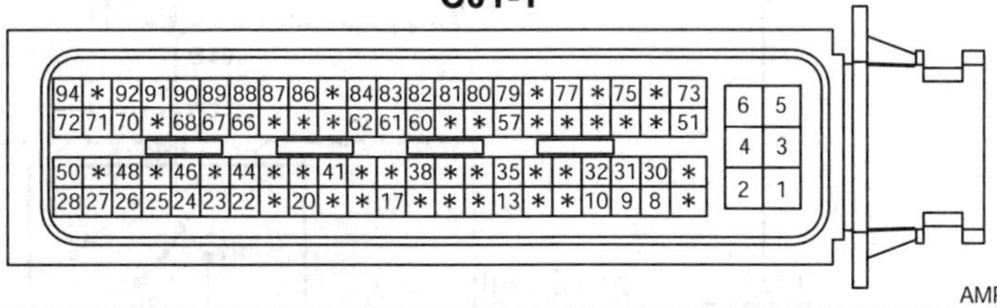

AMP_ECU_94F_B

E39

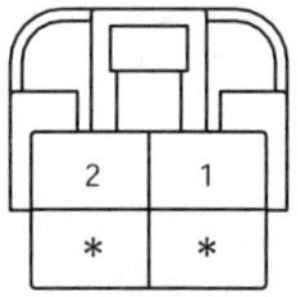

KET_250DL_04F_B

BLANK

E51

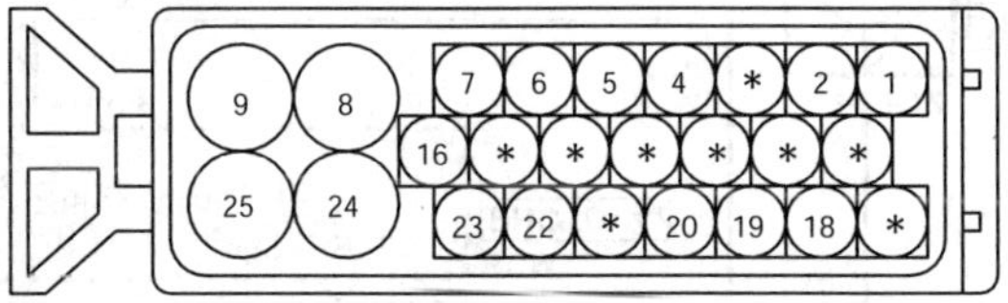

AMP_ABSECU_25F_B

F16

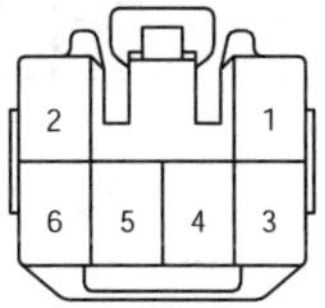

KET_090II_06F_W

F17

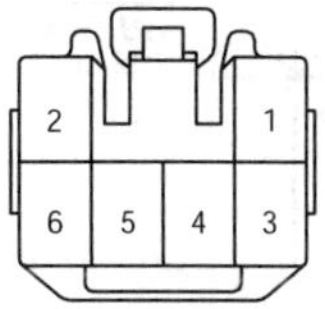

KET_090II_06F_W

F20

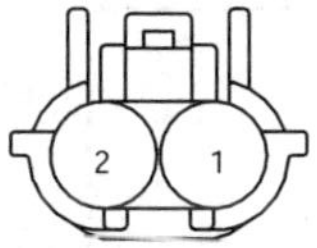

KET_SWP_02F_B

BLANK

BLANK

BLANK

A2JF927B

미등 & 번호판등 회로 (1)

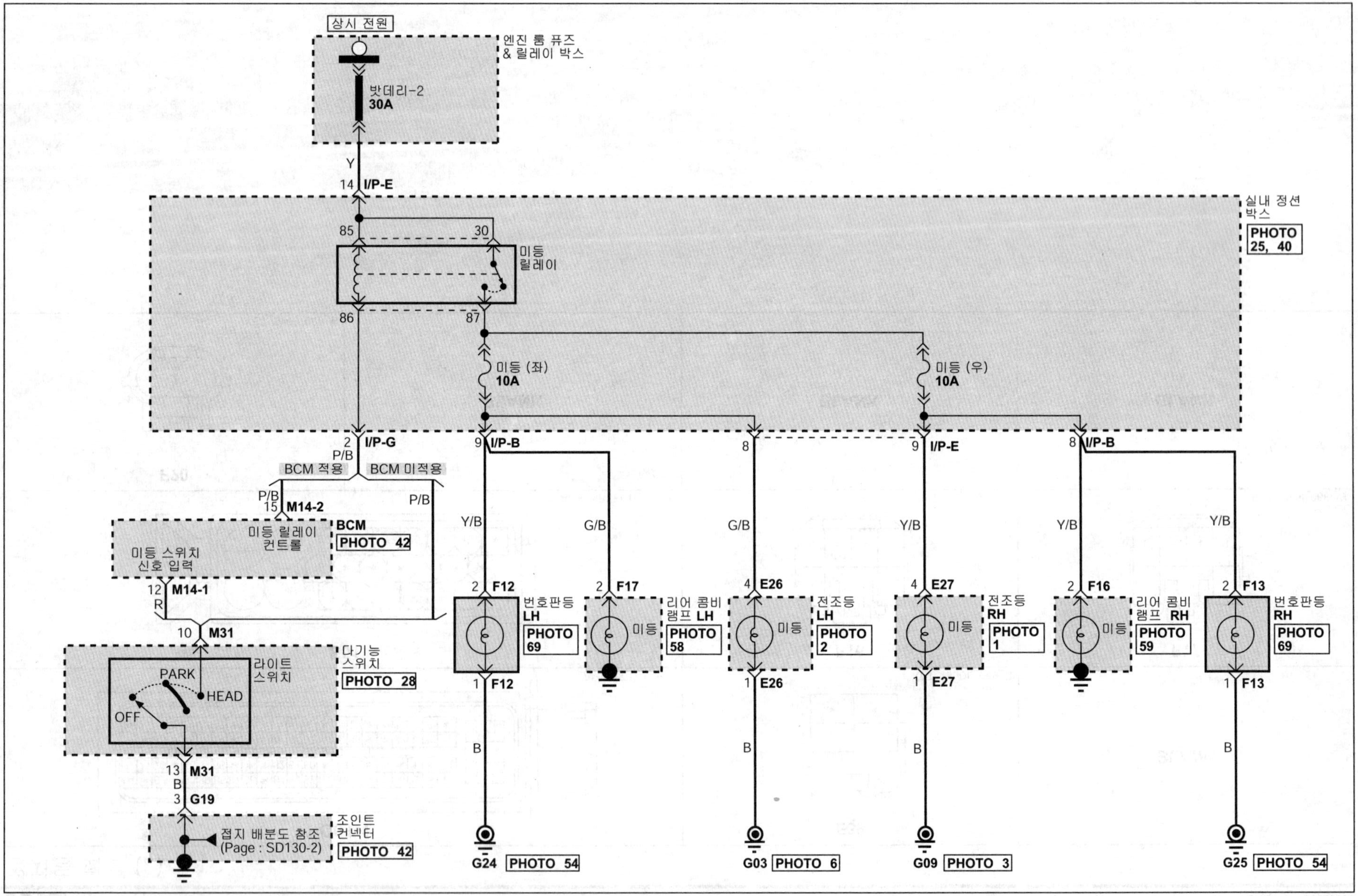
상시 전원
엔진 룸 퓨즈 & 릴레이 박스
밧데리-2 30A
Y
14 I/P-E
실내 정션 박스
PHOTO 25, 40
85
30
86
87
미등 릴레이
미등 (좌) 10A
미등 (우) 10A
2 I/P-G
P/B
BCM 적용
BCM 미적용
P/B
15 M14-2
P/B
BCM
PHOTO 42
미등 릴레이 컨트롤
미등 스위치 신호 입력
12 M14-1
R
10 M31
다기능 스위치
PHOTO 28
라이트 스위치
PARK
HEAD
OFF
13 M31
B
3 G19
조인트 컨넥터
PHOTO 42
접지 배분도 참조 (Page : SD130-2)
9 I/P-B
8
9 I/P-E
8 I/P-B
Y/B
G/B
G/B
Y/B
Y/B
Y/B
2 F12
번호판등 LH
PHOTO 69
1 F12
2 F17
미등
리어 콤비 램프 LH
PHOTO 58
4 E26
미등
전조등 LH
PHOTO 2
1 E26
4 E27
미등
전조등 RH
PHOTO 1
1 E27
2 F16
미등
리어 콤비 램프 RH
PHOTO 59
2 F13
번호판등 RH
PHOTO 69
1 F13
B
B
B
B
G24 PHOTO 54
G03 PHOTO 6
G09 PHOTO 3
G25 PHOTO 54

A2JF928A

미등 & 번호판등 회로 (2)

E26

KUM_NMWP_06F_B

E27

KUM_NMWP_06F_B

F12

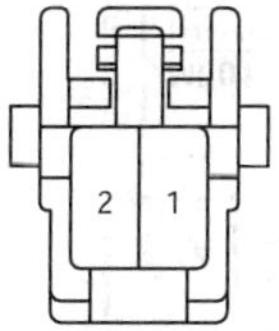

KET_050_02F_W

F13

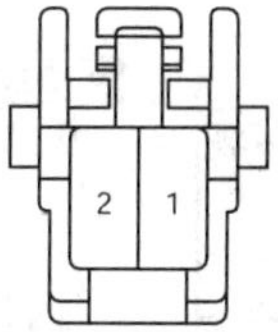

KET_050_02F_W

F16

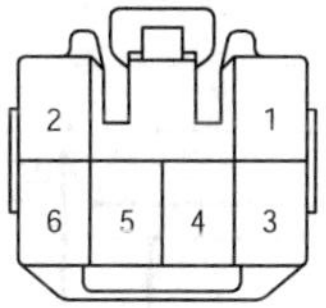

KET_090II_06F_W

F17

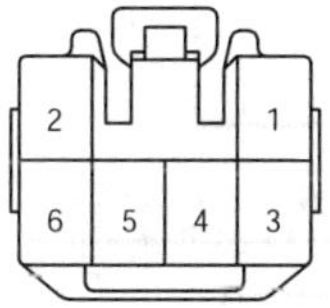

KET_090II_06F_W

M14-1

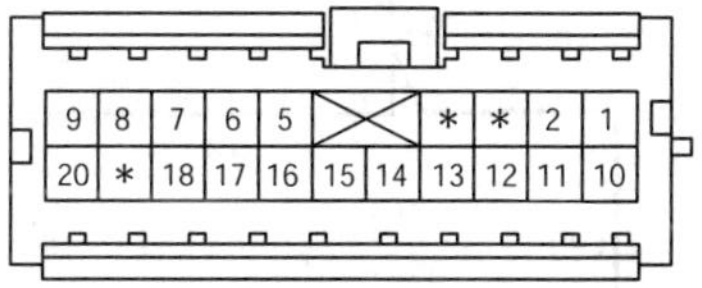

AMP_040III_20F_W

M14-2

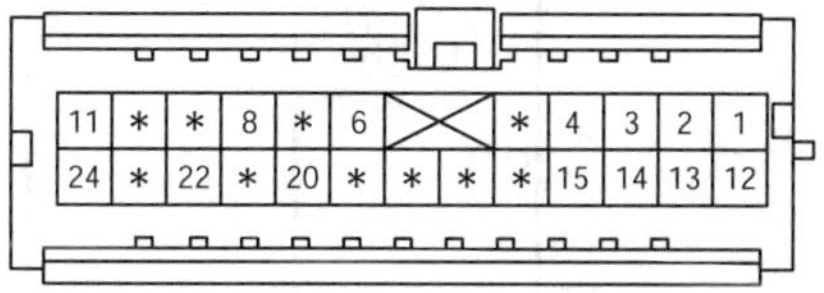

AMP_040III_24F_W

M31

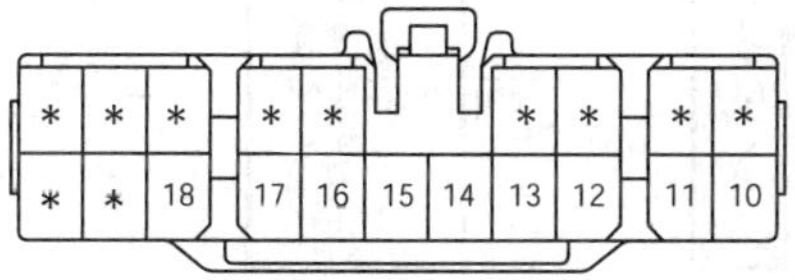

KET_090II_20F_L

BLANK

BLANK

BLANK

A2JF928B

실내등 회로 (1)

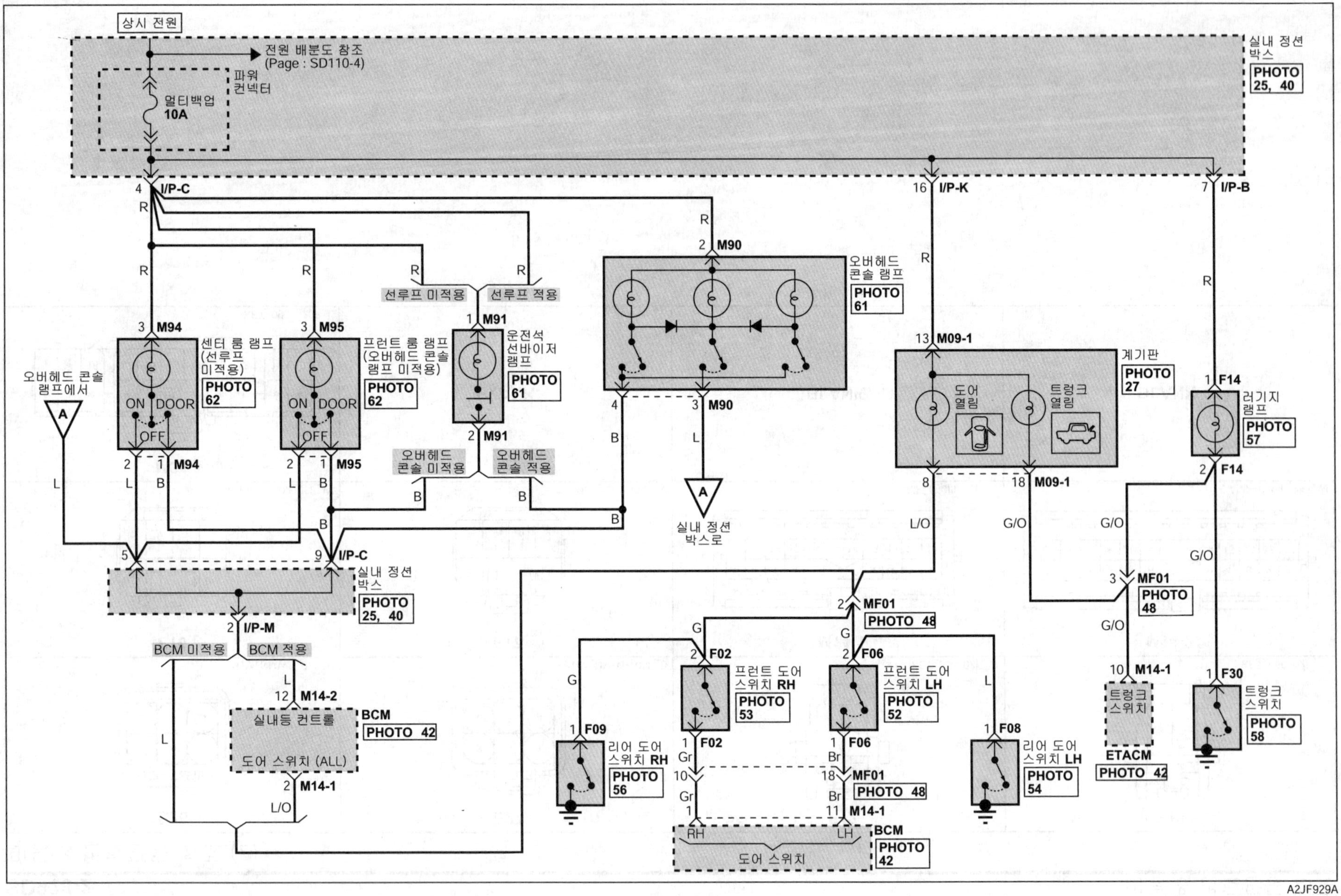
상시 전원
전원 배분도 참조
(Page : SD110-4)
파워
컨넥터
멀티백업
10A
실내 정션
박스
PHOTO
25, 40
I/P-C
I/P-K
I/P-B
M94
M95
M91
M90
M09-1
F14
센터 룸 램프
(선루프
미적용)
PHOTO
62
프런트 룸 램프
(오버헤드 콘솔
램프 미적용)
PHOTO
62
운전석
선바이저
램프
PHOTO
61
선루프 미적용
선루프 적용
오버헤드
콘솔 미적용
오버헤드
콘솔 적용
오버헤드
콘솔 램프
PHOTO
61
계기판
PHOTO
27
도어
열림
트렁크
열림
러기지
램프
PHOTO
57
오버헤드 콘솔
램프에서
ON
DOOR
OFF
실내 정션
박스로
I/P-M
BCM 미적용
BCM 적용
M14-2
실내등 컨트롤
도어 스위치 (ALL)
BCM
PHOTO 42
M14-1
MF01
PHOTO 48
F02
F06
F09
F08
F30
프런트 도어
스위치 RH
PHOTO
53
프런트 도어
스위치 LH
PHOTO
52
리어 도어
스위치 RH
PHOTO
56
리어 도어
스위치 LH
PHOTO
54
트렁크
스위치
ETACM
PHOTO 42
트렁크
스위치
PHOTO
58
RH
LH
도어 스위치
BCM
PHOTO
42
A2JF929A

실내등 회로 (2)

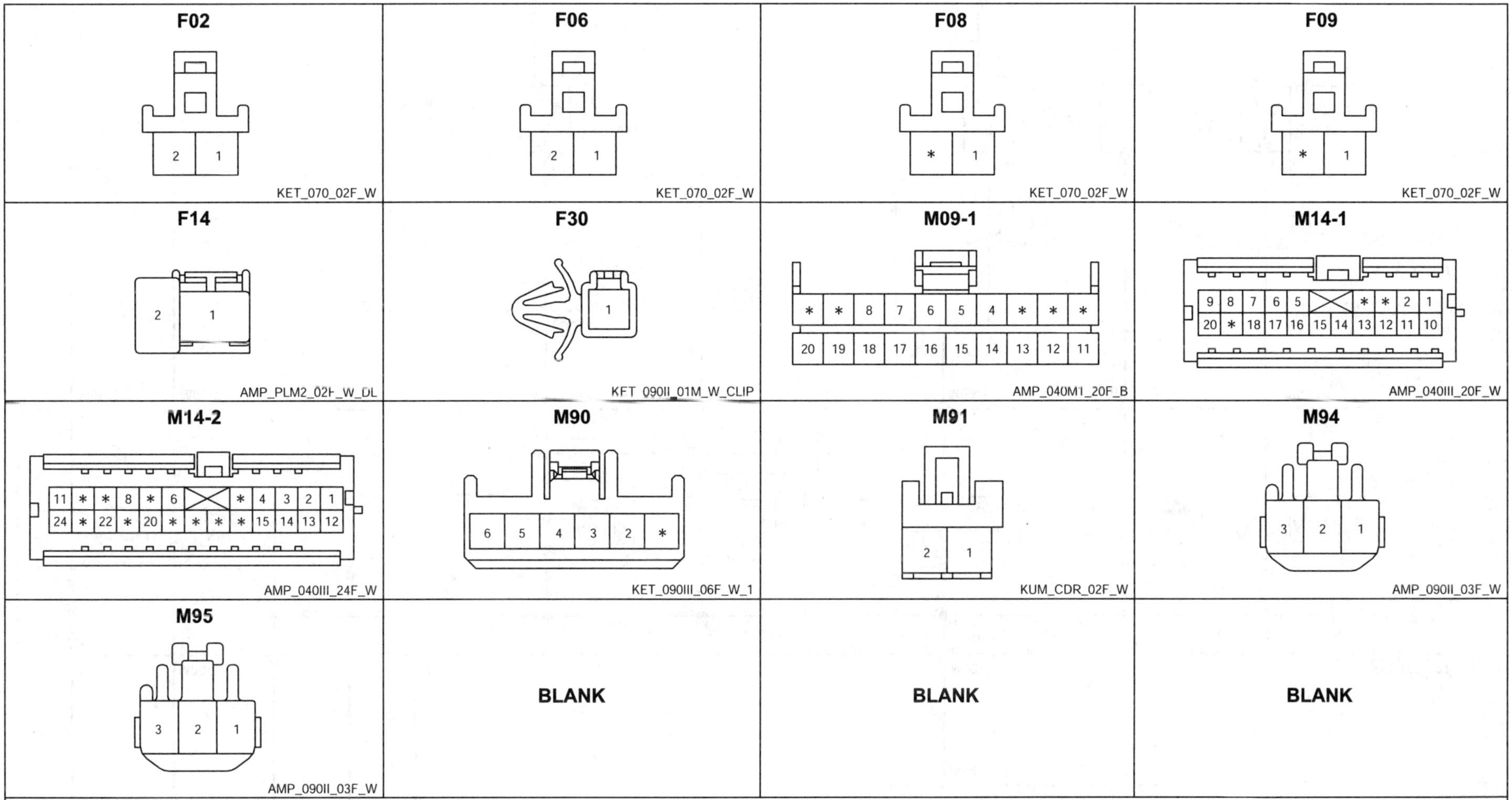
F02
KET_070_02F_W
F06
KET_070_02F_W
F08
KET_070_02F_W
F09
KET_070_02F_W
F14
AMP_PLM2_02F_W_DL
F30
KFT_090II_01M_W_CLIP
M09-1
AMP_040M1_20F_B
M14-1
AMP_040III_20F_W
M14-2
AMP_040III_24F_W
M90
KET_090III_06F_W_1
M91
KUM_CDR_02F_W
M94
AMP_090II_03F_W
M95
AMP_090II_03F_W
BLANK
BLANK
BLANK

A2JF929B

경고등 & 게이지 회로 (1)

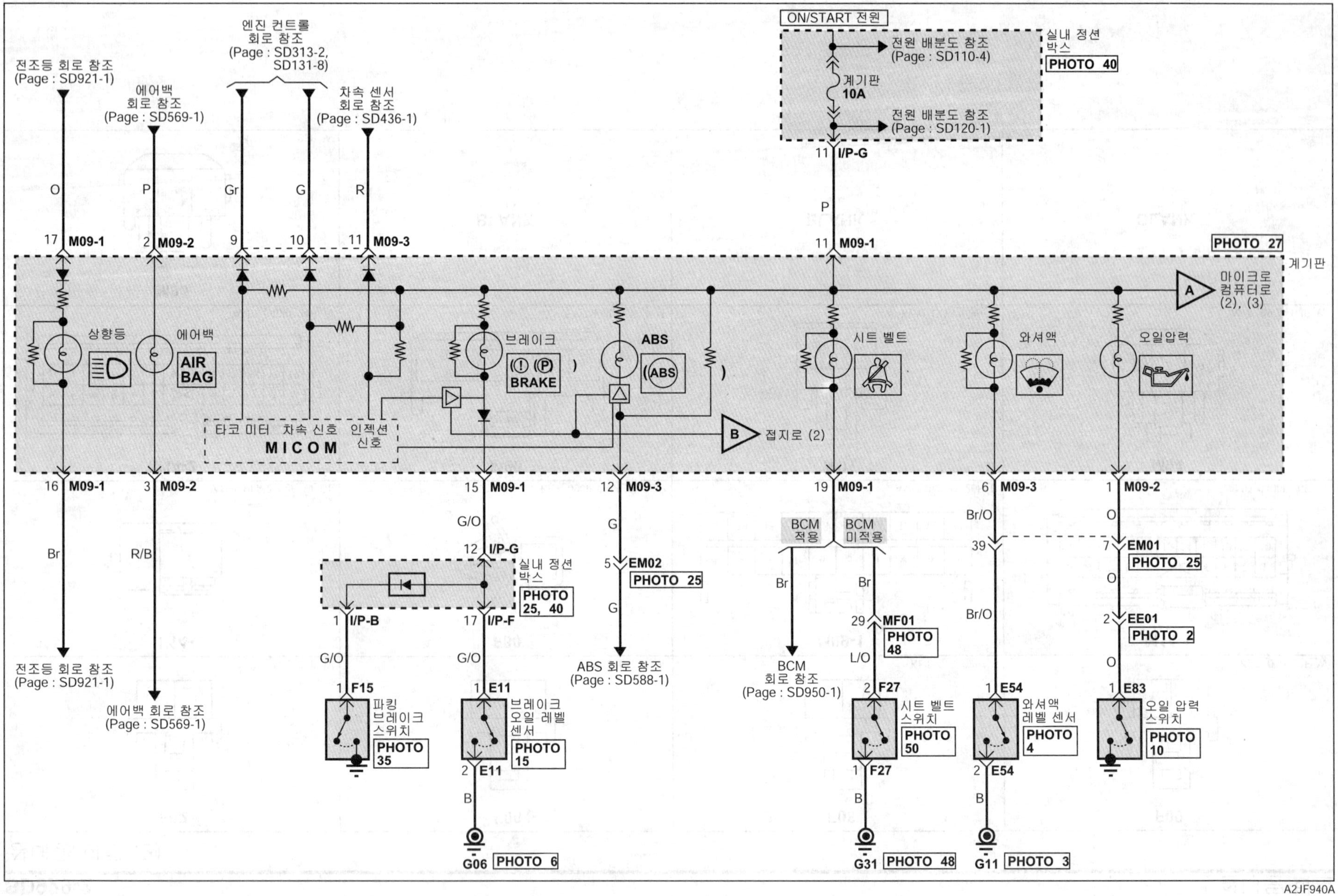
ON/START 전원
전원 배분도 참조 (Page : SD110-4)
계기판 10A
전원 배분도 참조 (Page : SD120-1)
실내 정션 박스
PHOTO 40
전조등 회로 참조 (Page : SD921-1)
에어백 회로 참조 (Page : SD569-1)
엔진 컨트롤 회로 참조 (Page : SD313-2, SD131-8)
차속 센서 회로 참조 (Page : SD436-1)
M09-1
M09-2
M09-3
I/P-G
PHOTO 27
계기판
상향등
에어백
AIR BAG
브레이크
BRAKE
ABS
시트 벨트
와셔액
오일압력
마이크로 컴퓨터로 (2), (3)
접지로 (2)
타코 미터
차속 신호
인젝션 신호
MICOM
BCM 적용
BCM 미적용
BCM 회로 참조 (Page : SD950-1)
ABS 회로 참조 (Page : SD588-1)
에어백 회로 참조 (Page : SD569-1)
전조등 회로 참조 (Page : SD921-1)
I/P-B
I/P-F
EM01
EM02
EE01
MF01
PHOTO 25
PHOTO 2
PHOTO 48
PHOTO 25, 40
F15
E11
F27
E54
E83
파킹 브레이크 스위치
PHOTO 35
브레이크 오일 레벨 센서
PHOTO 15
시트 벨트 스위치
PHOTO 50
와셔액 레벨 센서
PHOTO 4
오일 압력 스위치
PHOTO 10
G06
PHOTO 6
G31
PHOTO 48
G11
PHOTO 3
A2JF940A

경고등 & 게이지 회로 (2)

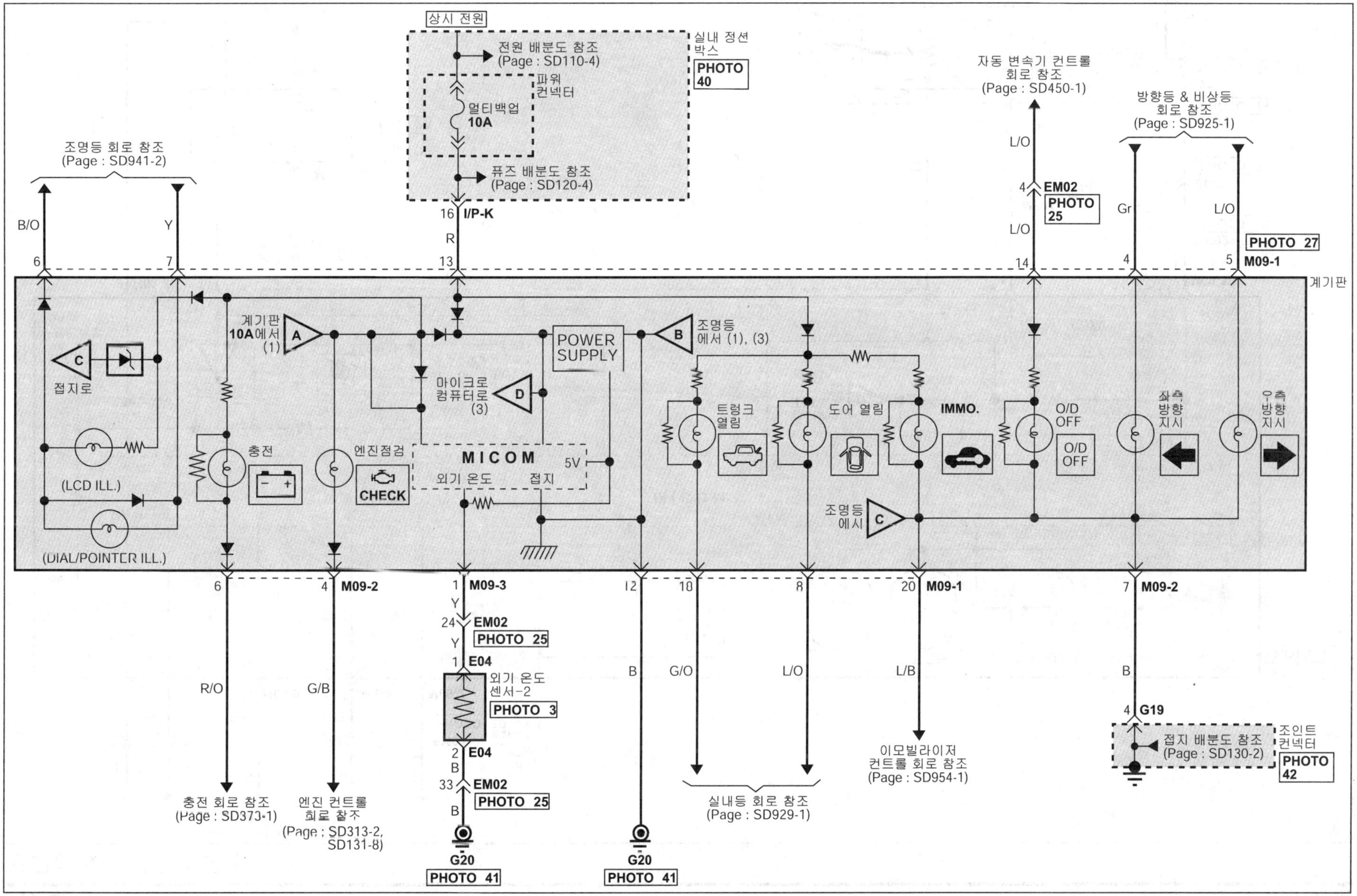
상시 전원
전원 배분도 참조 (Page : SD110-4)
파워 컨넥터
멀티백업 10A
퓨즈 배분도 참조 (Page : SD120-4)
실내 정션 박스
PHOTO 40
16 I/P-K
R
13
조명등 회로 참조 (Page : SD941-2)
B/O
Y
6
7
자동 변속기 컨트롤 회로 참조 (Page : SD450-1)
L/O
4 EM02
PHOTO 25
L/O
14
방향등 & 비상등 회로 참조 (Page : SD925-1)
Gr
L/O
PHOTO 27
4
5 M09-1
계기판
접지로
(LCD ILL.)
(DIAL/POINTER ILL.)
계기판 10A에서 (1)
충전
엔진점검
CHECK
마이크로 컴퓨터로 (3)
MICOM
외기 온도
접지
5V
POWER SUPPLY
조명등 에서 (1), (3)
트렁크 열림
도어 열림
IMMO.
O/D OFF
O/D OFF
좌측 방향 지시
우측 방향 지시
조명등 에서
6
4 M09-2
1 M09-3
Y
24 EM02
PHOTO 25
Y
1 E04
외기 온도 센서-2
PHOTO 3
2 E04
B
33 EM02
PHOTO 25
B
G20
PHOTO 41
12
10
8
20 M09-1
7 M09-2
R/O
G/B
B
G/O
L/O
L/B
B
4 G19
접지 배분도 참조 (Page : SD130-2)
조인트 컨넥터
PHOTO 42
충전 회로 참조 (Page : SD373-1)
엔진 컨트롤 회로 참조 (Page : SD313-2, SD131-8)
G20
PHOTO 41
실내등 회로 참조 (Page : SD929-1)
이모빌라이저 컨트롤 회로 참조 (Page : SD954-1)

A2JF940B

경고등 & 게이지 회로 (3)

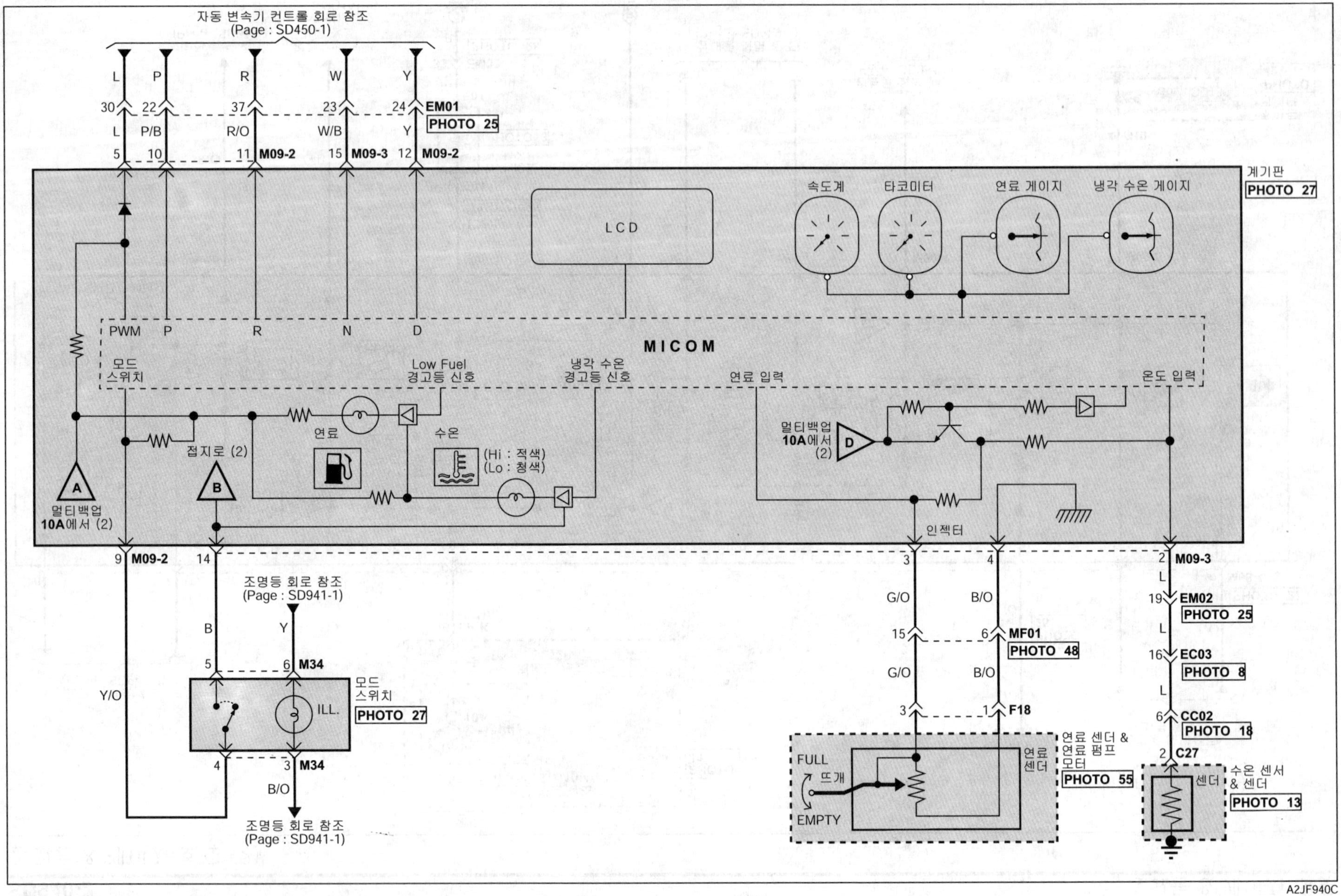
자동 변속기 컨트롤 회로 참조
(Page : SD450-1)
L
P
R
W
Y
30
22
37
23
24
EM01
PHOTO 25
L
P/B
R/O
W/B
Y
5
10
11
M09-2
15
M09-3
12
M09-2
계기판
PHOTO 27
LCD
속도계
타코미터
연료 게이지
냉각 수온 게이지
PWM
P
R
N
D
MICOM
모드
스위치
Low Fuel
경고등 신호
냉각 수온
경고등 신호
연료 입력
온도 입력
연료
수온
(Hi : 적색)
(Lo : 청색)
접지로 (2)
A
멀티백업
10A에서 (2)
B
D
멀티백업
10A에서
(2)
인젝터
9
M09-2
14
3
4
2
M09-3
조명등 회로 참조
(Page : SD941-1)
B
Y
5
6
M34
모드
스위치
PHOTO 27
ILL.
Y/O
4
3
M34
B/O
조명등 회로 참조
(Page : SD941-1)
G/O
B/O
15
6
MF01
PHOTO 48
G/O
B/O
3
1
F18
연료 센더 &
연료 펌프
모터
PHOTO 55
연료
센더
FULL
뜨개
EMPTY
L
19
EM02
PHOTO 25
L
16
EC03
PHOTO 8
L
6
CC02
PHOTO 18
2
C27
센더
수온 센서
& 센더
PHOTO 13
A2JF940C

경고등 & 게이지 회로 (4)

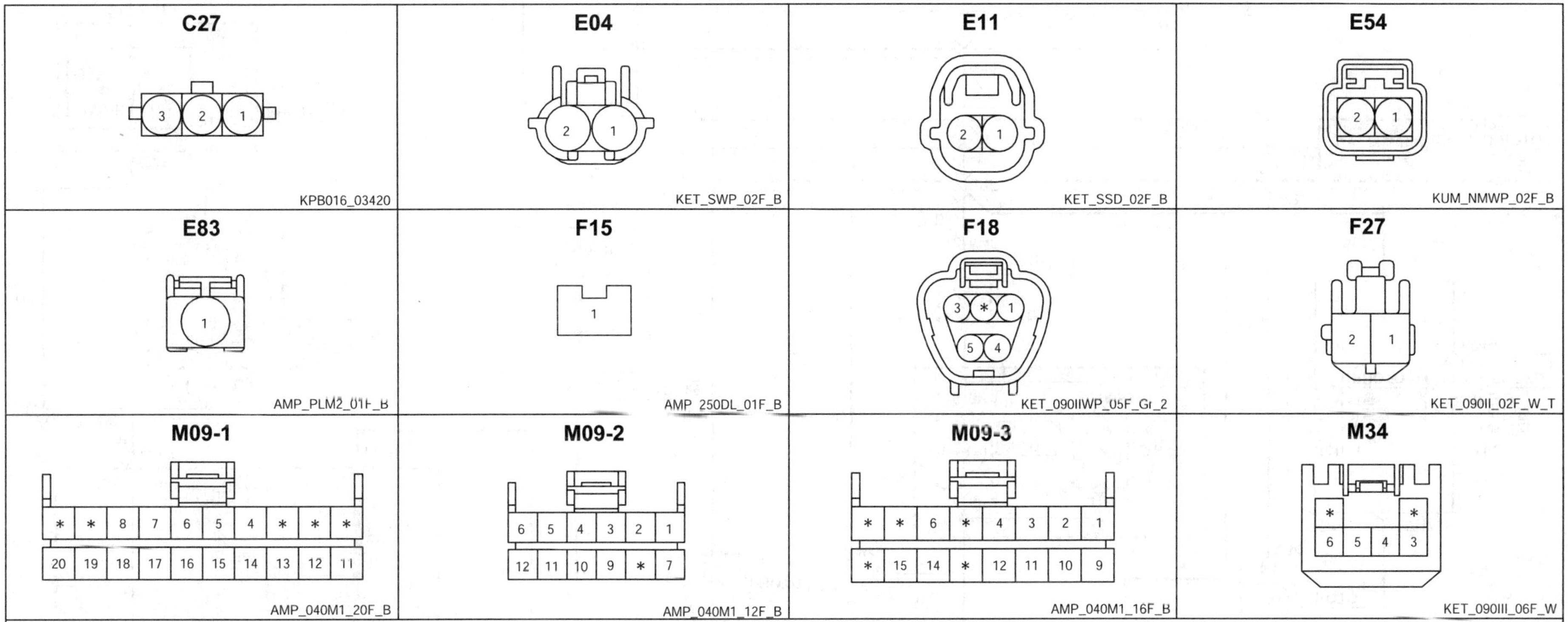
C27
3 2 1
KPB016_03420
E04
2 1
KET_SWP_02F_B
E11
2 1
KET_SSD_02F_B
E54
2 1
KUM_NMWP_02F_B
E83
1
AMP_PLM2_01F_B
F15
1
AMP_250DL_01F_B
F18
3 * 1
5 4
KET_090IIWP_05F_Gr_2
F27
2 1
KET_090II_02F_W_T
M09-1
* * 8 7 6 5 4 * * *
20 19 18 17 16 15 14 13 12 11
AMP_040M1_20F_B
M09-2
6 5 4 3 2 1
12 11 10 9 * 7
AMP_040M1_12F_B
M09-3
* * 6 * 4 3 2 1
* 15 14 * 12 11 10 9
AMP_040M1_16F_B
M34
* *
6 5 4 3
KET_090III_06F_W

A2JF940D

조명등 회로 (1)

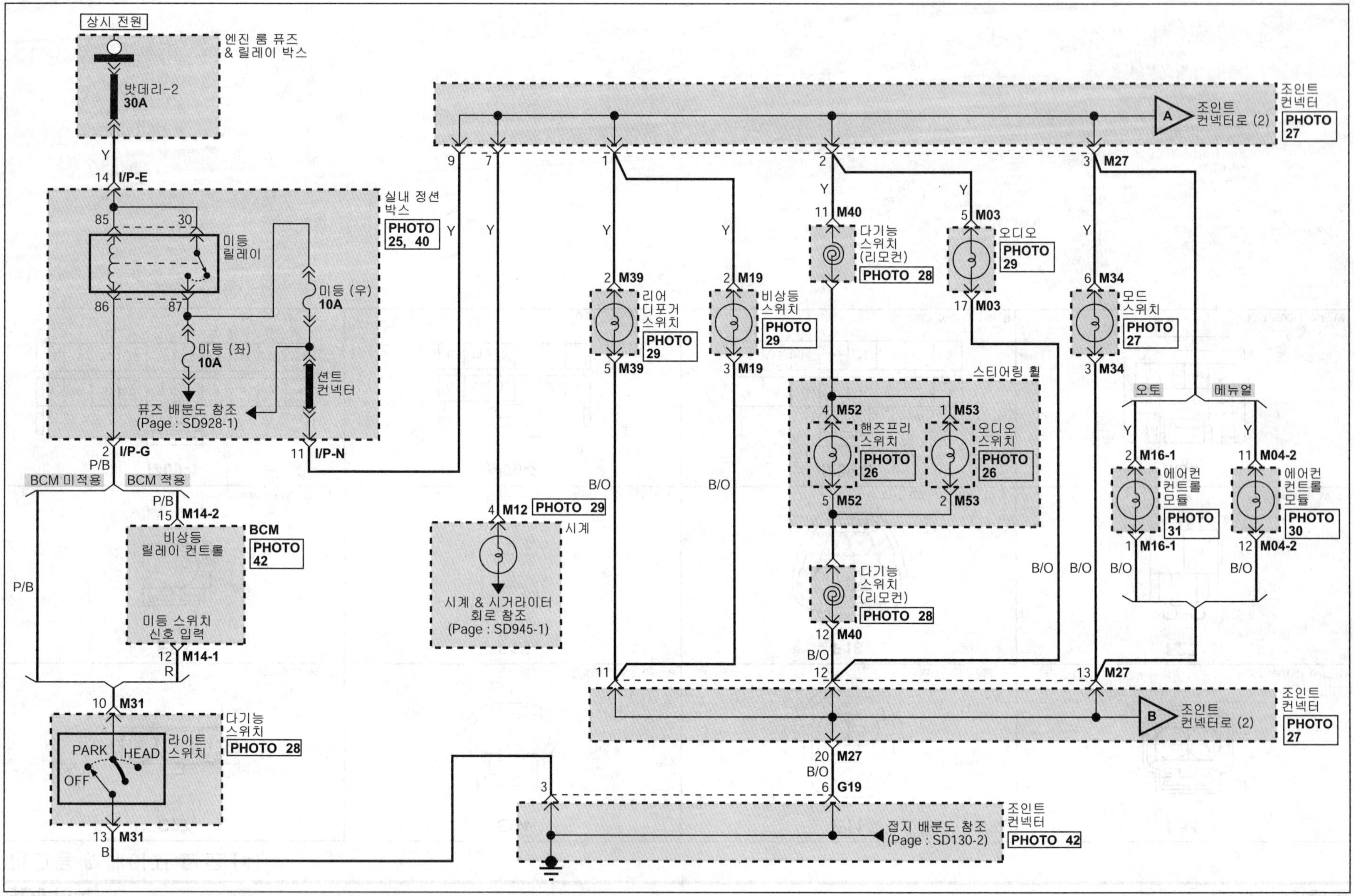
상시 전원
엔진 룸 퓨즈 & 릴레이 박스
밧데리-2 30A
Y
14 I/P-E
실내 정션 박스
PHOTO 25, 40
85
30
미등 릴레이
86
87
미등 (우) 10A
미등 (좌) 10A
션트 컨넥터
퓨즈 배분도 참조 (Page : SD928-1)
2 I/P-G
11 I/P-N
P/B
BCM 미적용
BCM 적용
P/B
15 M14-2
BCM
PHOTO 42
비상등 릴레이 컨트롤
미등 스위치 신호 입력
12 M14-1
R
P/B
10 M31
다기능 스위치
PHOTO 28
라이트 스위치
PARK
HEAD
OFF
13 M31
B
조인트 컨넥터로 (2)
조인트 컨넥터
PHOTO 27
9
7
1
2
3 M27
Y
4 M12
PHOTO 29
시계
시계 & 시거라이터 회로 참조 (Page : SD945-1)
2 M39
리어 디포거 스위치
PHOTO 29
5 M39
2 M19
비상등 스위치
PHOTO 29
3 M19
B/O
11 M40
다기능 스위치 (리모컨)
PHOTO 28
5 M03
오디오
PHOTO 29
17 M03
스티어링 휠
4 M52
핸즈프리 스위치
PHOTO 26
5 M52
1 M53
오디오 스위치
PHOTO 26
2 M53
12 M40
6 M34
모드 스위치
PHOTO 27
3 M34
오토
메뉴얼
2 M16-1
에어컨 컨트롤 모듈
PHOTO 31
1 M16-1
11 M04-2
에어컨 컨트롤 모듈
PHOTO 30
12 M04-2
11
12
13 M27
20 M27
B/O
6 G19
3
접지 배분도 참조 (Page : SD130-2)
PHOTO 42
A2JF941A

조명등 회로 (2)

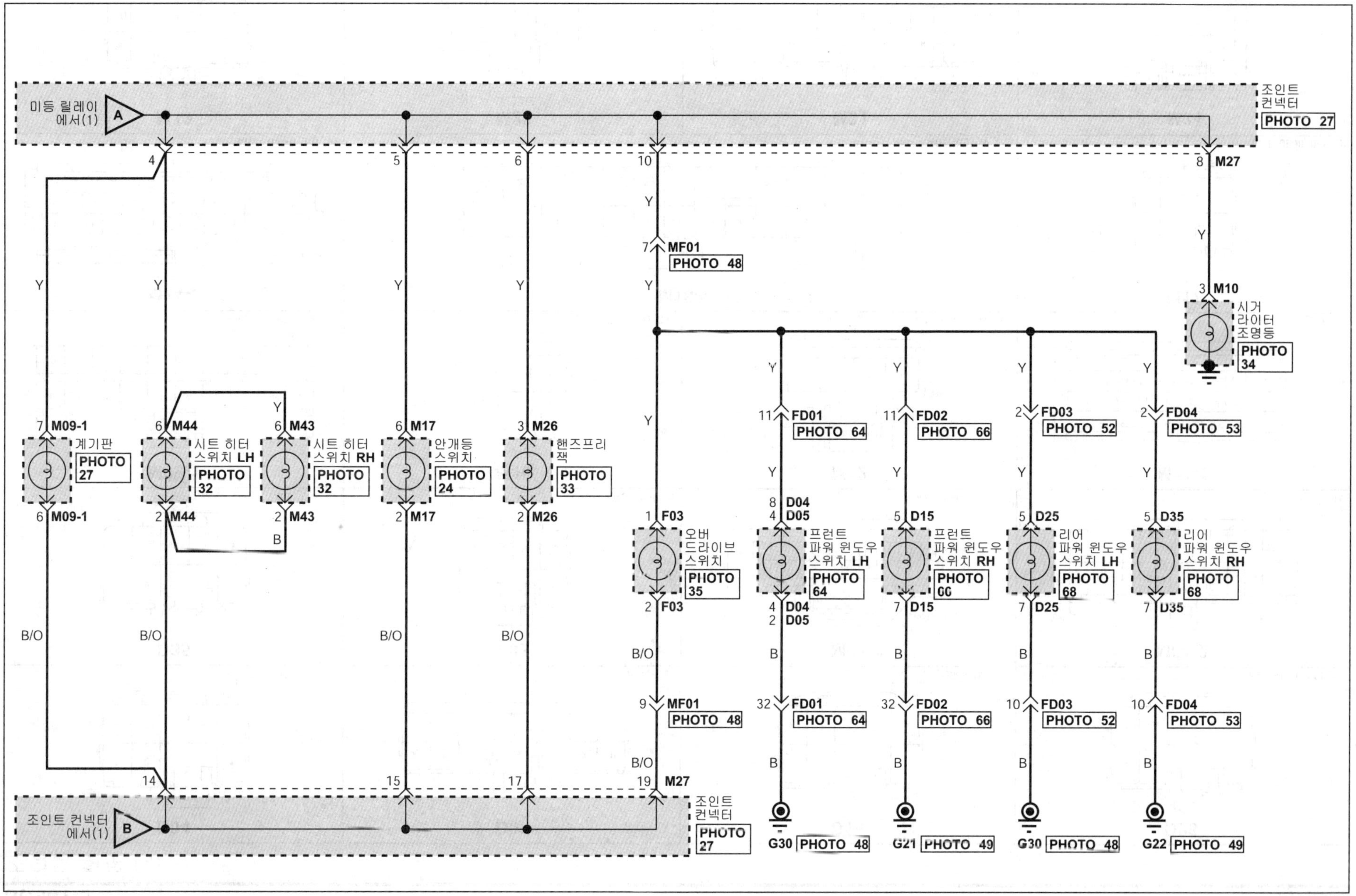
미등 릴레이 에서(1)
A
조인트 컨넥터
PHOTO 27
M27
시거 라이터 조명등
PHOTO 34
M10
MF01
PHOTO 48
계기판
PHOTO 27
M09-1
시트 히터 스위치 LH
PHOTO 32
M44
시트 히터 스위치 RH
PHOTO 32
M43
안개등 스위치
PHOTO 24
M17
핸즈프리 잭
PHOTO 33
M26
오버 드라이브 스위치
PHOTO 35
F03
FD01
PHOTO 64
D04
D05
프런트 파워 윈도우 스위치 LH
PHOTO 64
FD02
PHOTO 66
D15
프런트 파워 윈도우 스위치 RH
PHOTO 66
FD03
PHOTO 52
D25
리어 파워 윈도우 스위치 LH
PHOTO 68
FD04
PHOTO 53
D35
리어 파워 윈도우 스위치 RH
PHOTO 68
조인트 컨넥터 에서(1)
B
G30 PHOTO 48
G21 PHOTO 49
G30 PHOTO 48
G22 PHOTO 49
Y
B/O
B

A2JF941B

조명등 회로 (3)

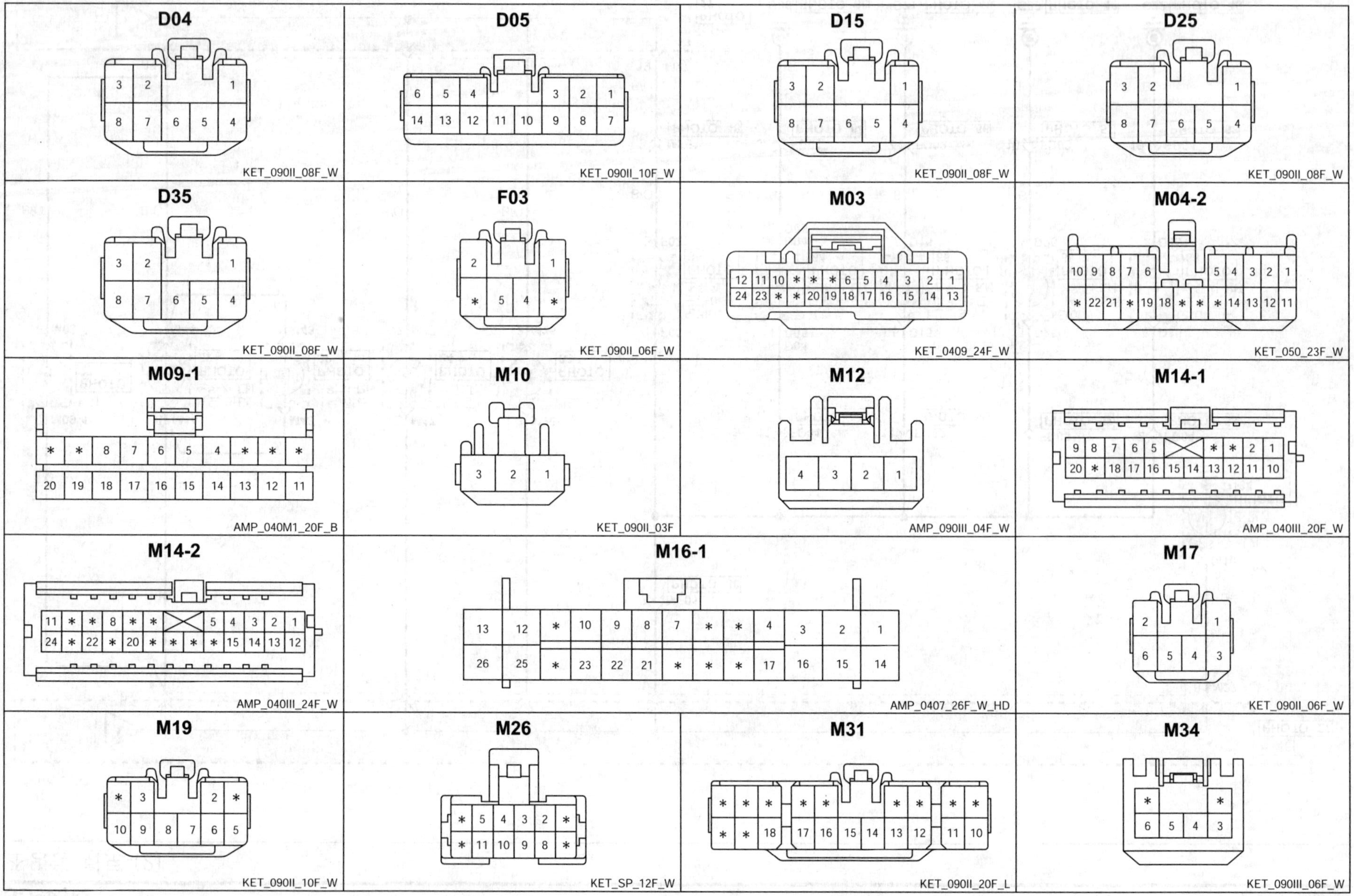
D04
KET_090II_08F_W
D05
KET_090II_10F_W
D15
KET_090II_08F_W
D25
KET_090II_08F_W
D35
KET_090II_08F_W
F03
KET_090II_06F_W
M03
KET_0409_24F_W
M04-2
KET_050_23F_W
M09-1
AMP_040M1_20F_B
M10
KET_090II_03F
M12
AMP_090III_04F_W
M14-1
AMP_040III_20F_W
M14-2
AMP_040III_24F_W
M16-1
AMP_0407_26F_W_HD
M17
KET_090II_06F_W
M19
KET_090II_10F_W
M26
KET_SP_12F_W
M31
KET_090II_20F_L
M34
KET_090III_06F_W

A2JF941C

조명등 회로 (4)

M39

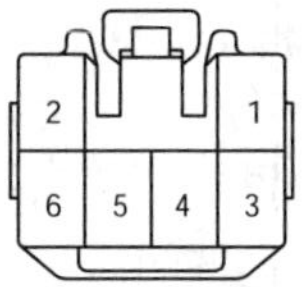

KET_090III_06F_W

M40

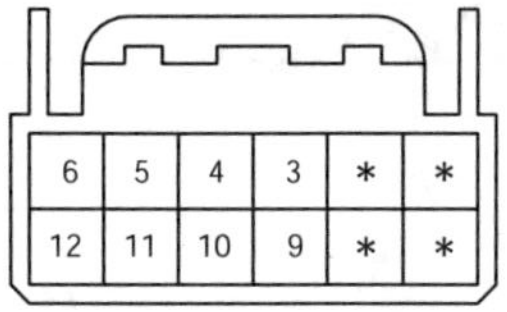

AMP_025_12F_W

M43

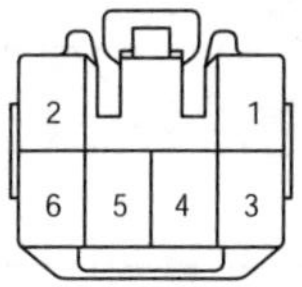

KET_090II_06F_W

M44

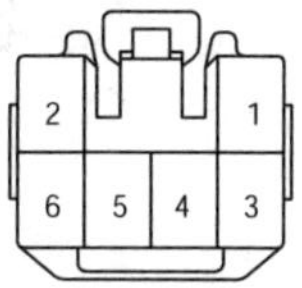

KET_090II_06F_W

M52

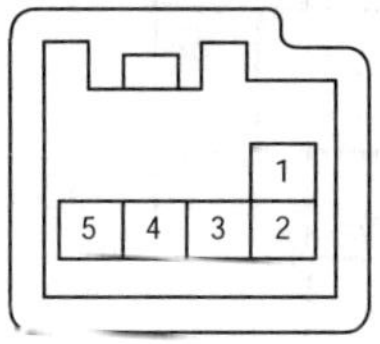

PH 845_05020_B

M53

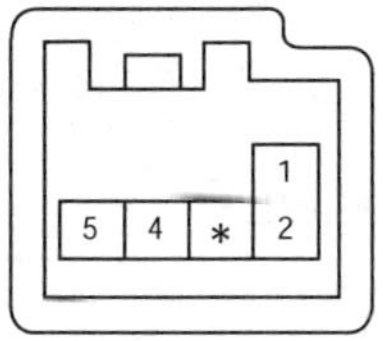

PH 845_05020_W

BLANK

BLANK

A2JF941D

시계 & 시거 라이터 (파워 아웃렛) 회로 (1)

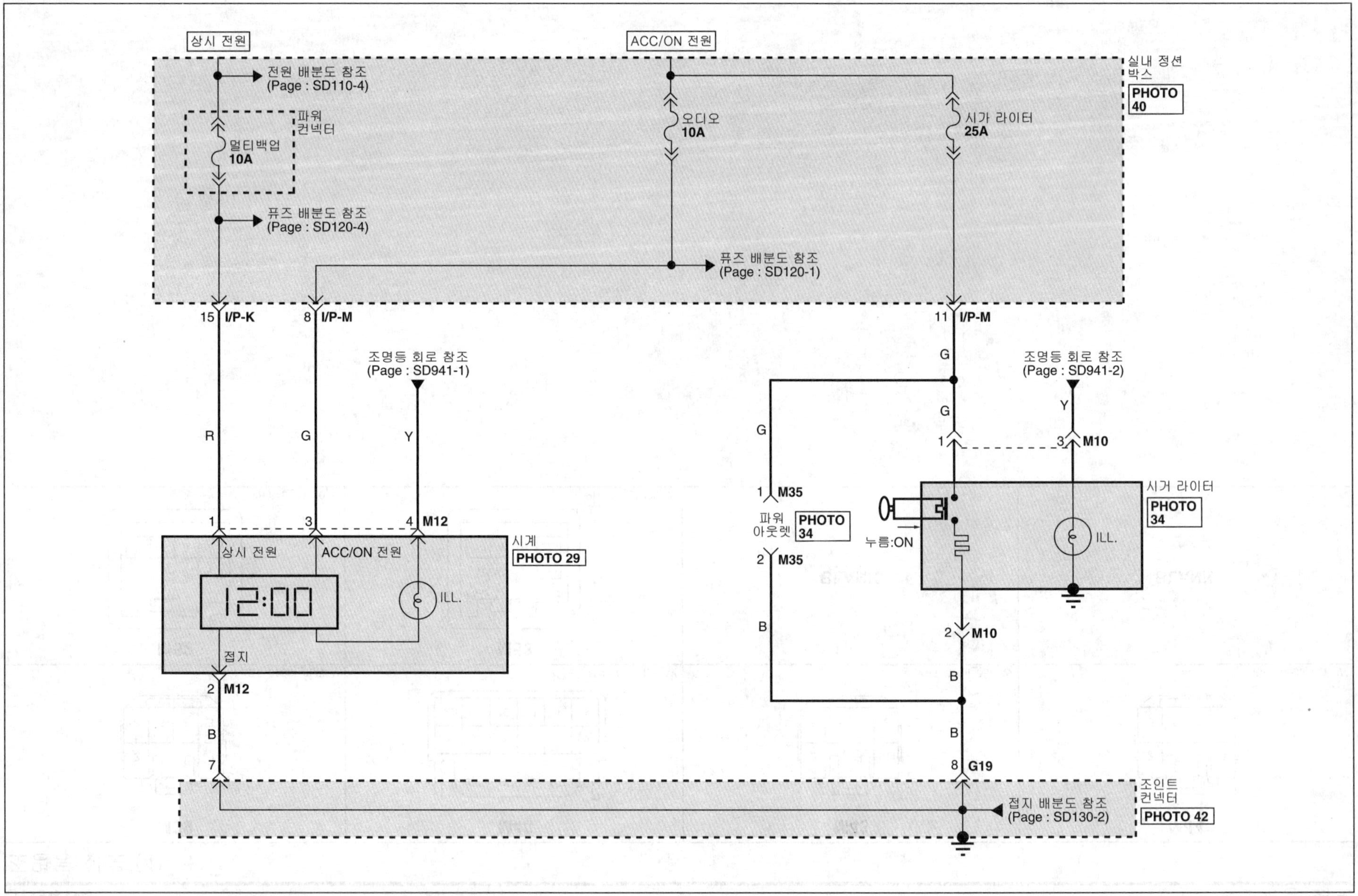
상시 전원
ACC/ON 전원
실내 정션 박스
PHOTO 40
전원 배분도 참조 (Page : SD110-4)
파워 컨넥터
멀티백업 10A
퓨즈 배분도 참조 (Page : SD120-4)
오디오 10A
시가 라이터 25A
퓨즈 배분도 참조 (Page : SD120-1)
15 I/P-K
8 I/P-M
11 I/P-M
조명등 회로 참조 (Page : SD941-1)
조명등 회로 참조 (Page : SD941-2)
R
G
Y
1
3
4 M12
상시 전원
ACC/ON 전원
12:00
ILL.
접지
시계
PHOTO 29
2 M12
B
7
1 M35
파워 아웃렛
PHOTO 34
2 M35
1
3 M10
시거 라이터
PHOTO 34
누름:ON
ILL.
2 M10
8 G19
조인트 컨넥터
PHOTO 42
접지 배분도 참조 (Page : SD130-2)

A2JF945A

시계 & 시거 라이터 (파워 아웃렛) 회로 (2)

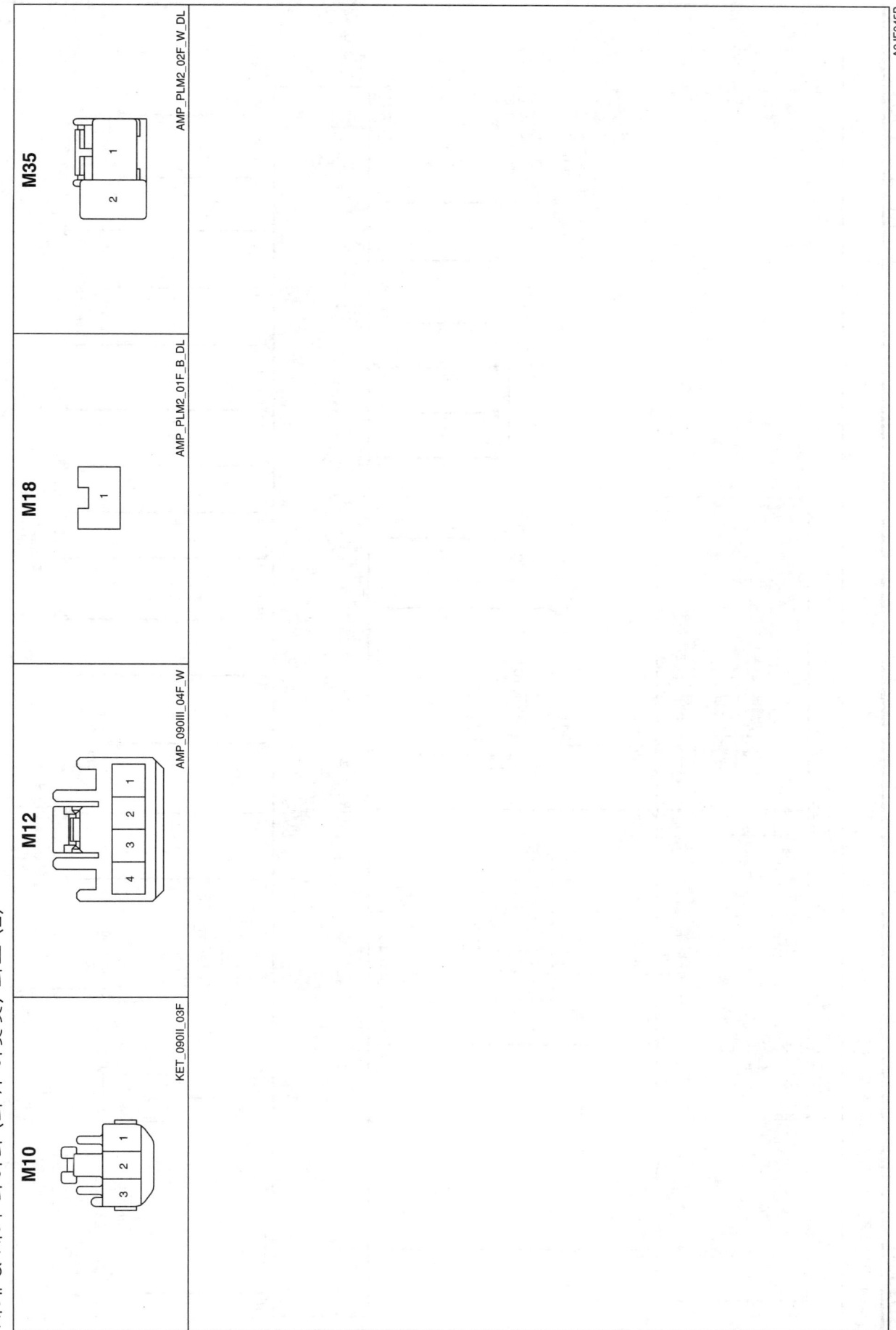

M10

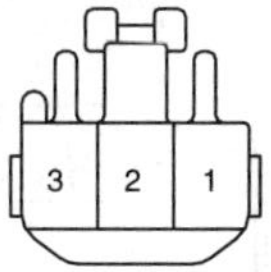

KET_090II_03F

M12

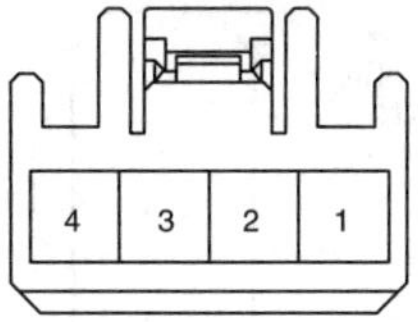

AMP_090III_04F_W

M18

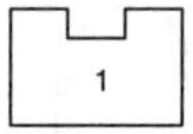

AMP_PLM2_01F_B_DL

M35

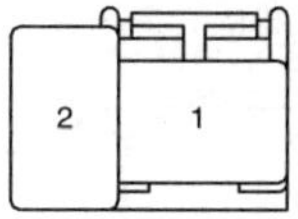

AMP_PLM2_02F_W_DL

A2JF945B

바디 컨트롤 (BCM) 시스템 (1)

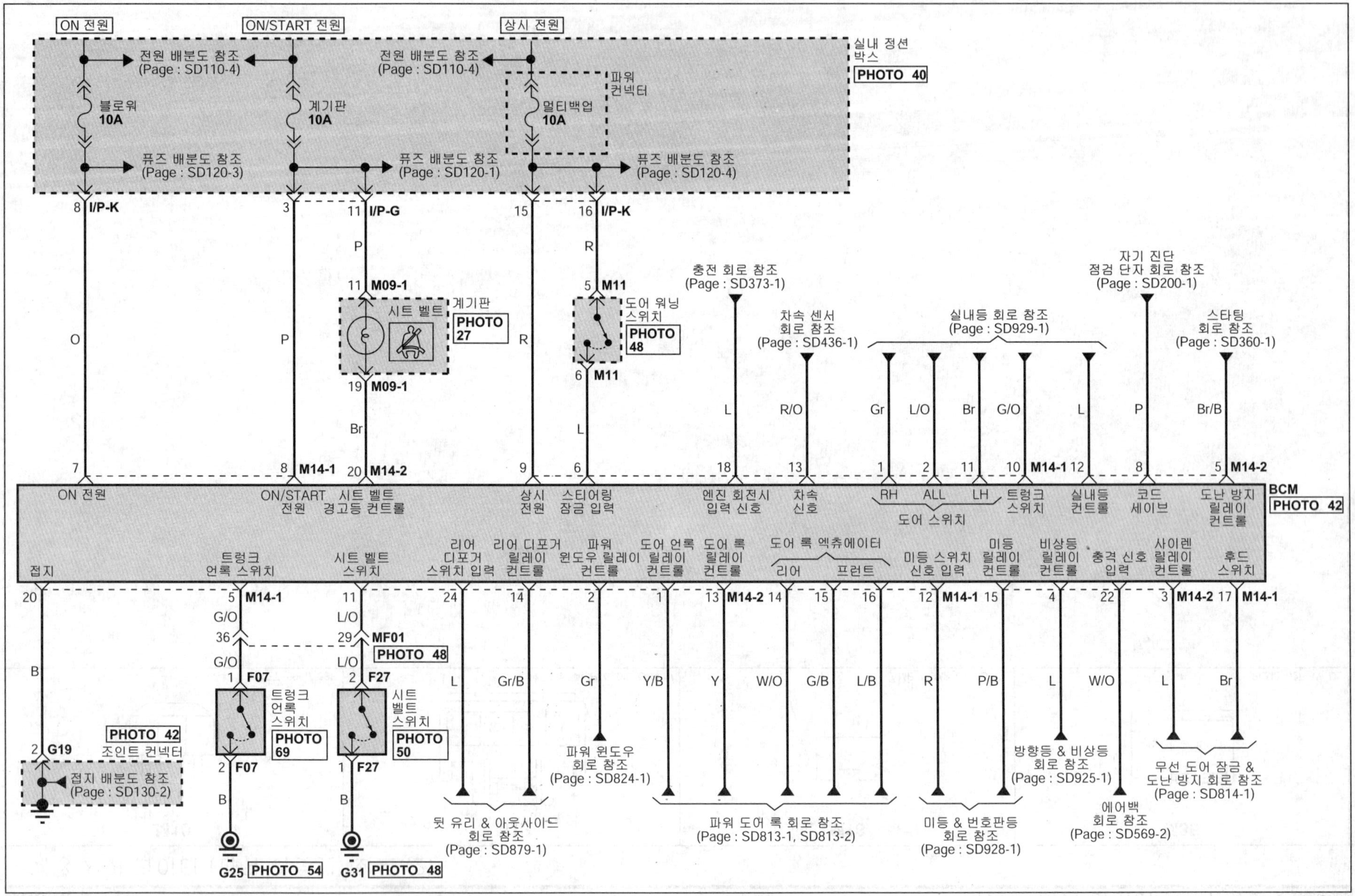
ON 전원
ON/START 전원
상시 전원
전원 배분도 참조 (Page : SD110-4)
전원 배분도 참조 (Page : SD110-4)
블로워 10A
계기판 10A
멀티백업 10A
파워 컨넥터
실내 정션 박스
PHOTO 40
퓨즈 배분도 참조 (Page : SD120-3)
퓨즈 배분도 참조 (Page : SD120-1)
퓨즈 배분도 참조 (Page : SD120-4)
I/P-K
I/P-G
M09-1
시트 벨트
계기판
PHOTO 27
M11
도어 워닝 스위치
PHOTO 48
충전 회로 참조 (Page : SD373-1)
차속 센서 회로 참조 (Page : SD436-1)
실내등 회로 참조 (Page : SD929-1)
자기 진단 점검 단자 회로 참조 (Page : SD200-1)
스타팅 회로 참조 (Page : SD360-1)
M14-1
M14-2
BCM
PHOTO 42
ON 전원
ON/START 전원
시트 벨트 경고등 컨트롤
상시 전원
스티어링 잠금 입력
엔진 회전시 입력 신호
차속 신호
RH
ALL
LH
도어 스위치
트렁크 스위치
실내등 컨트롤
코드 세이브
도난 방지 릴레이 컨트롤
접지
트렁크 언록 스위치
시트 벨트 스위치
리어 디포거 스위치 입력
리어 디포거 릴레이 컨트롤
파워 윈도우 릴레이 컨트롤
도어 언록 릴레이 컨트롤
도어 록 릴레이 컨트롤
도어 록 엑츄에이터
리어
프런트
미등 스위치 신호 입력
미등 릴레이 컨트롤
비상등 릴레이 컨트롤
충격 신호 입력
사이렌 릴레이 컨트롤
후드 스위치
MF01
PHOTO 48
F07
트렁크 언록 스위치
PHOTO 69
F27
시트 벨트 스위치
PHOTO 50
G19
PHOTO 42
조인트 컨넥터
접지 배분도 참조 (Page : SD130-2)
G25
PHOTO 54
G31
PHOTO 48
뒷 유리 & 아웃사이드 회로 참조 (Page : SD879-1)
파워 윈도우 회로 참조 (Page : SD824-1)
파워 도어 록 회로 참조 (Page : SD813-1, SD813-2)
미등 & 번호판등 회로 참조 (Page : SD928-1)
방향등 & 비상등 회로 참조 (Page : SD925-1)
에어백 회로 참조 (Page : SD569-2)
무선 도어 잠금 & 도난 방지 회로 참조 (Page : SD814-1)
A2JF950A

바디 컨트롤 (BCM) 시스템 (2)

F07

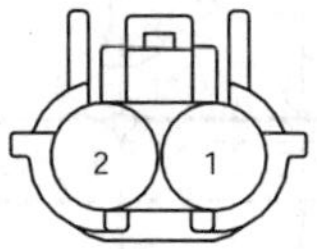

KET_SWP_02F_B

F27

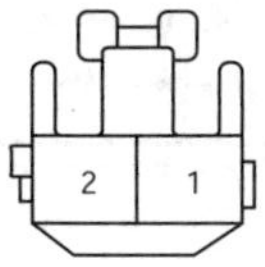

KET_090II_02F_W_T

M09-1

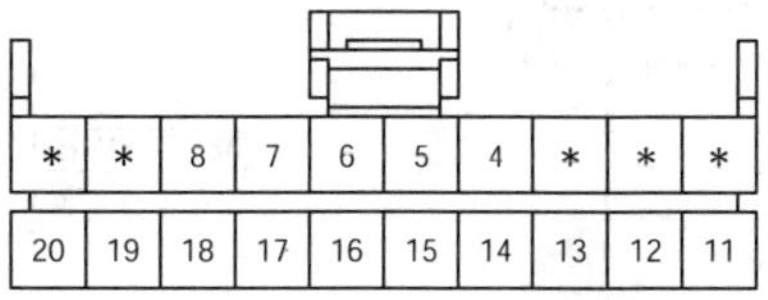

AMP_040M1_20F_B

M11

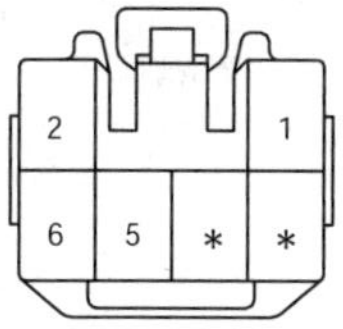

KET_090II_06F_W

M14-1

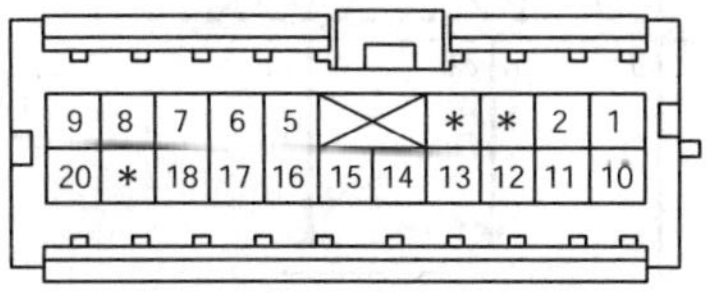

AMP_040III_20F_W

M14-2

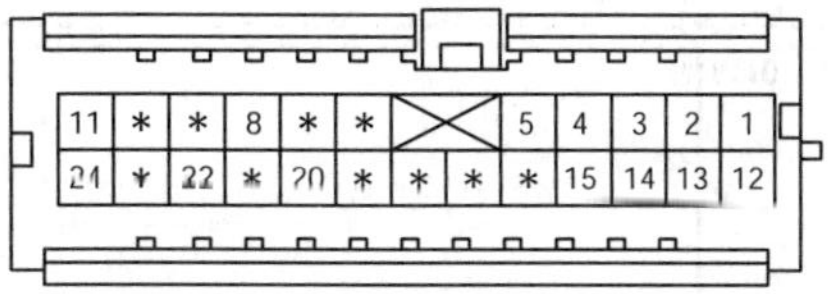

AMP_040III_24F_W

BLANK

BLANK

A2JF950B

핸즈프리 회로 (1)

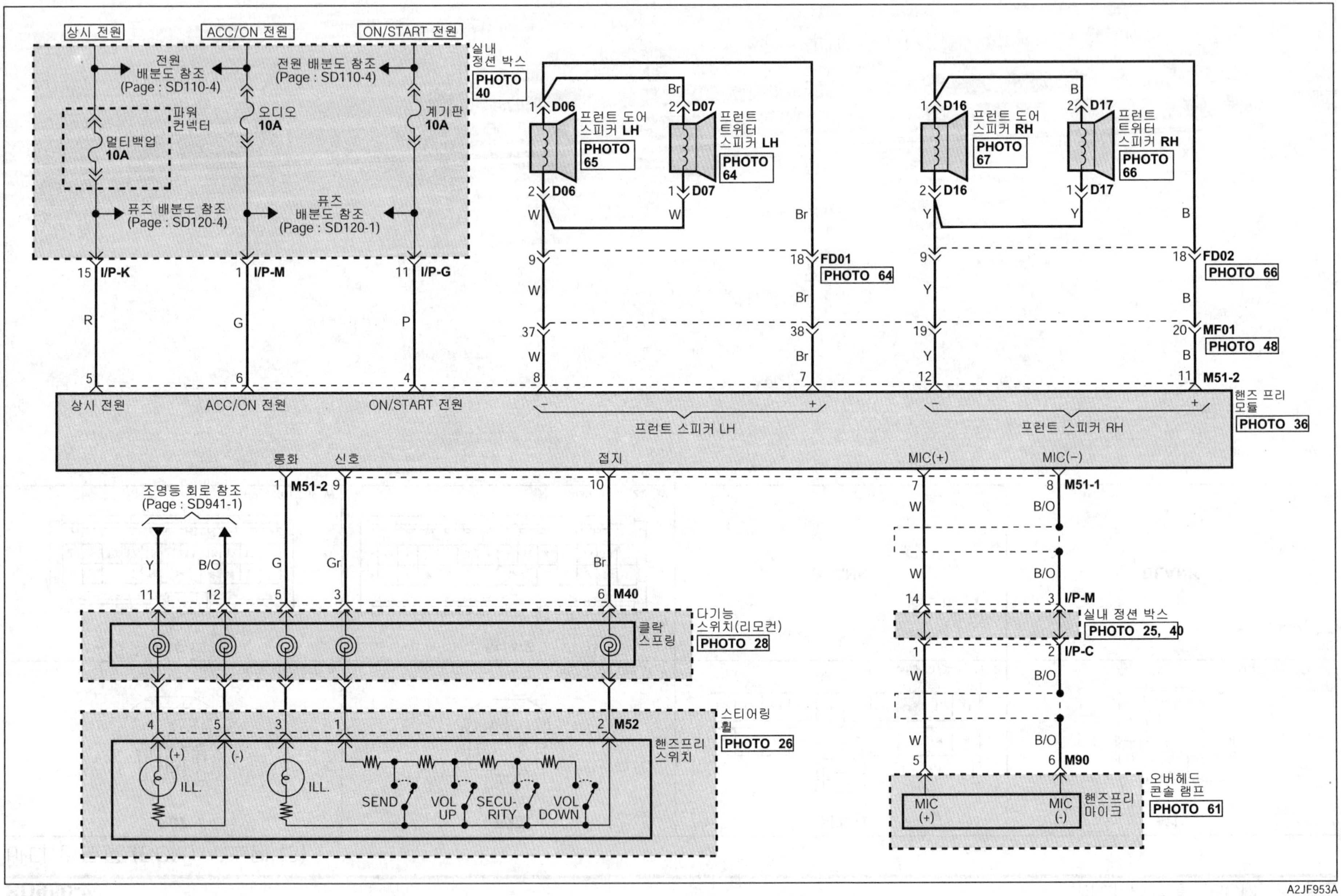
상시 전원
ACC/ON 전원
ON/START 전원
실내 정션 박스
PHOTO 40
전원 배분도 참조 (Page : SD110-4)
파워 컨넥터
멀티백업 10A
오디오 10A
계기판 10A
퓨즈 배분도 참조 (Page : SD120-4)
퓨즈 배분도 참조 (Page : SD120-1)
I/P-K
I/P-M
I/P-G
프런트 도어 스피커 LH
PHOTO 65
프런트 트위터 스피커 LH
PHOTO 64
D06
D07
FD01
PHOTO 64
프런트 도어 스피커 RH
PHOTO 67
프런트 트위터 스피커 RH
PHOTO 66
D16
D17
FD02
PHOTO 66
MF01
PHOTO 48
M51-2
핸즈 프리 모듈
PHOTO 36
프런트 스피커 LH
프런트 스피커 RH
통화
신호
접지
MIC(+)
MIC(−)
M51-1
조명등 회로 참조 (Page : SD941-1)
M40
다기능 스위치(리모컨)
PHOTO 28
클락 스프링
M52
스티어링 휠
PHOTO 26
핸즈프리 스위치
ILL.
SEND
VOL UP
SECU-RITY
VOL DOWN
I/P-M
실내 정션 박스
PHOTO 25, 40
I/P-C
M90
오버헤드 콘솔 램프
PHOTO 61
핸즈프리 마이크
MIC (+)
MIC (-)
A2JF953A

핸즈프리 회로 (2)

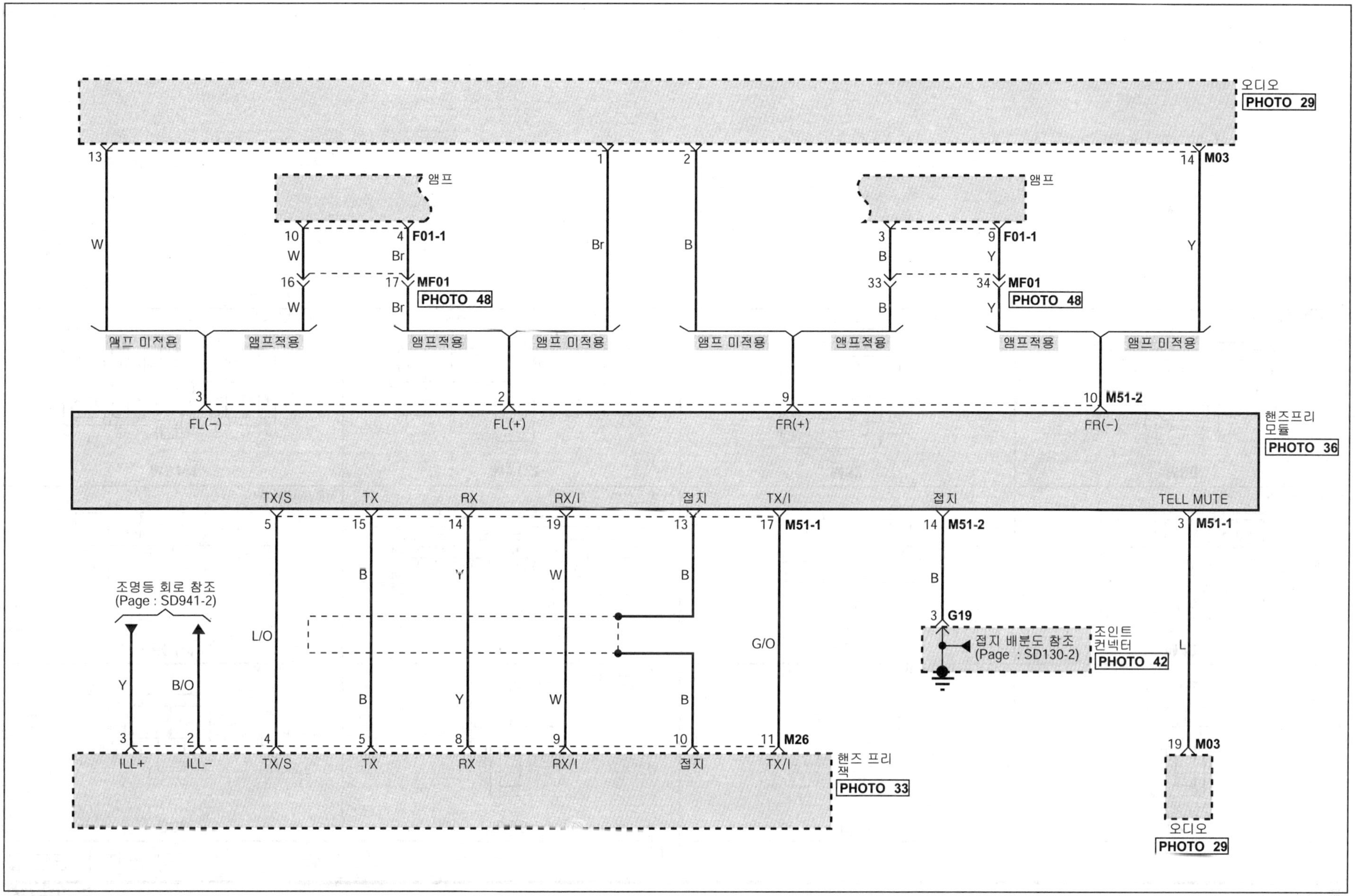

오디오
PHOTO 29
13
1
2
14
M03
W
Br
B
Y
앰프
10
W
4
F01-1
Br
16
W
17
MF01
PHOTO 48
Br
3
B
9
F01-1
Y
33
B
34
MF01
PHOTO 48
Y
앰프 미적용
앰프적용
앰프적용
앰프 미적용
앰프 미적용
앰프적용
앰프적용
앰프 미적용
3
2
9
10
M51-2
FL(-)
FL(+)
FR(+)
FR(-)
핸즈프리 모듈
PHOTO 36
TX/S
TX
RX
RX/I
접지
TX/I
접지
TELL MUTE
5
15
14
19
13
17
M51-1
14
M51-2
3
M51-1
조명등 회로 참조
(Page : SD941-2)
Y
B/O
L/O
B
Y
W
B
G/O
B
L
3
G19
접지 배분도 참조
(Page : SD130-2)
조인트 컨넥터
PHOTO 42
3
2
4
5
8
9
10
11
M26
19
M03
ILL+
ILL-
TX/S
TX
RX
RX/I
접지
TX/I
핸즈 프리 잭
PHOTO 33
오디오
PHOTO 29

A2JF953B

핸즈프리 회로 (3)

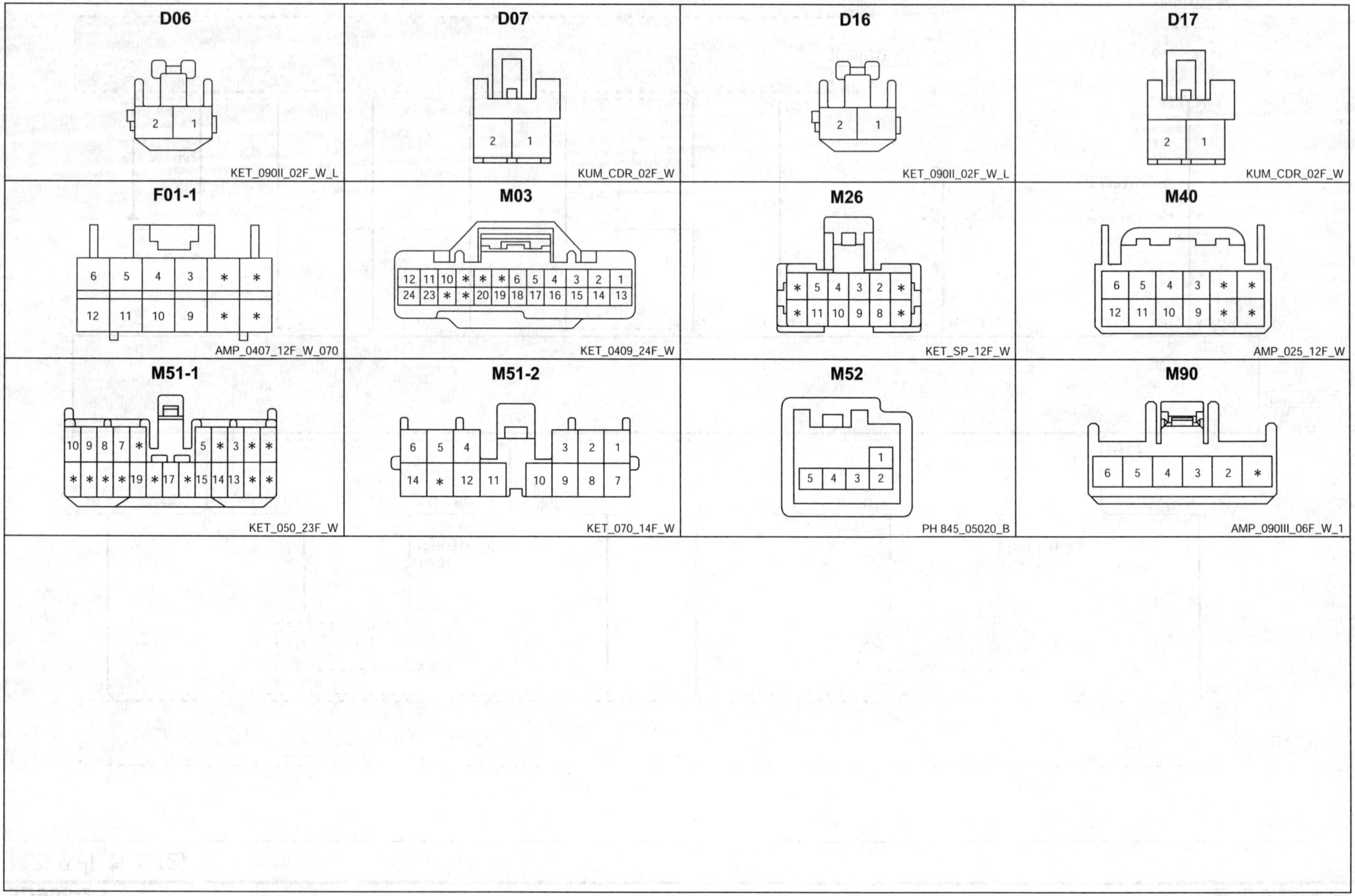
D06
KET_090II_02F_W_L
D07
KUM_CDR_02F_W
D16
KET_090II_02F_W_L
D17
KUM_CDR_02F_W
F01-1
AMP_0407_12F_W_070
M03
KET_0409_24F_W
M26
KET_SP_12F_W
M40
AMP_025_12F_W
M51-1
KET_050_23F_W
M51-2
KET_070_14F_W
M52
PH 845_05020_B
M90
AMP_090III_06F_W_1

A2JF953C

MEMO

이모빌라이저 컨트롤 회로 (1)

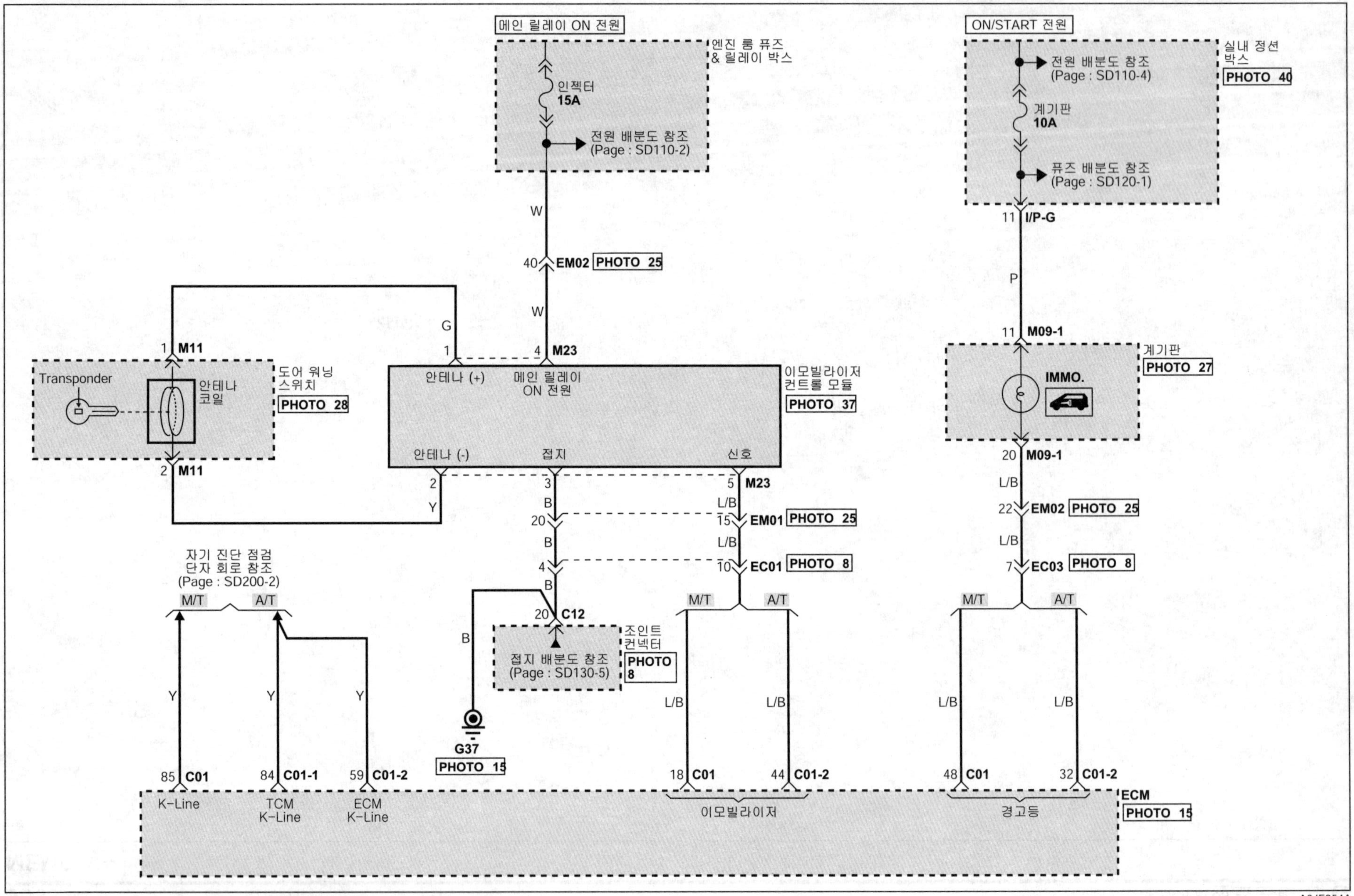
메인 릴레이 ON 전원
엔진 룸 퓨즈 & 릴레이 박스
인젝터 15A
전원 배분도 참조 (Page : SD110-2)
W
40 EM02 PHOTO 25
W
4 M23
ON/START 전원
실내 정션 박스
PHOTO 40
전원 배분도 참조 (Page : SD110-4)
계기판 10A
퓨즈 배분도 참조 (Page : SD120-1)
11 I/P-G
P
11 M09-1
계기판
PHOTO 27
IMMO.
20 M09-1
L/B
22 EM02 PHOTO 25
L/B
7 EC03 PHOTO 8
M/T
A/T
L/B
L/B
48 C01
32 C01-2
경고등
ECM
PHOTO 15
1 M11
Transponder
안테나 코일
도어 워닝 스위치
PHOTO 28
2 M11
G
1
안테나 (+)
메인 릴레이 ON 전원
이모빌라이저 컨트롤 모듈
PHOTO 37
안테나 (-)
접지
신호
2
Y
3
B
20
B
4
B
20 C12
5 M23
L/B
15 EM01 PHOTO 25
L/B
10 EC01 PHOTO 8
M/T
A/T
L/B
L/B
18 C01
44 C01-2
이모빌라이저
조인트 컨넥터
PHOTO 8
접지 배분도 참조 (Page : SD130-5)
B
G37
PHOTO 15
자기 진단 점검 단자 회로 참조 (Page : SD200-2)
M/T
A/T
Y
Y
Y
85 C01
84 C01-1
59 C01-2
K-Line
TCM K-Line
ECM K-Line
A2JF954A

이모빌라이저 컨트롤 회로 (2)

M09-1

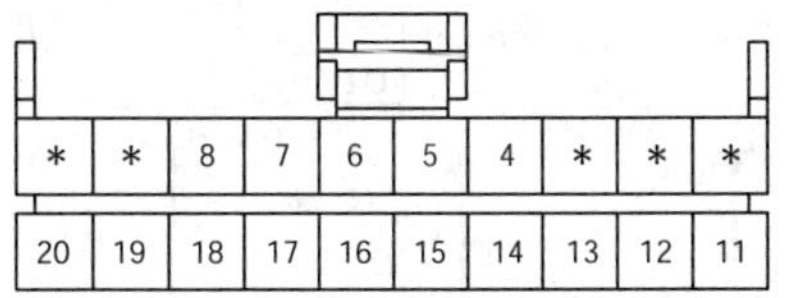

AMP_040M1_20F_B

M11

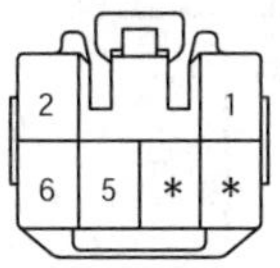

KET_090II_06F_W

M23

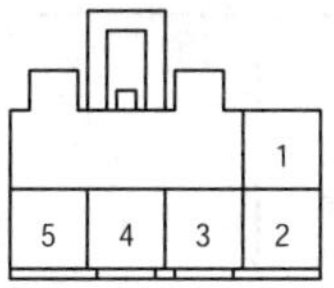

KUM_CDR_05F_W

BLANK

A2JF954B

오디오 회로 (1)

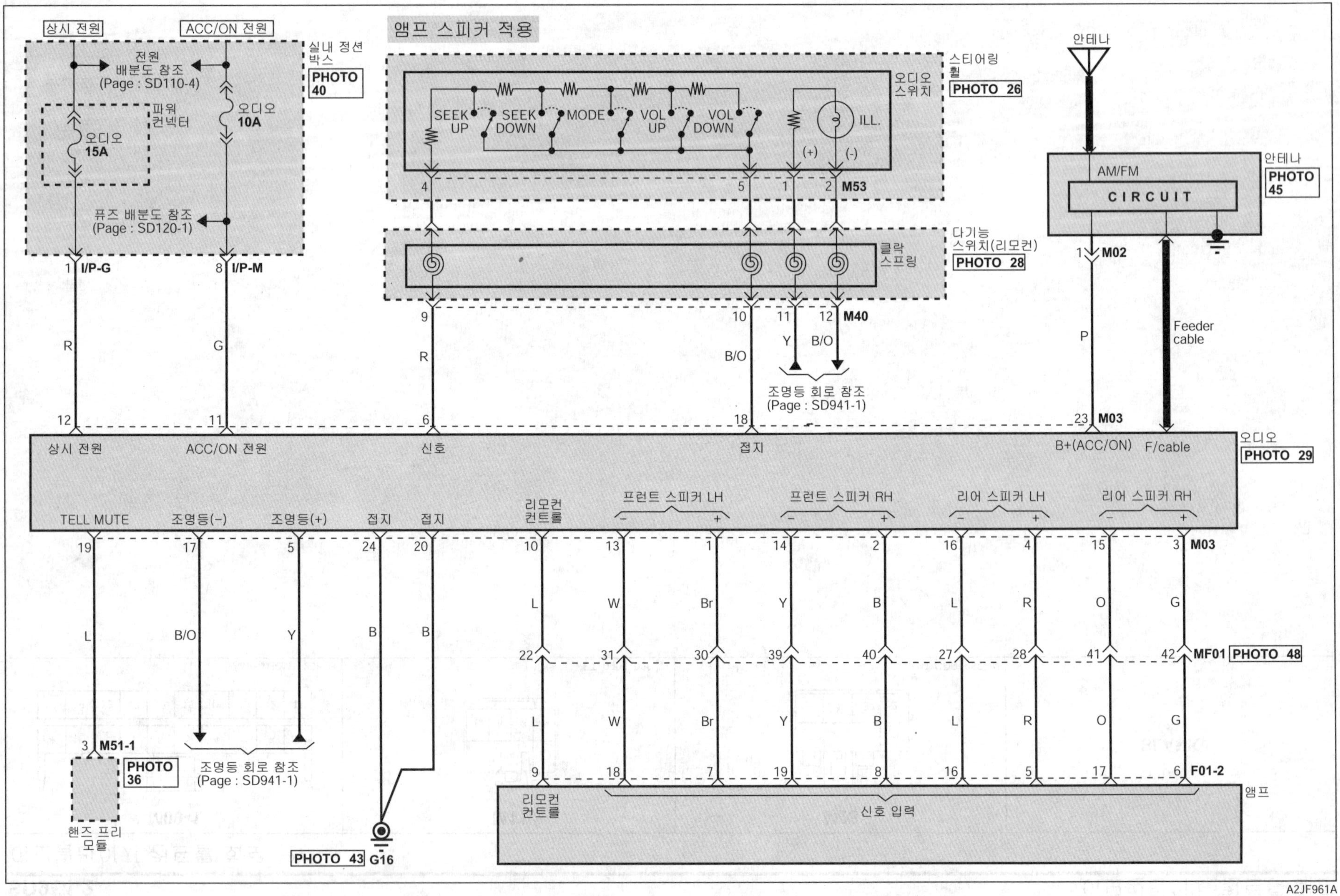
상시 전원
ACC/ON 전원
전원 배분도 참조 (Page : SD110-4)
파워 컨넥터
오디오 15A
오디오 10A
퓨즈 배분도 참조 (Page : SD120-1)
실내 정션 박스
PHOTO 40
I/P-G
I/P-M
앰프 스피커 적용
SEEK UP
SEEK DOWN
MODE
VOL UP
VOL DOWN
ILL.
오디오 스위치
스티어링 휠
PHOTO 26
M53
클락 스프링
다기능 스위치(리모컨)
PHOTO 28
M40
조명등 회로 참조 (Page : SD941-1)
안테나
AM/FM
CIRCUIT
PHOTO 45
M02
Feeder cable
M03
상시 전원
ACC/ON 전원
신호
접지
B+(ACC/ON)
F/cable
오디오
PHOTO 29
TELL MUTE
조명등(-)
조명등(+)
리모컨 컨트롤
프런트 스피커 LH
프런트 스피커 RH
리어 스피커 LH
리어 스피커 RH
MF01
PHOTO 48
F01-2
M51-1
PHOTO 36
핸즈 프리 모듈
PHOTO 43
G16
신호 입력
앰프
A2JF961A

오디오 회로 (2)

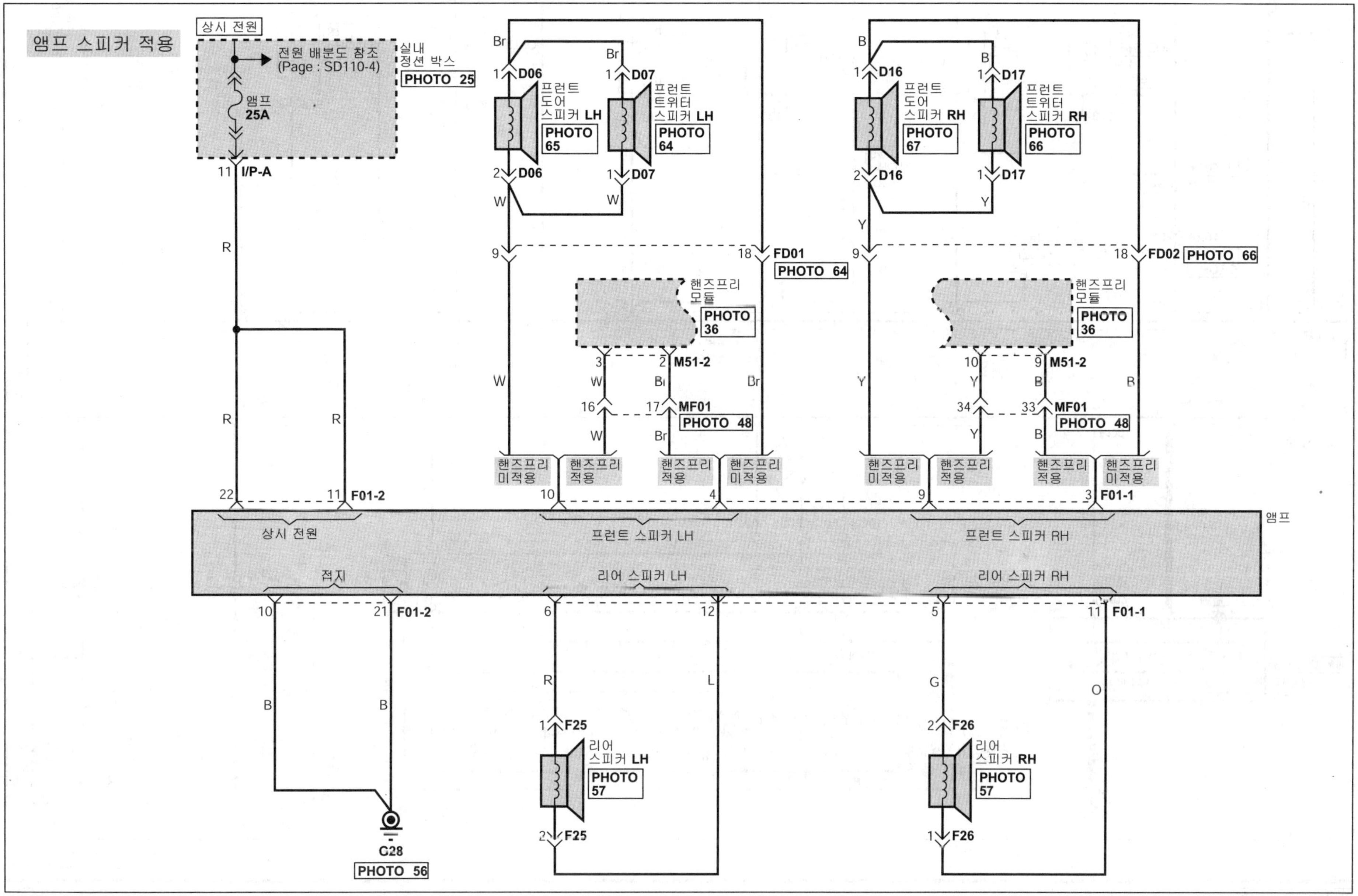
앰프 스피커 적용
상시 전원
전원 배분도 참조
(Page : SD110-4)
실내
정션 박스
PHOTO 25
앰프
25A
I/P-A
R
F01-2
F01-1
프런트
도어
스피커 LH
PHOTO 65
프런트
트위터
스피커 LH
PHOTO 64
프런트
도어
스피커 RH
PHOTO 67
프런트
트위터
스피커 RH
PHOTO 66
D06
D07
D16
D17
FD01
PHOTO 64
FD02
PHOTO 66
핸즈프리
모듈
PHOTO 36
M51-2
MF01
PHOTO 48
핸즈프리
미적용
핸즈프리
적용
앰프
상시 전원
프런트 스피커 LH
프런트 스피커 RH
접지
리어 스피커 LH
리어 스피커 RH
F25
F26
리어
스피커 LH
PHOTO 57
리어
스피커 RH
PHOTO 57
C28
PHOTO 56

A2JF961B

오디오 회로 (3)

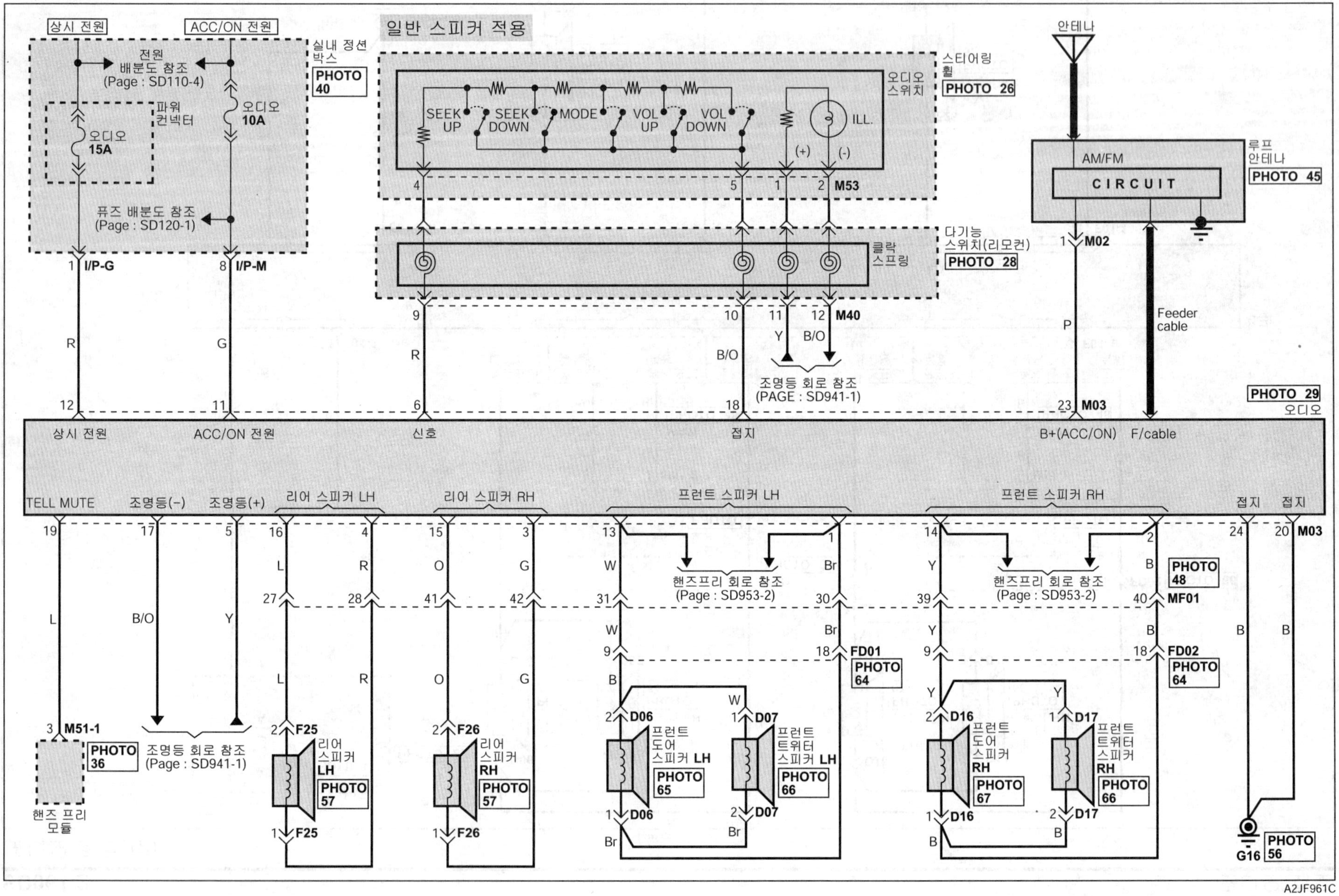
상시 전원
ACC/ON 전원
전원 배분도 참조 (Page : SD110-4)
파워 컨넥터
오디오 15A
오디오 10A
퓨즈 배분도 참조 (Page : SD120-1)
실내 정션 박스
PHOTO 40
I/P-G
I/P-M
일반 스피커 적용
오디오 스위치
SEEK UP
SEEK DOWN
MODE
VOL UP
VOL DOWN
ILL.
M53
스티어링 휠
PHOTO 26
클락 스프링
다기능 스위치(리모컨)
PHOTO 28
M40
조명등 회로 참조 (PAGE : SD941-1)
안테나
AM/FM
CIRCUIT
루프 안테나
PHOTO 45
M02
Feeder cable
PHOTO 29
오디오
M03
상시 전원
ACC/ON 전원
신호
접지
B+(ACC/ON)
F/cable
TELL MUTE
조명등(−)
조명등(+)
리어 스피커 LH
리어 스피커 RH
프런트 스피커 LH
프런트 스피커 RH
접지
접지
핸즈프리 회로 참조 (Page : SD953-2)
핸즈프리 회로 참조 (Page : SD953-2)
PHOTO 48
MF01
FD01
PHOTO 64
FD02
PHOTO 64
M51-1
PHOTO 36
핸즈 프리 모듈
조명등 회로 참조 (Page : SD941-1)
F25
리어 스피커 LH
PHOTO 57
F26
리어 스피커 RH
PHOTO 57
D06
프런트 도어 스피커 LH
PHOTO 65
D07
프런트 트위터 스피커 LH
PHOTO 66
D16
프런트 도어 스피커 RH
PHOTO 67
D17
프런트 트위터 스피커 RH
PHOTO 66
G16
PHOTO 56
A2JF961C

오디오 회로 (4)

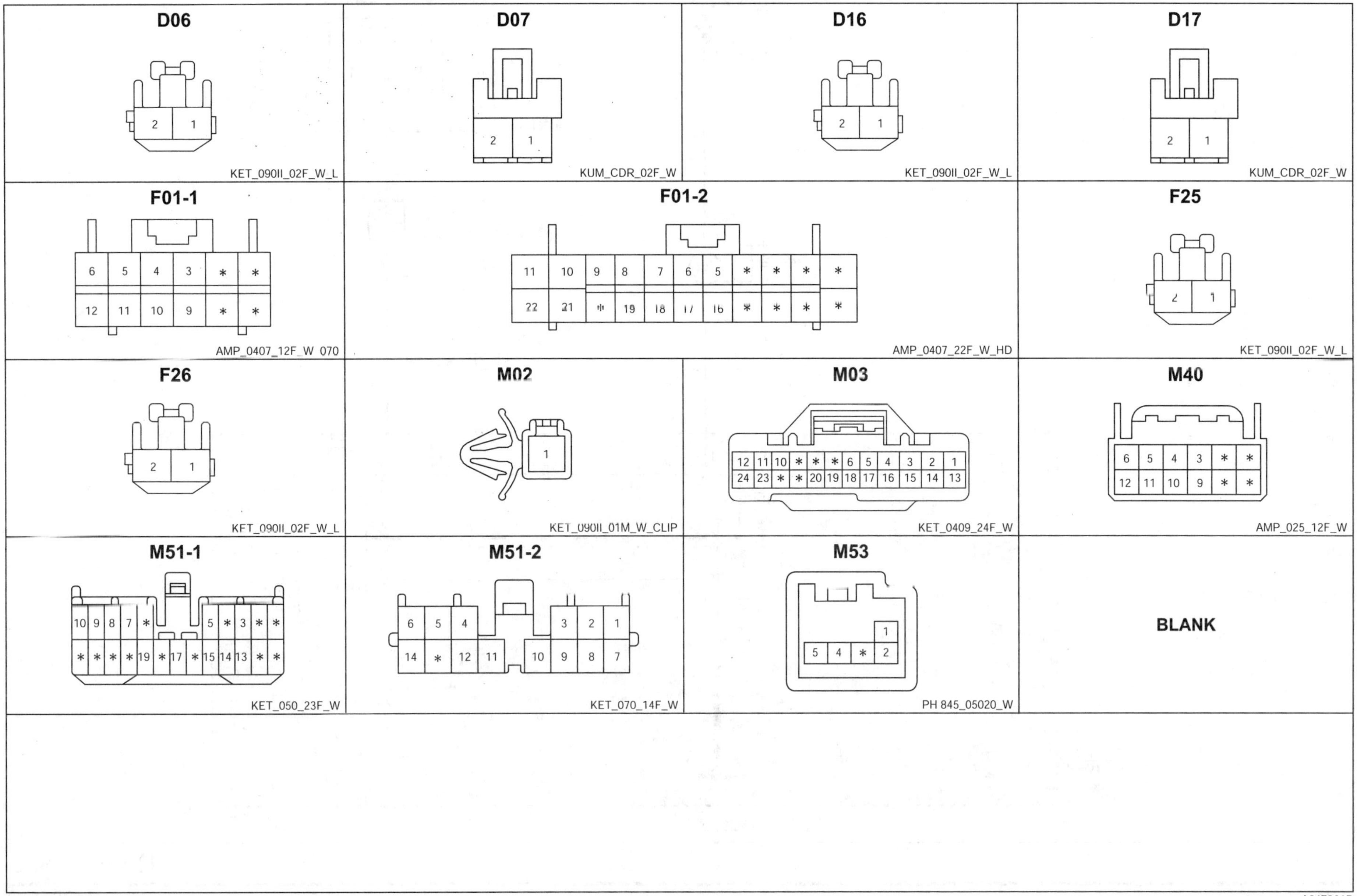
D06
KET_090II_02F_W_L
D07
KUM_CDR_02F_W
D16
KET_090II_02F_W_L
D17
KUM_CDR_02F_W
F01-1
AMP_0407_12F_W_070
F01-2
AMP_0407_22F_W_HD
F25
KET_090II_02F_W_L
F26
KET_090II_02F_W_L
M02
KET_090II_01M_W_CLIP
M03
KET_0409_24F_W
M40
AMP_025_12F_W
M51-1
KET_050_23F_W
M51-2
KET_070_14F_W
M53
PH 845_05020_W
BLANK

A2JF961D

경음기 회로 (1)

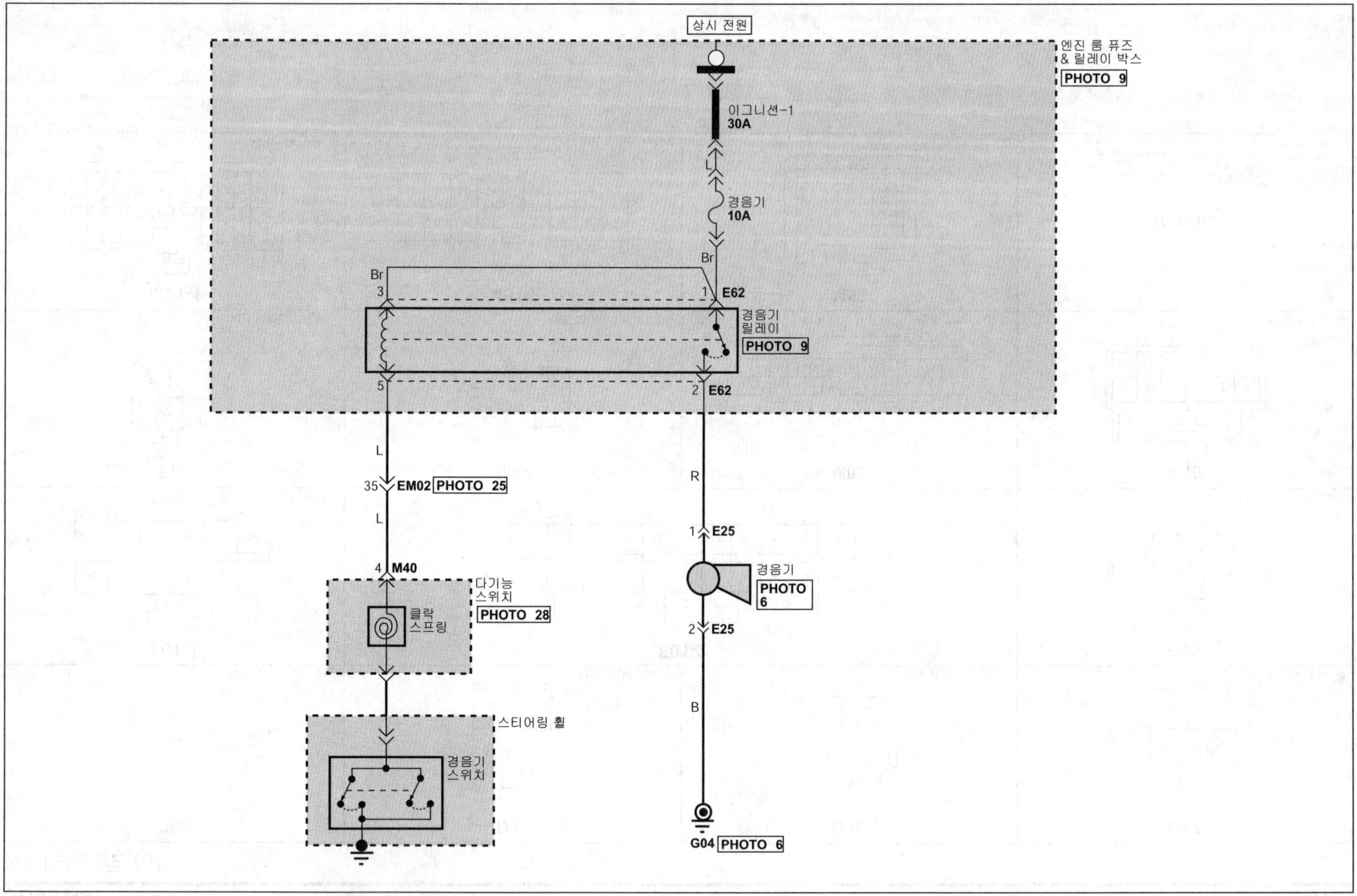
상시 전원
엔진 룸 퓨즈
& 릴레이 박스
PHOTO 9
이그니션-1
30A
L
경음기
10A
Br
Br
3
1
E62
경음기
릴레이
PHOTO 9
5
2
E62
L
35
EM02
PHOTO 25
L
4
M40
다기능
스위치
PHOTO 28
클락
스프링
스티어링 휠
경음기
스위치
R
1
E25
경음기
PHOTO
6
2
E25
B
G04
PHOTO 6
A2JF968A

경음기 회로 (2)

E25

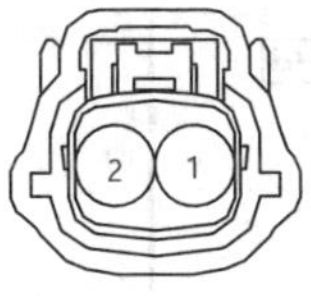

MLX_HORN_02F_B_FILT

M40

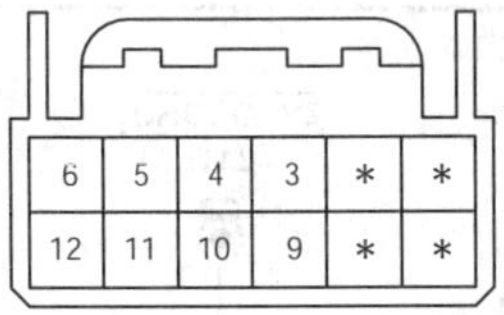

AMP_025_12F_W

BLANK

BLANK

A2JF968B

블로워 & 에어컨 회로 (오토) (1)

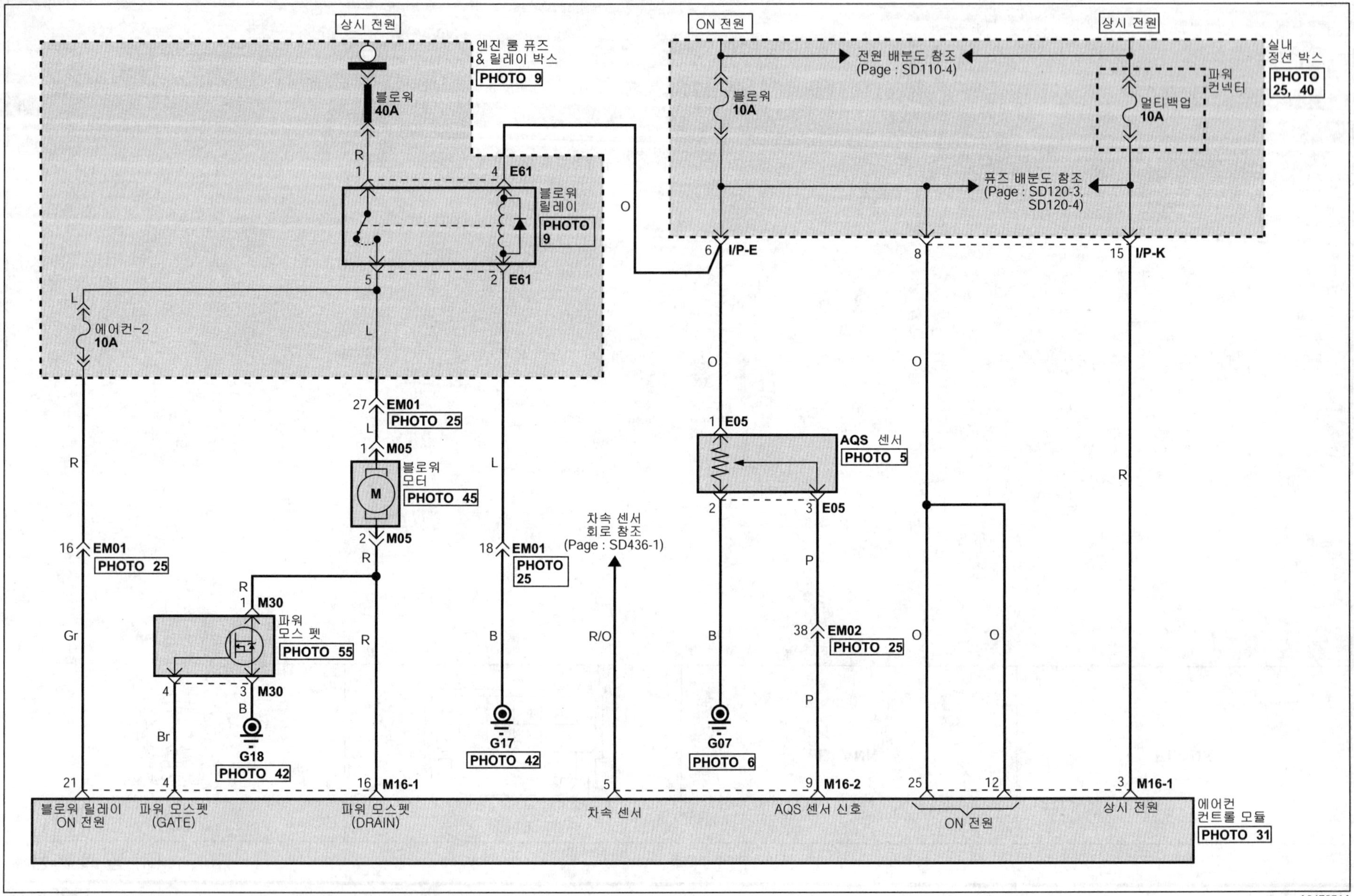
상시 전원
엔진 룸 퓨즈 & 릴레이 박스
PHOTO 9
블로워 40A
블로워 릴레이
PHOTO 9
E61
에어컨-2 10A
EM01
PHOTO 25
M05
블로워 모터
PHOTO 45
M30
파워 모스 펫
PHOTO 55
G18
PHOTO 42
G17
PHOTO 42
차속 센서 회로 참조 (Page : SD436-1)
ON 전원
상시 전원
전원 배분도 참조 (Page : SD110-4)
블로워 10A
멀티백업 10A
파워 컨넥터
실내 정션 박스
PHOTO 25, 40
퓨즈 배분도 참조 (Page : SD120-3, SD120-4)
I/P-E
I/P-K
E05
AQS 센서
PHOTO 5
G07
PHOTO 6
EM02
PHOTO 25
M16-1
M16-2
블로워 릴레이 ON 전원
파워 모스펫 (GATE)
파워 모스펫 (DRAIN)
차속 센서
AQS 센서 신호
ON 전원
상시 전원
에어컨 컨트롤 모듈
PHOTO 31

A2JF971A

블로워 & 에어컨 회로 (오토) (2)

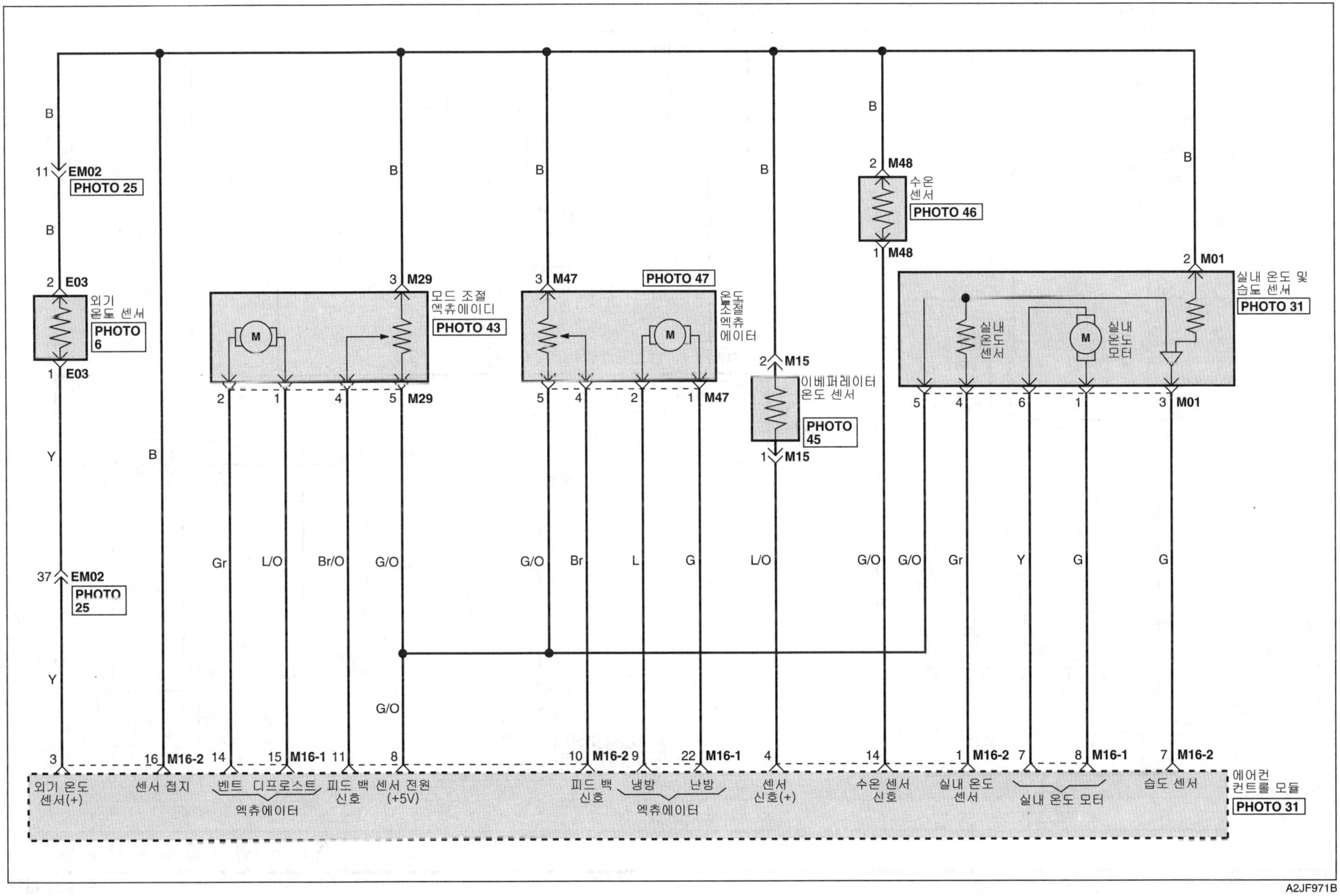

EM02
PHOTO 25
E03
외기 온도 센서
PHOTO 6
모드 조절 엑츄에이터
PHOTO 43
M29
M47
PHOTO 47
온도 조절 엑츄에이터
M15
이베퍼레이터 온도 센서
PHOTO 45
M48
수온 센서
PHOTO 46
M01
실내 온도 및 습도 센서
PHOTO 31
실내 온도 센서
실내 온도 모터
M16-1
M16-2
외기 온도 센서(+)
센서 접지
벤트 디프로스트 엑츄에이터
피드 백 신호
센서 전원 (+5V)
냉방 난방 엑츄에이터
센서 신호(+)
수온 센서 신호
실내 온도 센서
실내 온도 모터
습도 센서
에어컨 컨트롤 모듈
PHOTO 31
A2JF971B

블로워 & 에어컨 회로 (오토) (3)

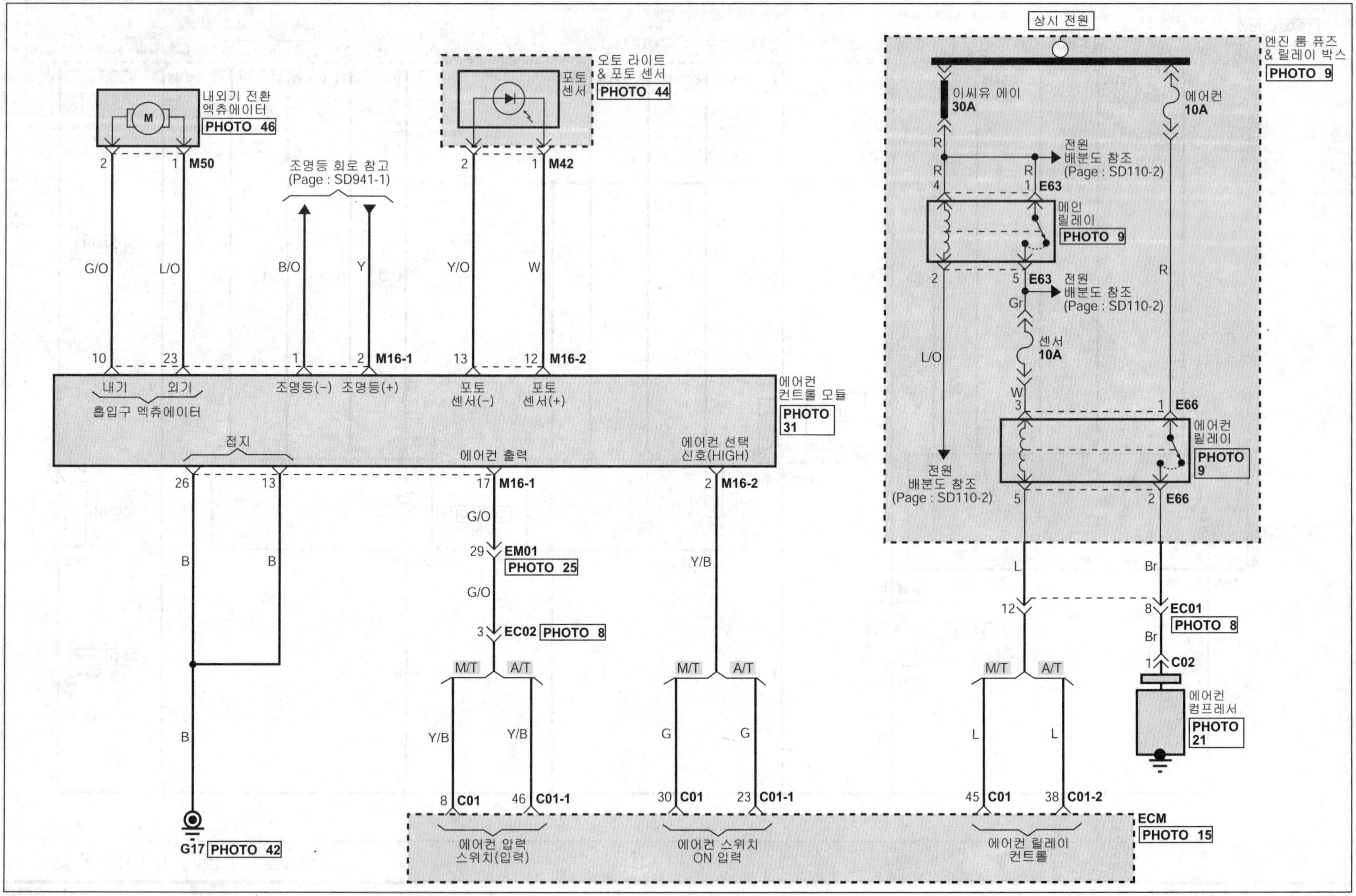
내외기 전환
엑츄에이터
PHOTO 46
M50
오토 라이트
& 포토 센서
PHOTO 44
포토
센서
M42
조명등 회로 참고
(Page : SD941-1)
G/O
L/O
B/O
Y
Y/O
W
M16-1
M16-2
내기
외기
흡입구 엑츄에이터
조명등(-)
조명등(+)
포토
센서(-)
포토
센서(+)
에어컨
컨트롤 모듈
PHOTO 31
접지
에어컨 출력
에어컨 선택
신호(HIGH)
B
Y/B
EM01
PHOTO 25
EC02
PHOTO 8
M/T
A/T
C01
C01-1
C01-2
G
L
G17
PHOTO 42
에어컨 압력
스위치(입력)
에어컨 스위치
ON 입력
에어컨 릴레이
컨트롤
ECM
PHOTO 15
상시 전원
엔진 룸 퓨즈
& 릴레이 박스
PHOTO 9
이씨유 에이
30A
에어컨
10A
R
E63
전원
배분도 참조
(Page : SD110-2)
메인
릴레이
PHOTO 9
Gr
센서
10A
E66
에어컨
릴레이
PHOTO 9
Br
EC01
PHOTO 8
C02
에어컨
컴프레서
PHOTO 21

A2JF971C

블로워 & 에어컨 회로 (오토) (4)

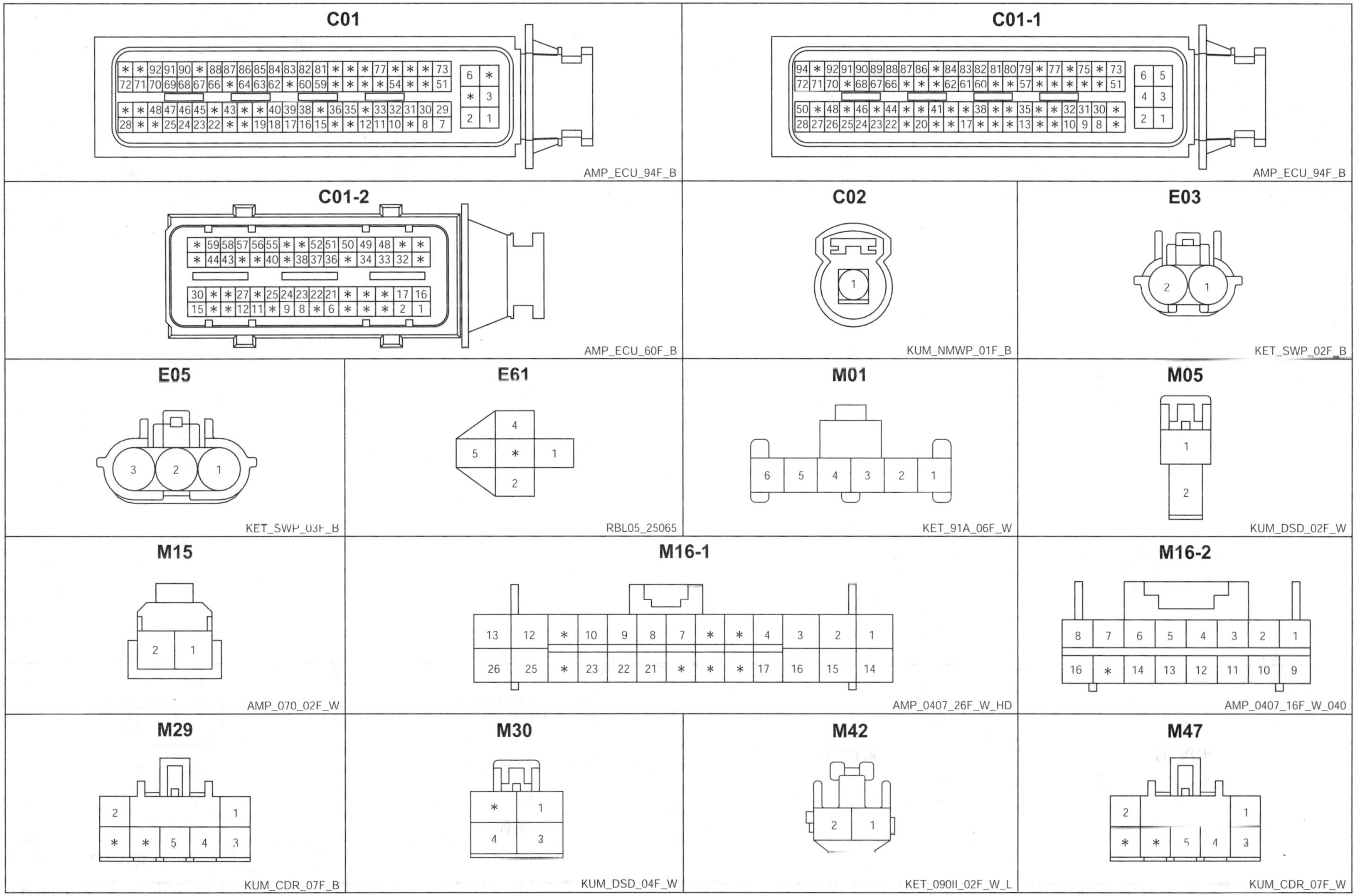
C01
AMP_ECU_94F_B
C01-1
AMP_ECU_94F_B
C01-2
AMP_ECU_60F_B
C02
KUM_NMWP_01F_B
E03
KET_SWP_02F_B
E05
KET_SWP_03F_B
E61
RBL05_25065
M01
KET_91A_06F_W
M05
KUM_DSD_02F_W
M15
AMP_070_02F_W
M16-1
AMP_0407_26F_W_HD
M16-2
AMP_0407_16F_W_040
M29
KUM_CDR_07F_B
M30
KUM_DSD_04F_W
M42
KET_090II_02F_W_L
M47
KUM_CDR_07F_W

A2JF971D

블로워 & 에어컨 회로 (오토) (5)

M48

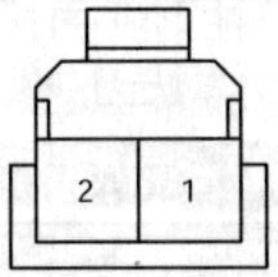

AMP_070_02F_W

M50

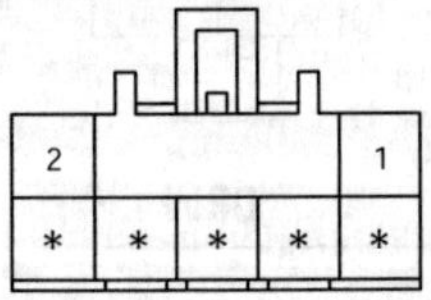

KUM_CDR_07F_W

BLANK

BLANK

A2JF971E

MEMO

블로워 & 에어컨 회로 (메뉴얼) (7)

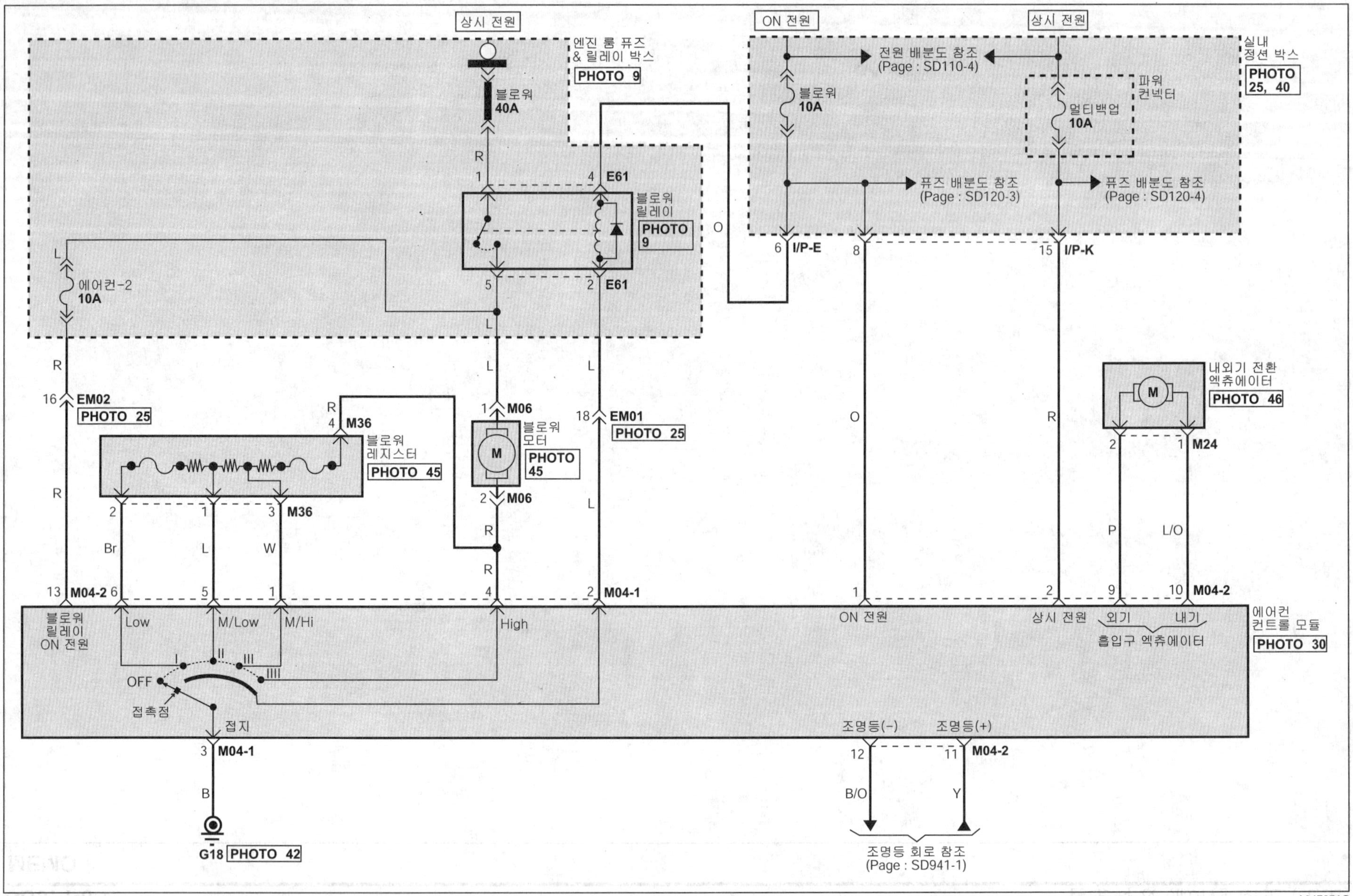
상시 전원
엔진 룸 퓨즈 & 릴레이 박스
PHOTO 9
블로워 40A
R
1
4 E61
블로워 릴레이
PHOTO 9
O
5
2 E61
L
에어컨-2 10A
R
16 EM02
PHOTO 25
R
4 M36
블로워 레지스터
PHOTO 45
2
1
3 M36
Br
L
W
1 M06
블로워 모터
PHOTO 45
2 M06
18 EM01
PHOTO 25
13 M04-2 6
5
1
4
2 M04-1
블로워 릴레이 ON 전원
Low
M/Low
M/Hi
High
OFF
접촉점
접지
3 M04-1
B
G18 PHOTO 42
ON 전원
상시 전원
전원 배분도 참조 (Page : SD110-4)
블로워 10A
멀티백업 10A
파워 컨넥터
실내 정션 박스
PHOTO 25, 40
퓨즈 배분도 참조 (Page : SD120-3)
퓨즈 배분도 참조 (Page : SD120-4)
6 I/P-E
8
15 I/P-K
내외기 전환 엑츄에이터
PHOTO 46
2
1 M24
P
L/O
9
10 M04-2
ON 전원
상시 전원
외기
내기
흡입구 엑츄에이터
에어컨 컨트롤 모듈
PHOTO 30
조명등(-)
조명등(+)
12
11 M04-2
B/O
Y
조명등 회로 참조 (Page : SD941-1)
A2JF971G

블로워 & 에어컨 회로 (메뉴얼) (8)

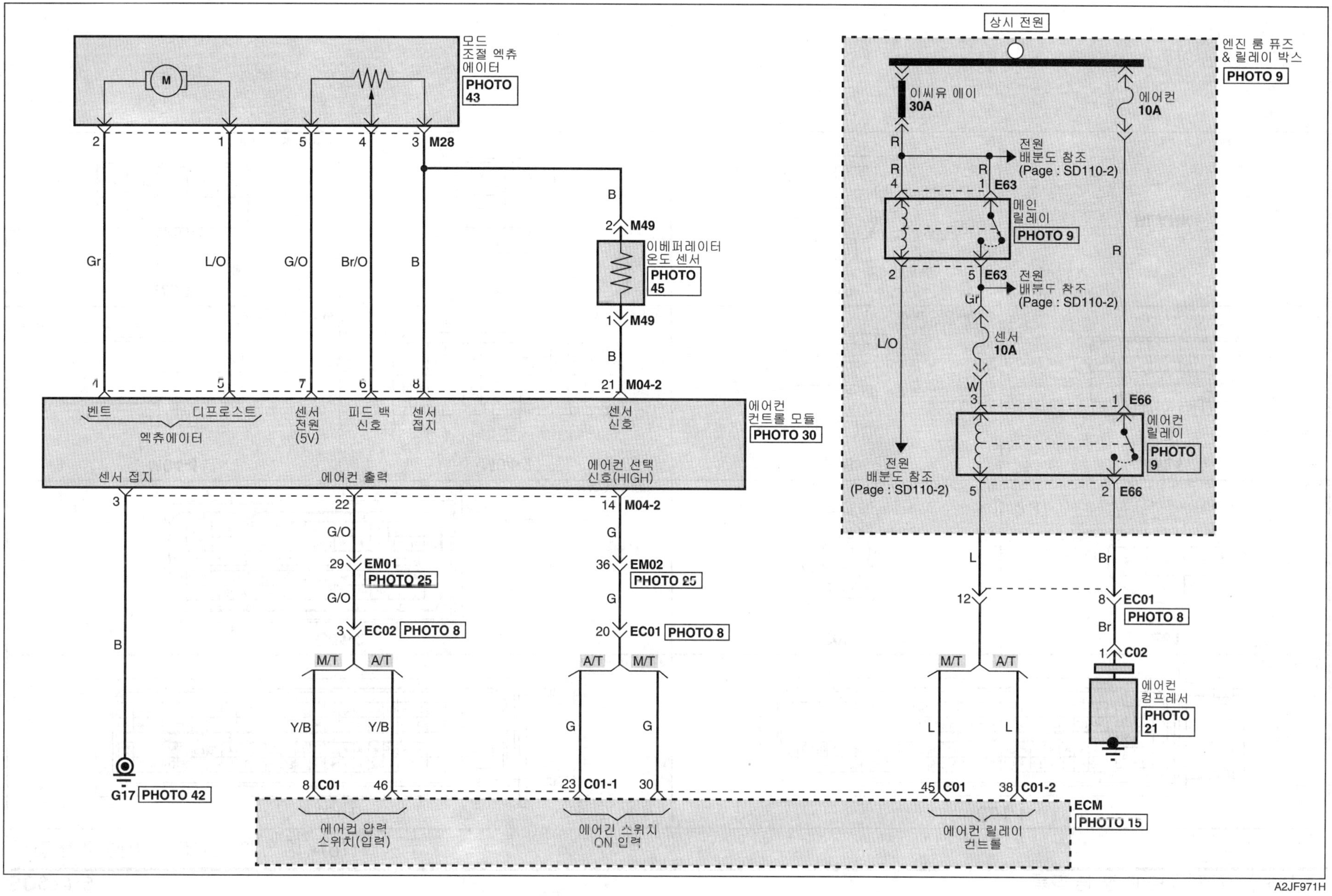
모드 조절 엑츄에이터
PHOTO 43
M28
Gr
L/O
G/O
Br/O
B
M49
이베퍼레이터 온도 센서
PHOTO 45
M04-2
벤트
디프로스트
엑츄에이터
센서 전원 (5V)
피드 백 신호
센서 접지
센서 신호
에어컨 컨트롤 모듈
PHOTO 30
센서 접지
에어컨 출력
에어컨 선택 신호(HIGH)
G/O
EM01
PHOTO 25
EC02
PHOTO 8
G
EM02
EC01
M/T
A/T
Y/B
C01
C01-1
G17
PHOTO 42
상시 전원
엔진 룸 퓨즈 & 릴레이 박스
PHOTO 9
이씨유 에이
30A
에어컨
10A
R
전원 배분도 참조 (Page : SD110-2)
E63
메인 릴레이
센서
10A
W
E66
에어컨 릴레이
L
Br
C02
에어컨 컴프레서
PHOTO 21
C01-2
ECM
PHOTO 15
에어컨 압력 스위치(입력)
에어컨 스위치 ON 입력
에어컨 릴레이 컨트롤
A2JF971H

블로워 & 에어컨 회로 (메뉴얼) (9)

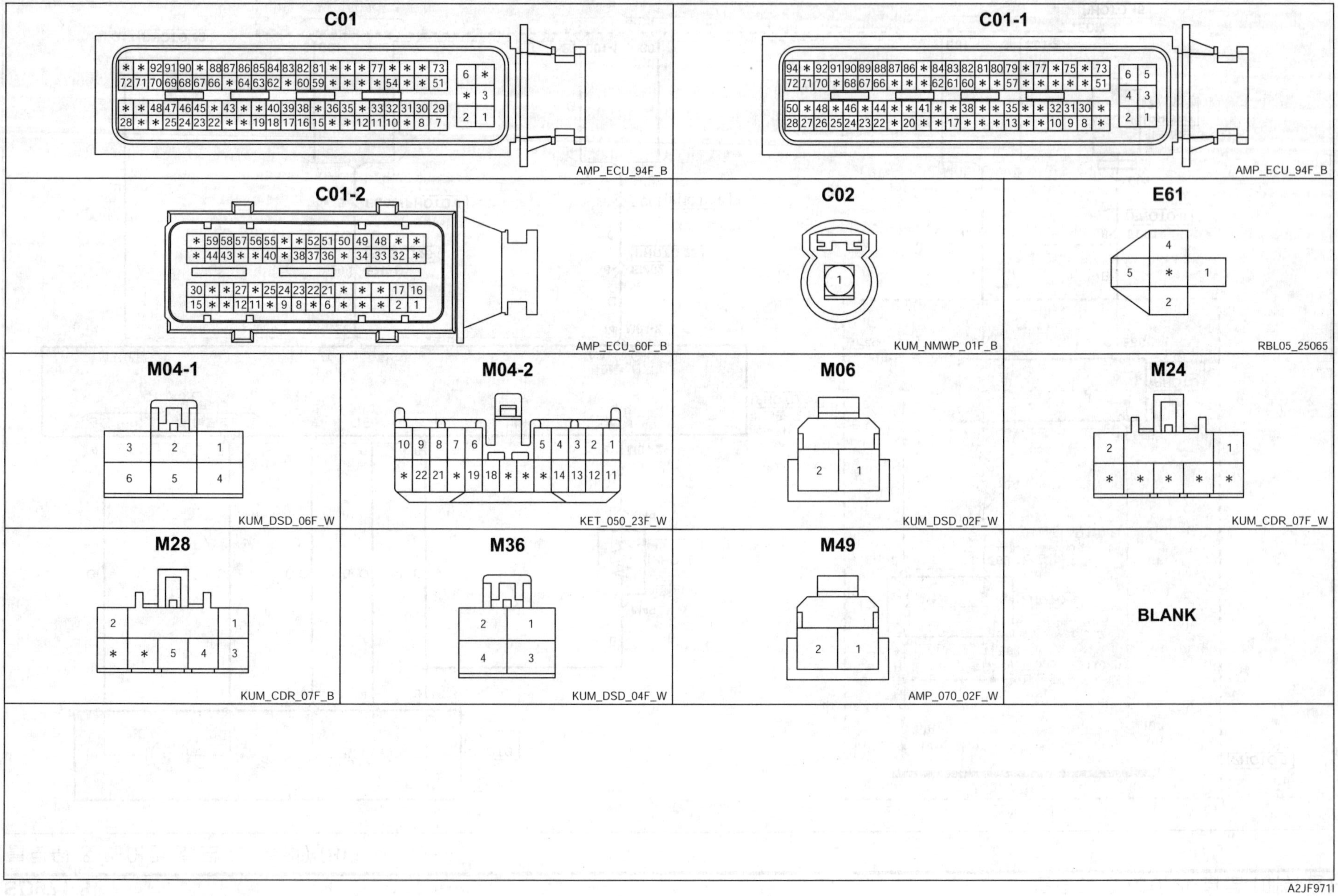
C01
AMP_ECU_94F_B
C01-1
AMP_ECU_94F_B
C01-2
AMP_ECU_60F_B
C02
KUM_NMWP_01F_B
E61
RBL05_25065
M04-1
KUM_DSD_06F_W
M04-2
KET_050_23F_W
M06
KUM_DSD_02F_W
M24
KUM_CDR_07F_W
M28
KUM_CDR_07F_B
M36
KUM_DSD_04F_W
M49
AMP_070_02F_W
BLANK
A2JF971I

MEMO

프런트 와이퍼 & 와셔 회로 (1)

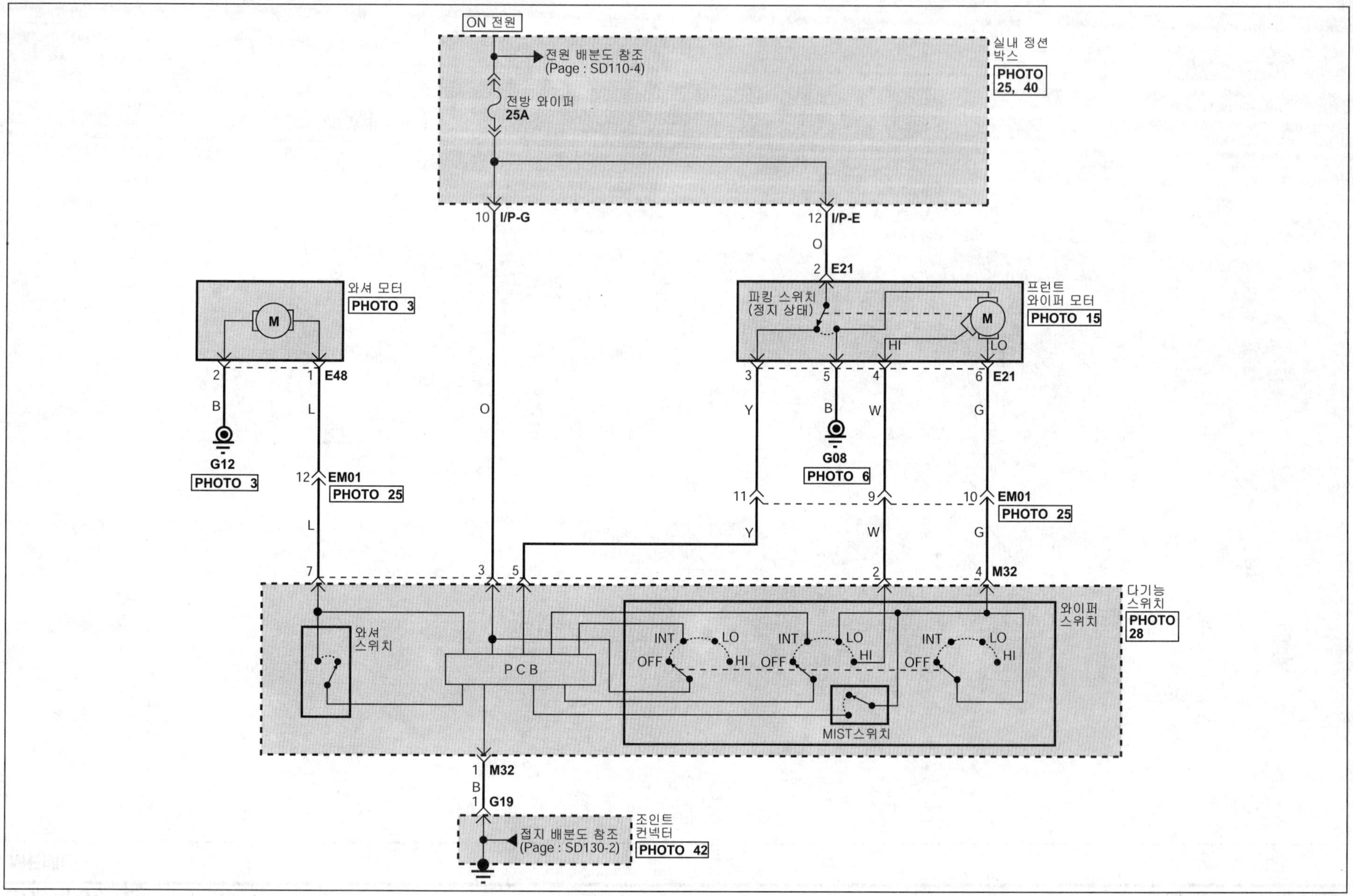
ON 전원
전원 배분도 참조
(Page : SD110-4)
전방 와이퍼
25A
실내 정션
박스
PHOTO
25, 40
10 I/P-G
12 I/P-E
O
2 E21
와셔 모터
PHOTO 3
M
2
1 E48
B
L
G12
PHOTO 3
12 EM01
PHOTO 25
L
7
파킹 스위치
(정지 상태)
프런트
와이퍼 모터
PHOTO 15
HI
LO
3
5
4
6 E21
Y
B
W
G
G08
PHOTO 6
11
9
10 EM01
PHOTO 25
3
5
2
4 M32
와셔
스위치
PCB
INT
LO
OFF
HI
MIST스위치
와이퍼
스위치
다기능
스위치
PHOTO
28
1 M32
B
1 G19
접지 배분도 참조
(Page : SD130-2)
조인트
컨넥터
PHOTO 42

A2JF981A

프런트 와이퍼 & 와셔 회로 (2)

E21

AMP_MCPE_06F_B

E48

KET_090IIWP_03F_B

M32

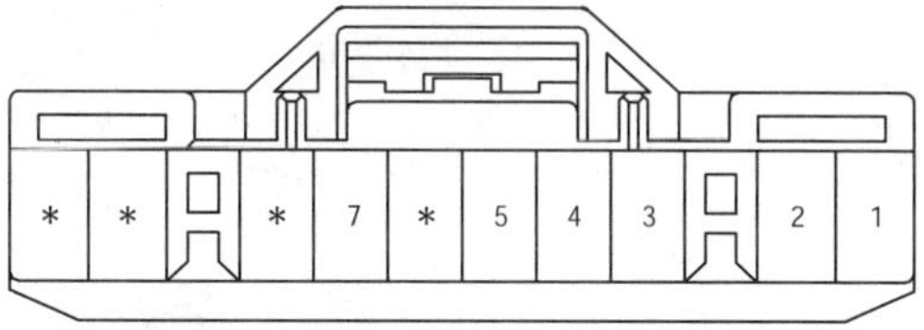

KET_090II_10F_W_SW

A2JF981B

구성 부품 위치도

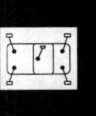

구성 부품 위치도(1)

PHOTO.1

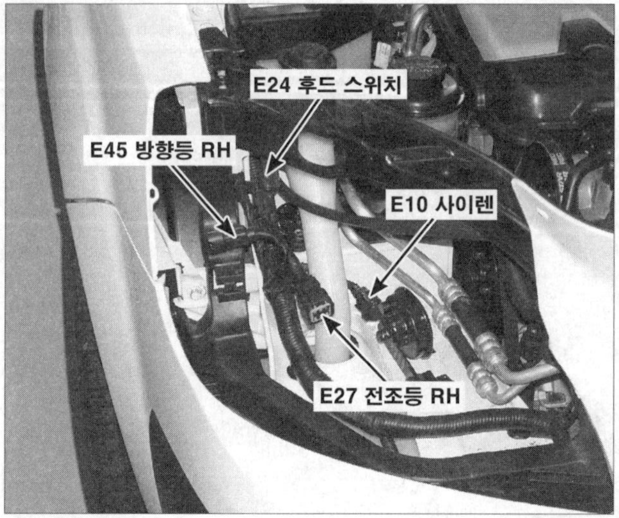

PHOTO.2

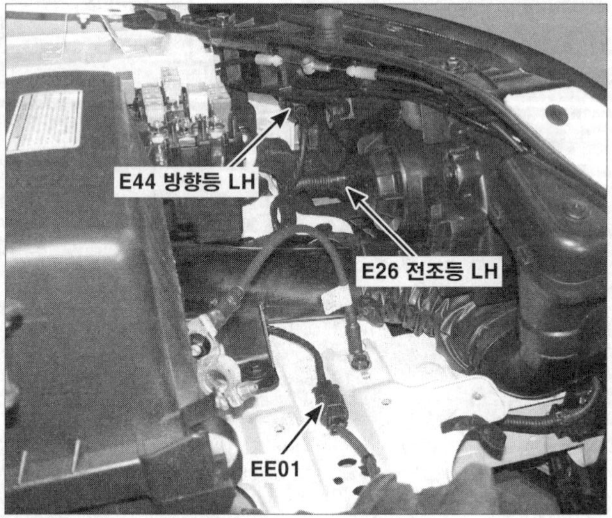

PHOTO.3

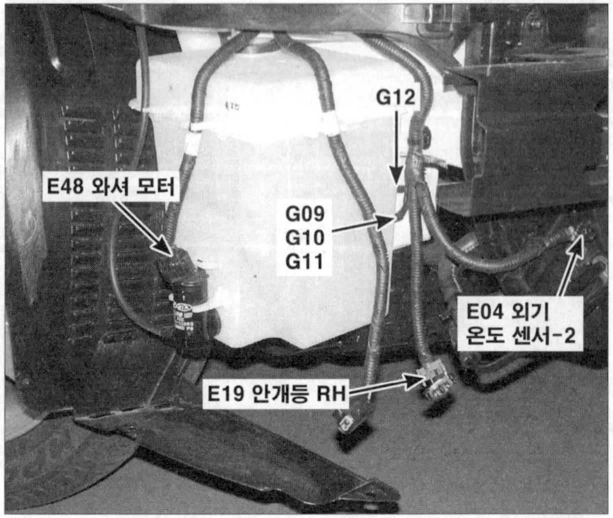

PHOTO.4

PHOTO.5

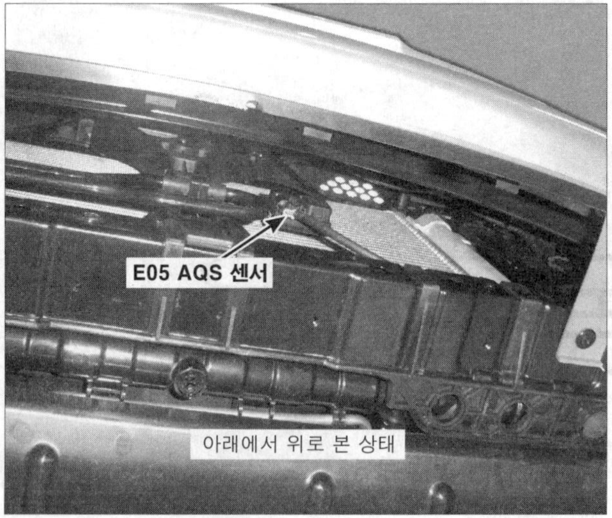

PHOTO.6

구성 부품 위치도(2)

PHOTO.7

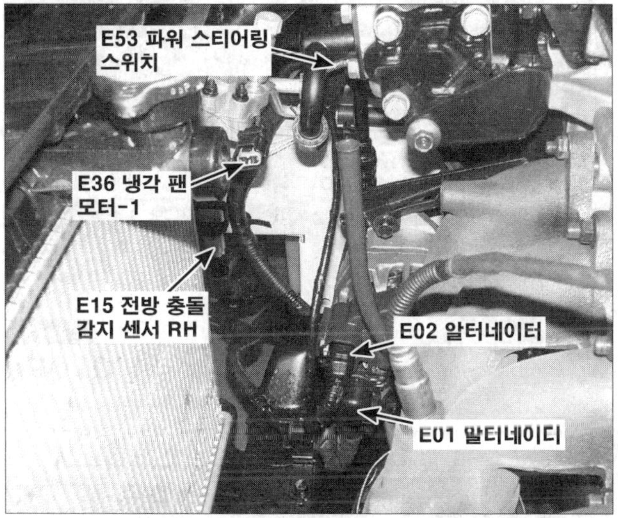

PHOTO.8

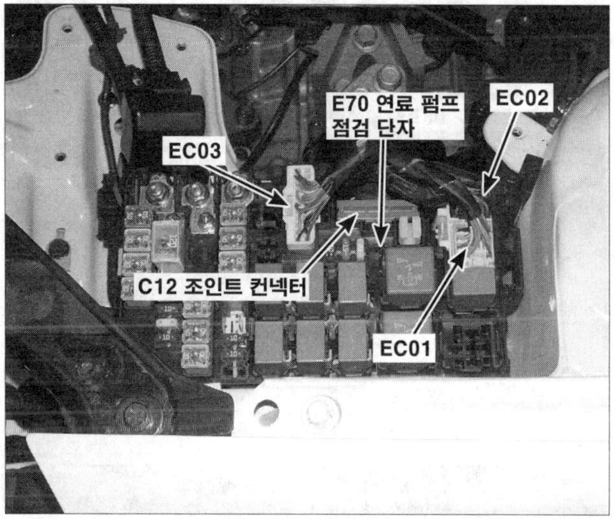

PHOTO.9

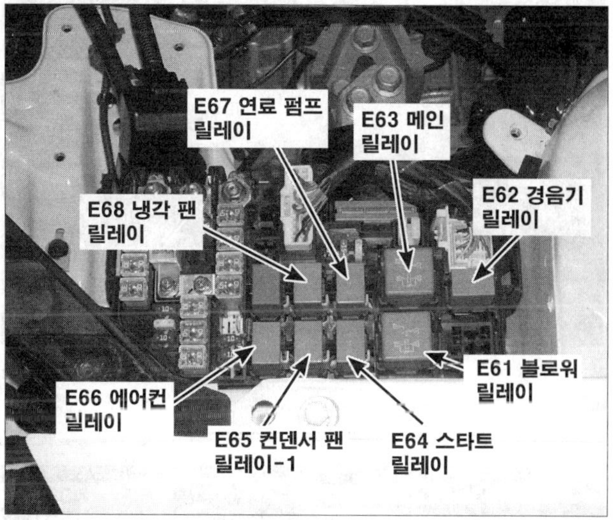

PHOTO.10

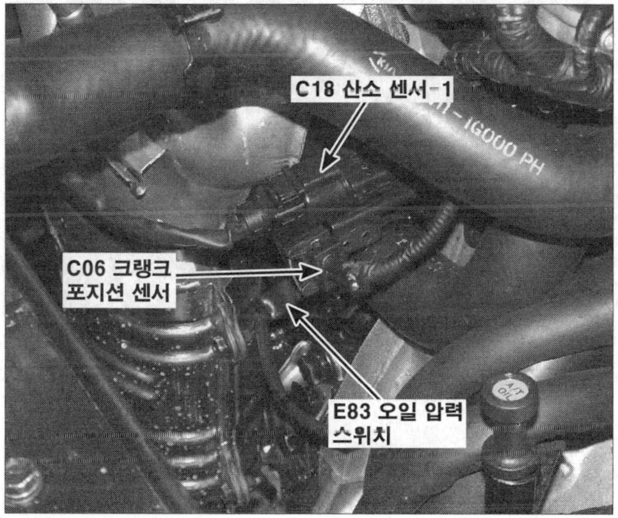

PHOTO.11

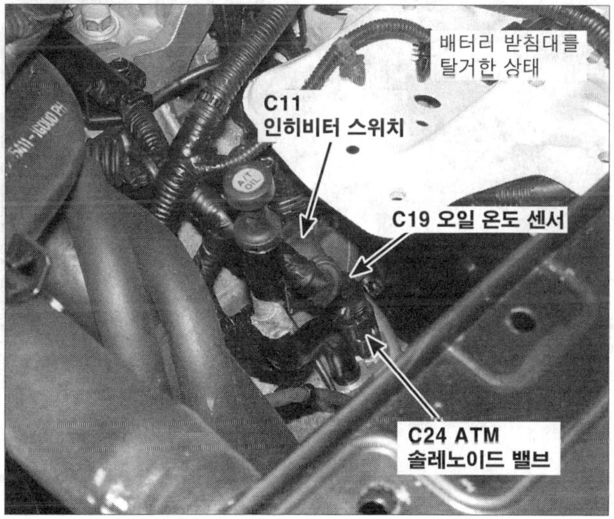

PHOTO.12

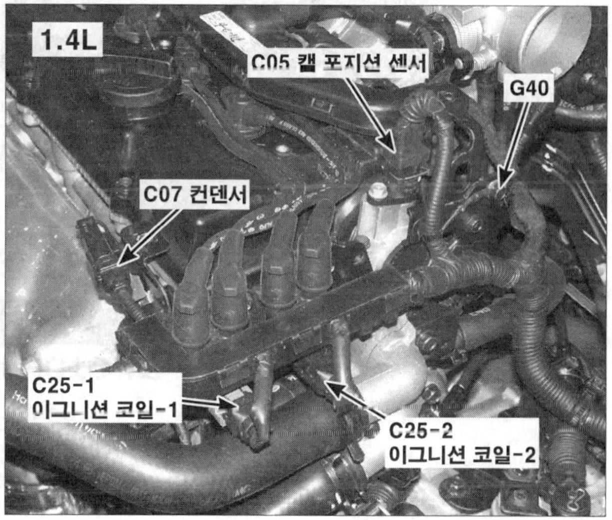

구성 부품 위치도(3)

PHOTO.13

PHOTO.14

PHOTO.15

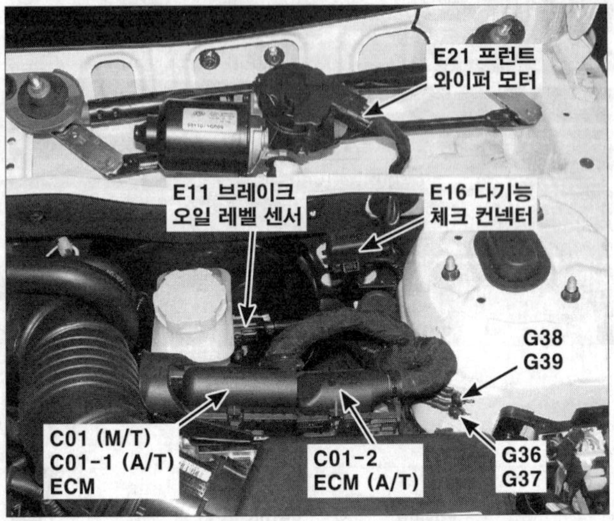

PHOTO.16

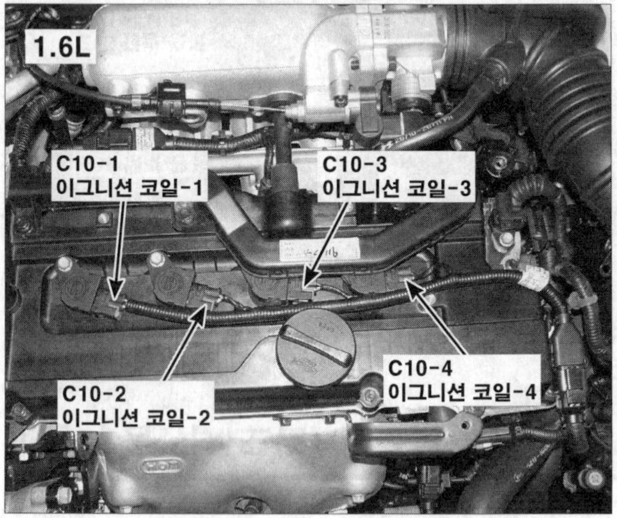

PHOTO.17

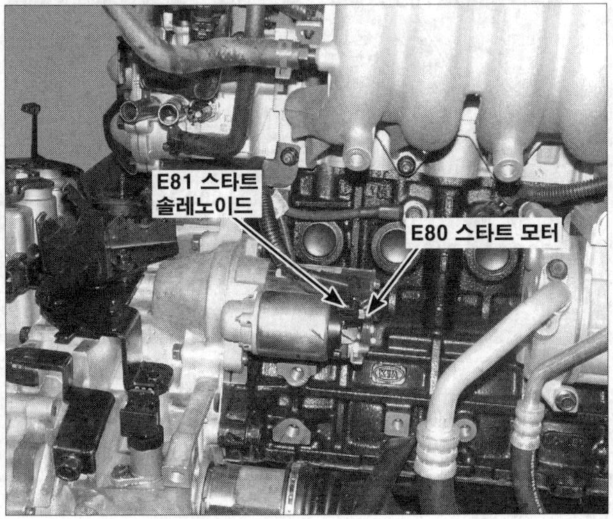

PHOTO.18

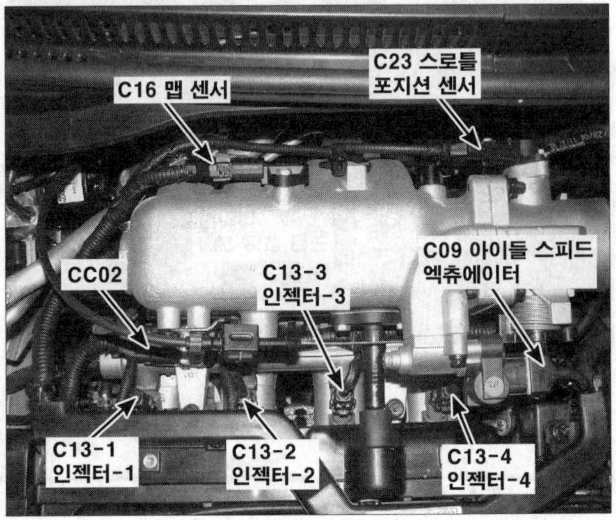

구성 부품 위치도(4)

PHOTO.19

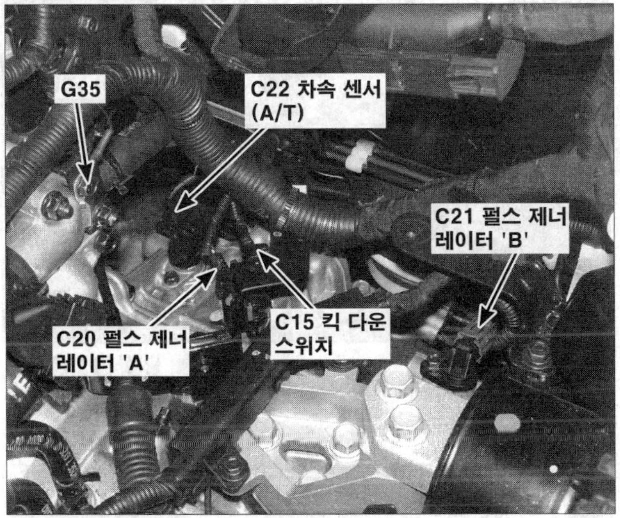

PHOTO.20

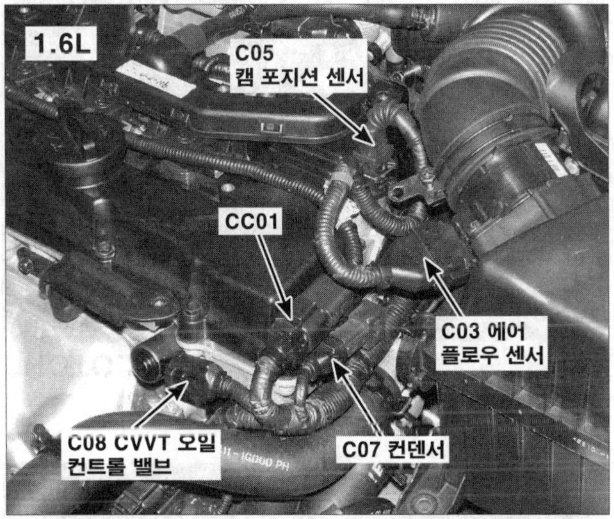

PHOTO.21

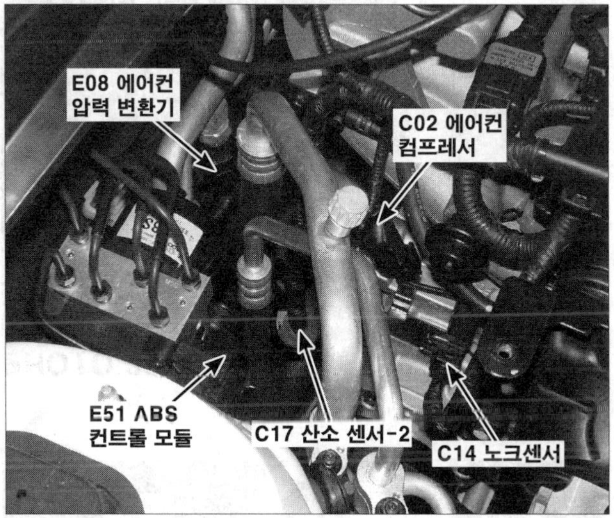

PHOTO.22

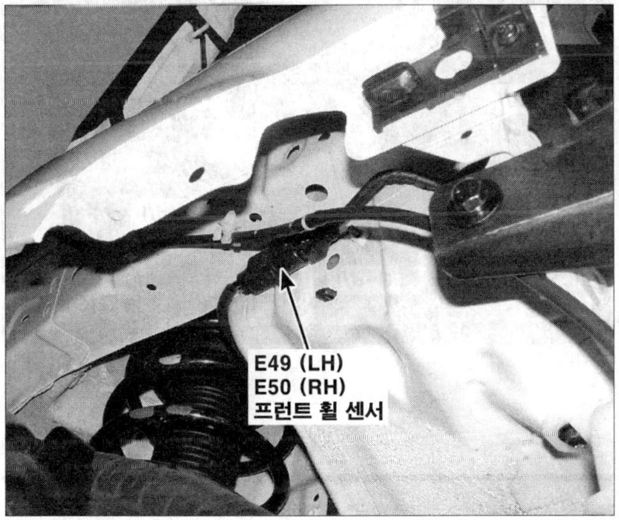

PHOTO.23

PHOTO.24

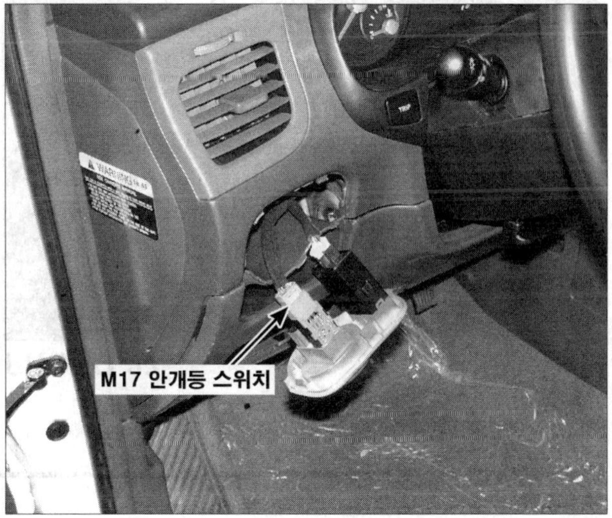

구성 부품 위치도(5)

PHOTO.25

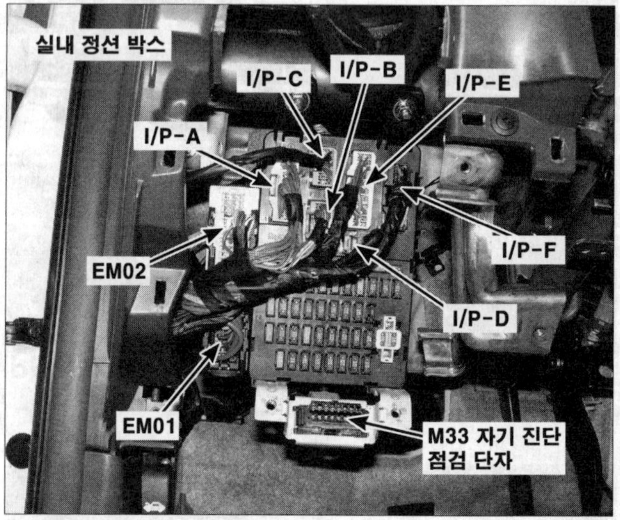

PHOTO.26

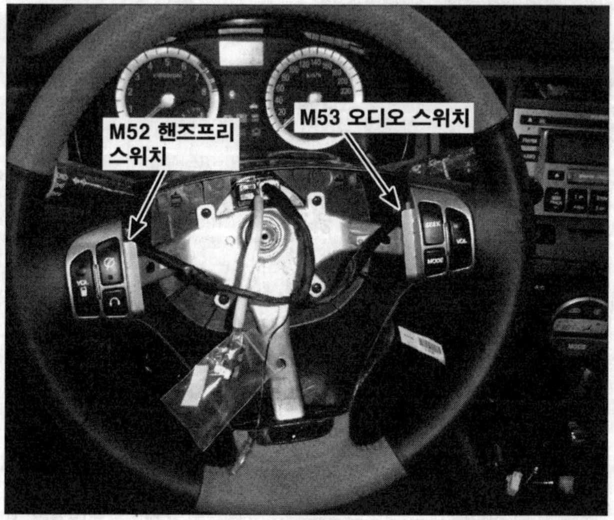

PHOTO.27

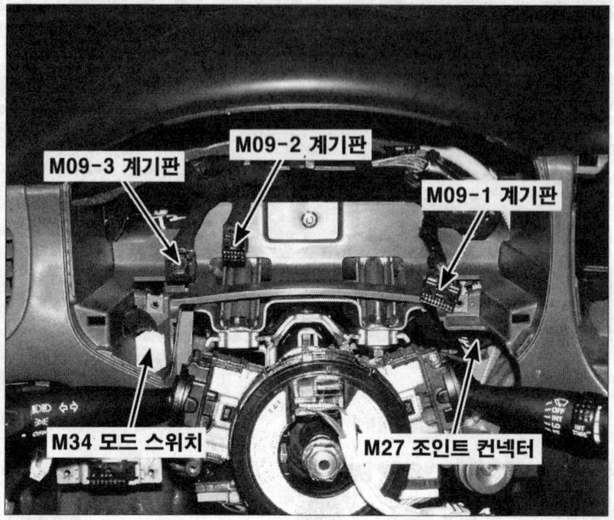

PHOTO.28

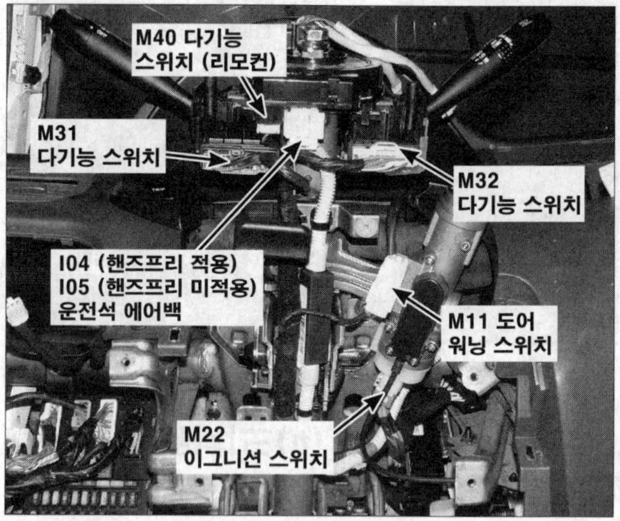

PHOTO.29

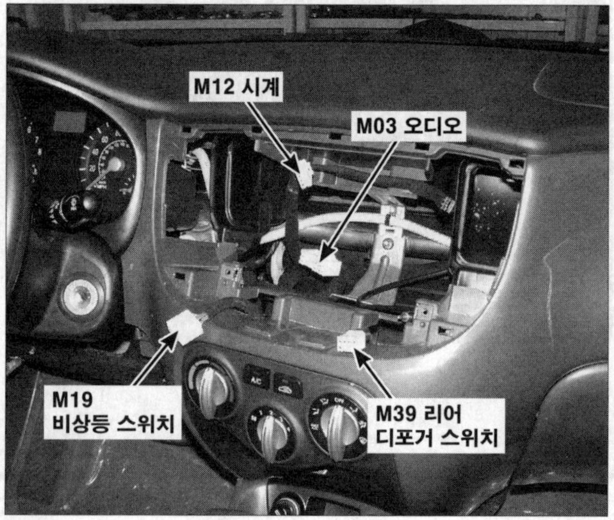

PHOTO.30

구성 부품 위치도(6)

PHOTO.31

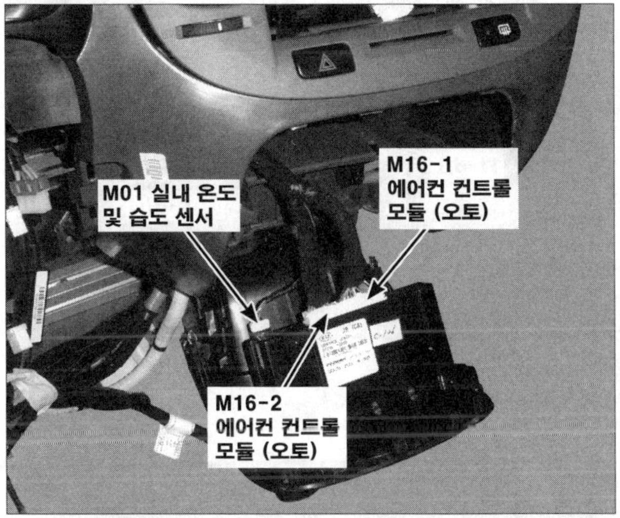

PHOTO.32

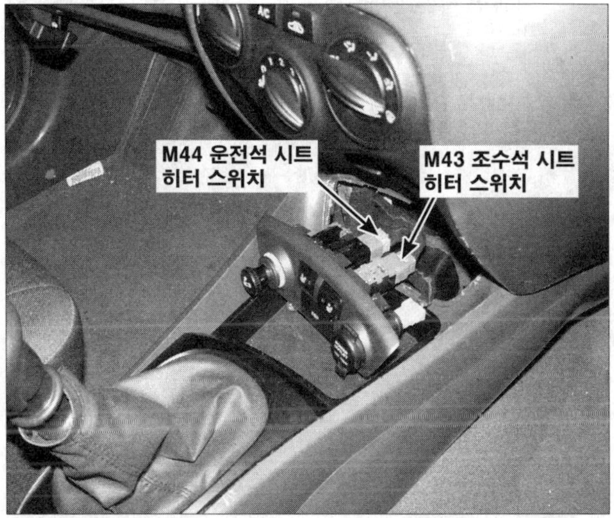

PHOTO.33

PHOTO.34

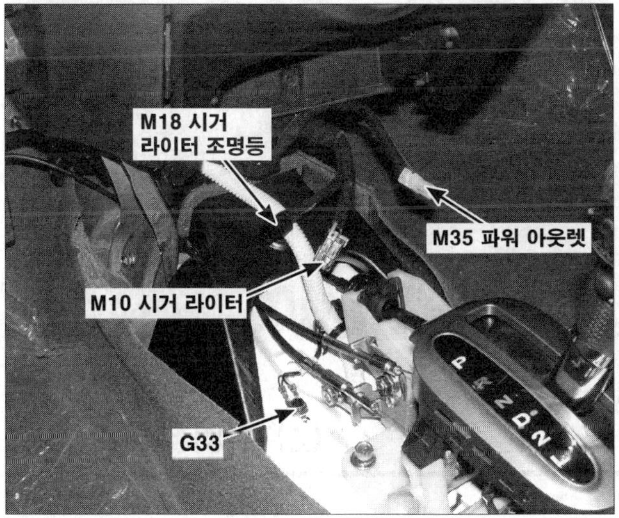

PHOTO.35

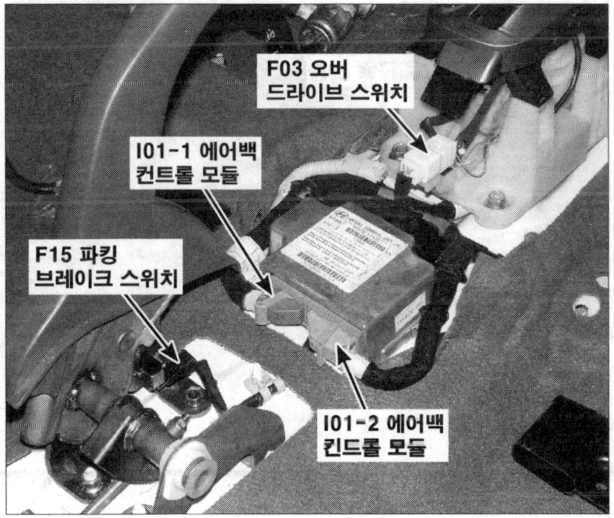

PHOTO.36

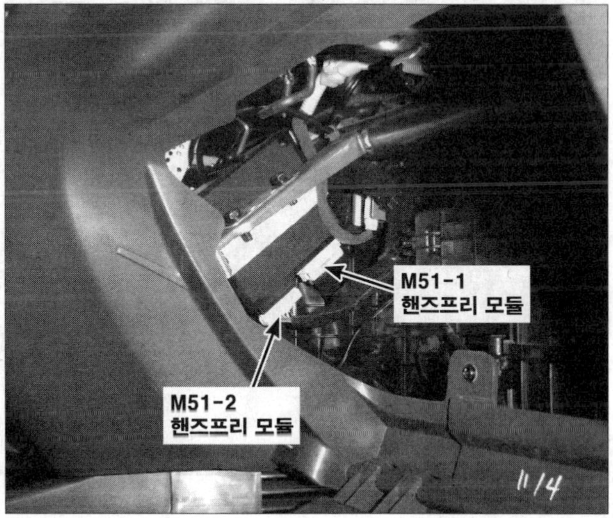

구성 부품 위치도(7)

PHOTO.37

PHOTO.38

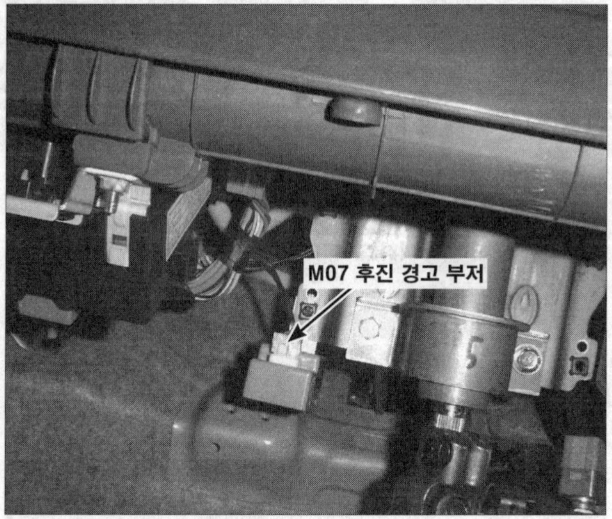

PHOTO.39

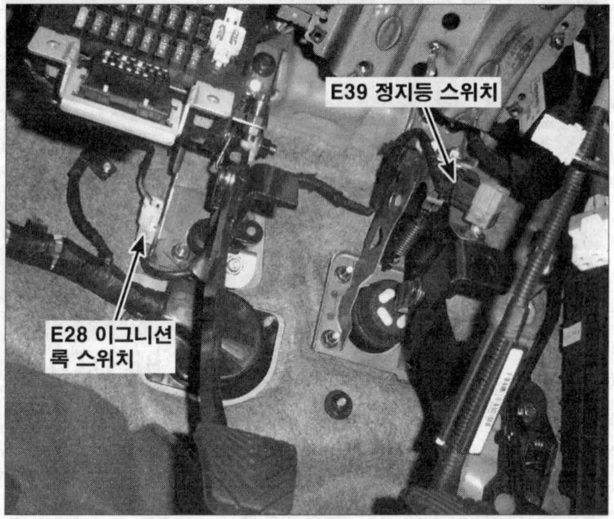

PHOTO.40

PHOTO.41

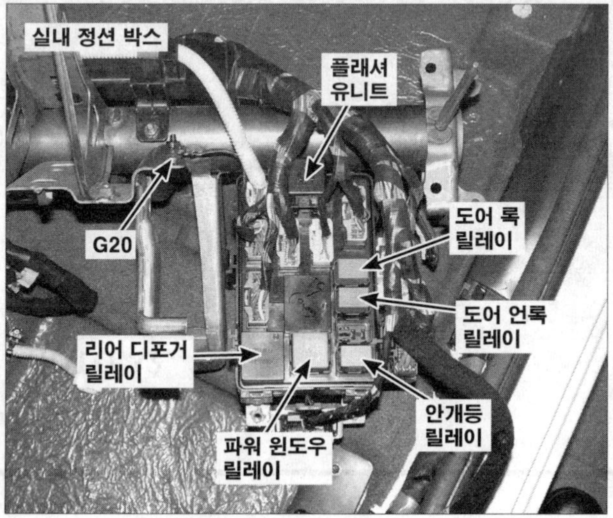

PHOTO.42

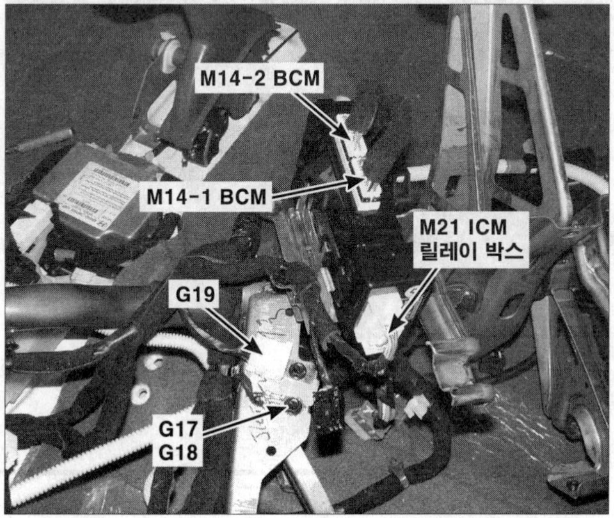

구성 부품 위치도(8)

PHOTO.43

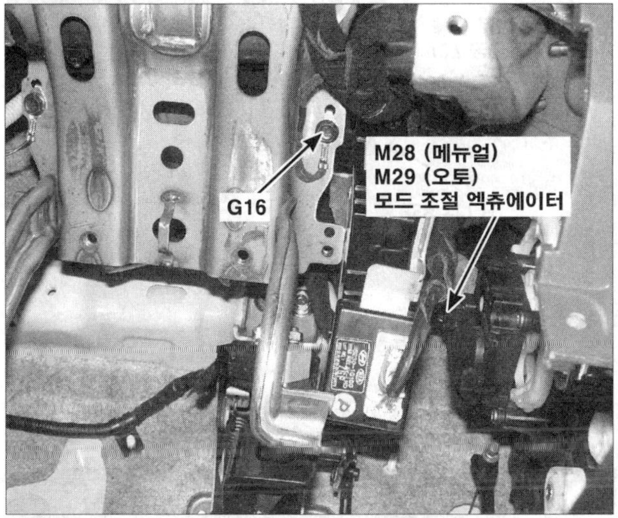

PHOTO.44

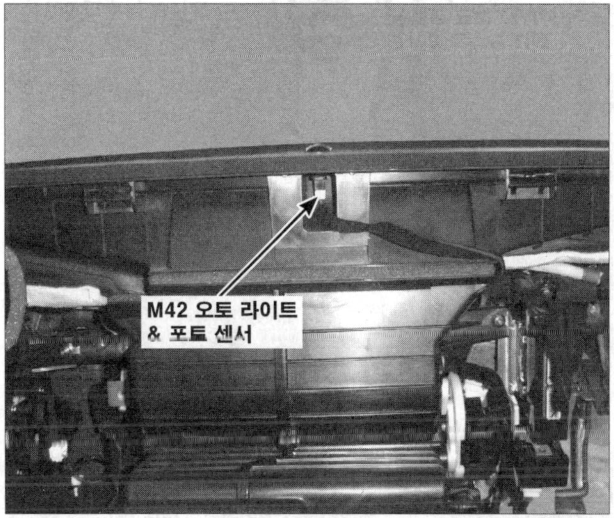

PHOTO.45

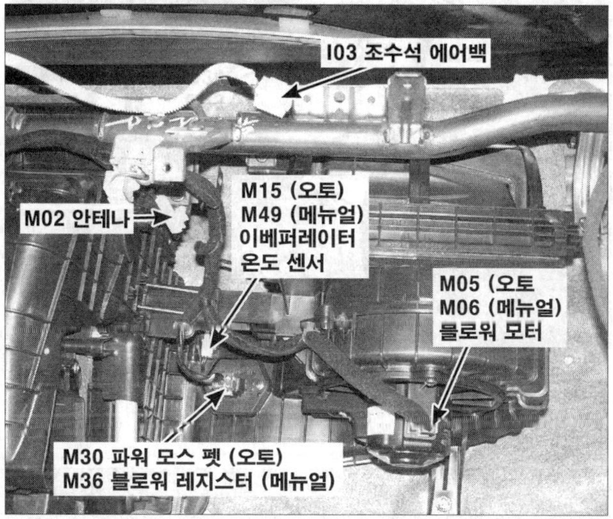

PHOTO.46

PHOTO.47

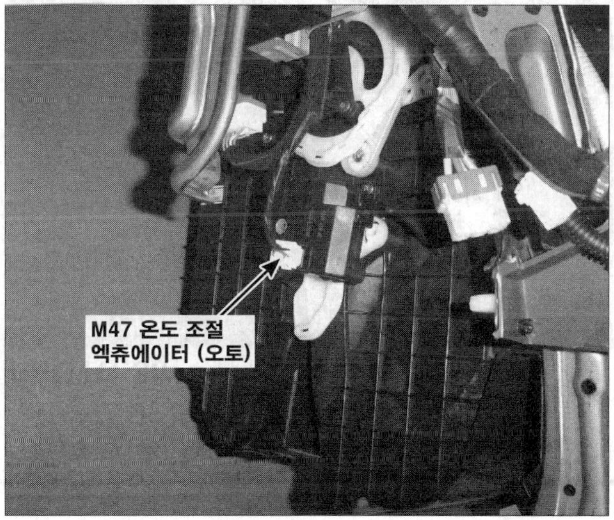

PHOTO.48

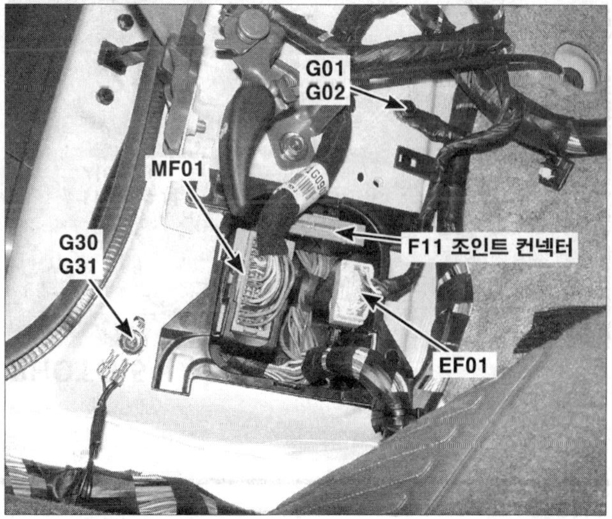

구성 부품 위치도(9)

PHOTO.49

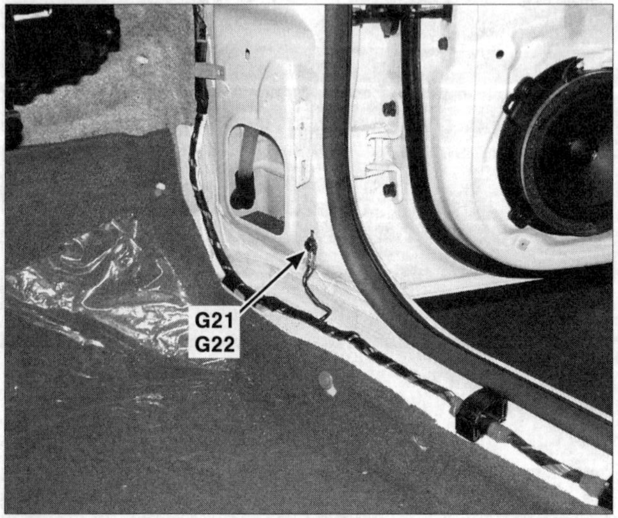

PHOTO.50

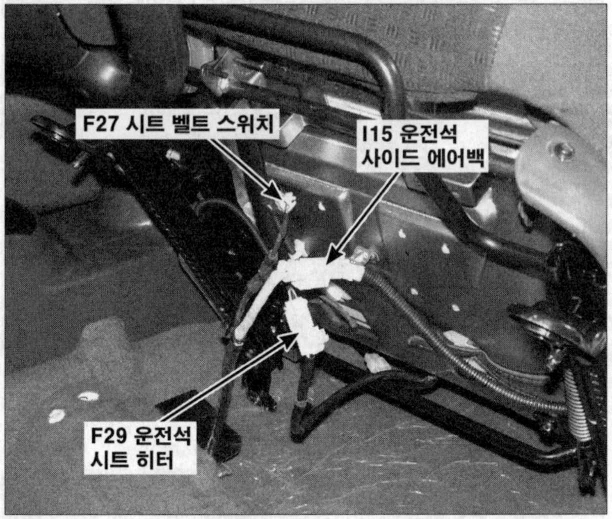

PHOTO.51

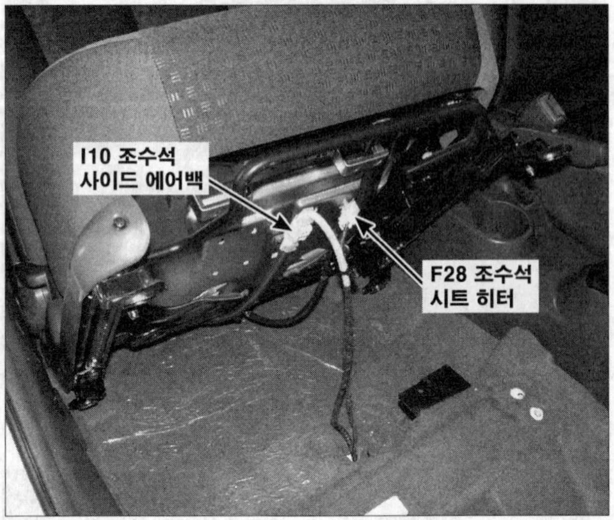

PHOTO.52

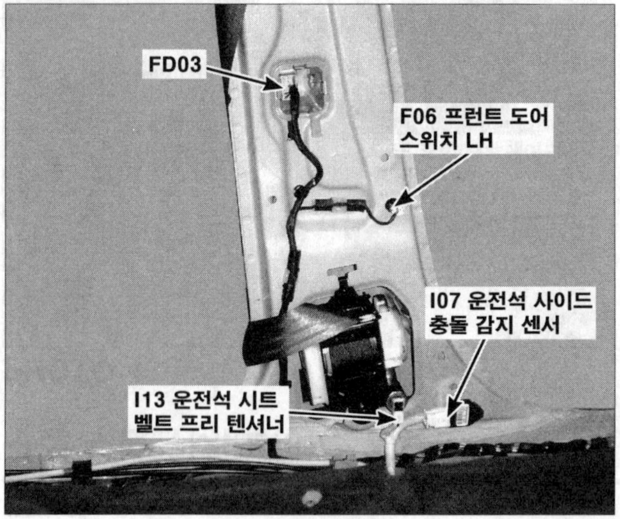

PHOTO.53

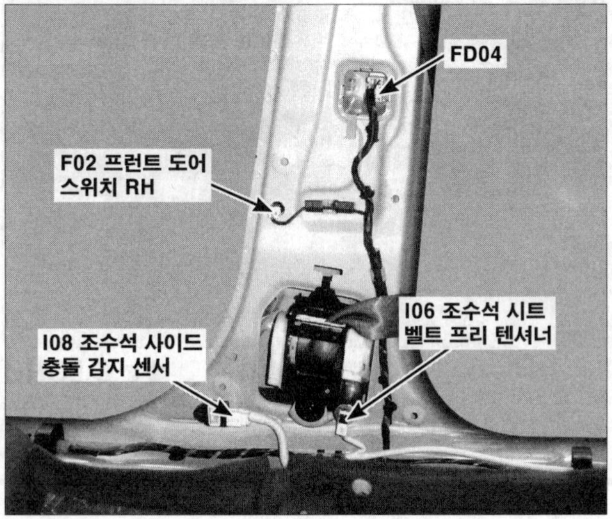

PHOTO.54

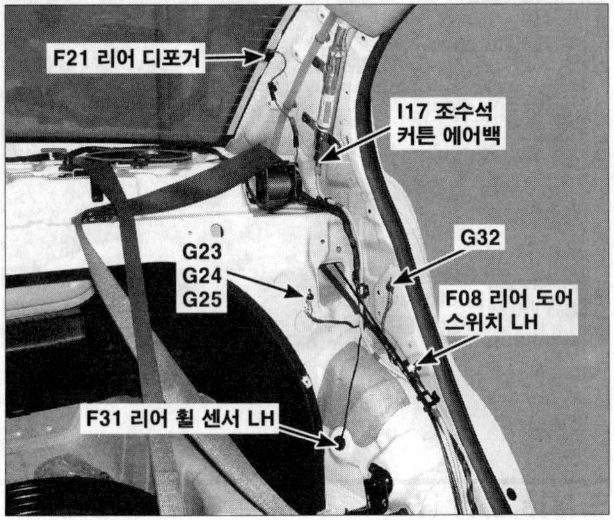

구성 부품 위치도(10)

PHOTO.55

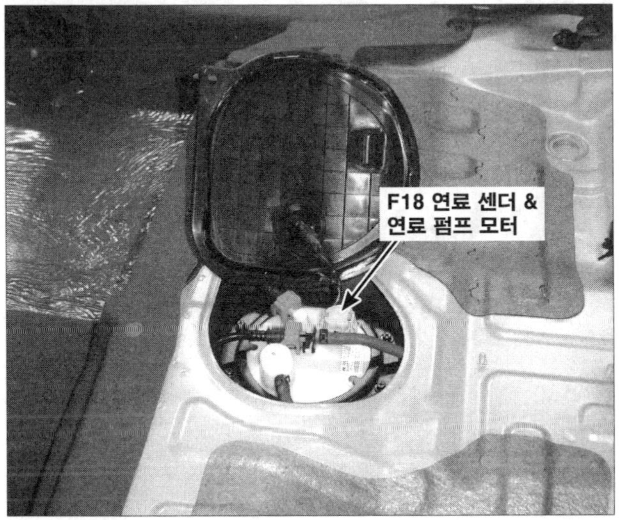

PHOTO.56

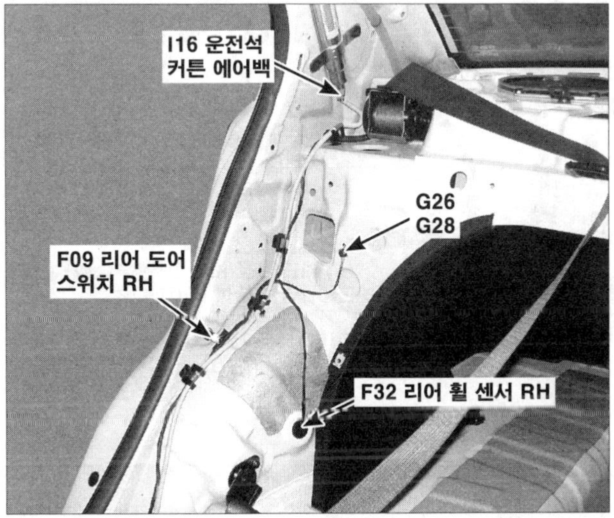

PHOTO.57

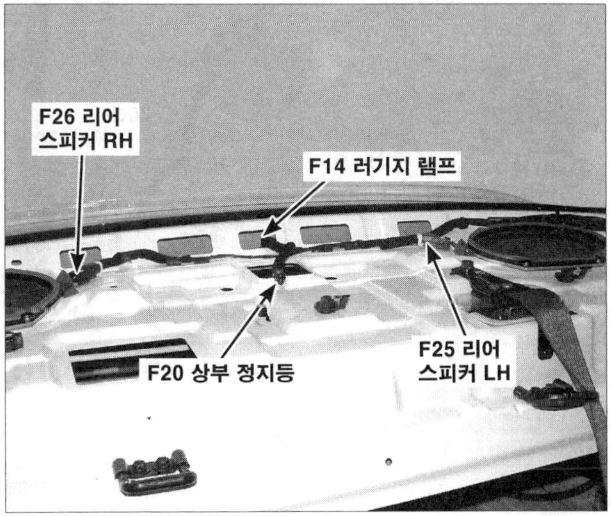

PHOTO.58

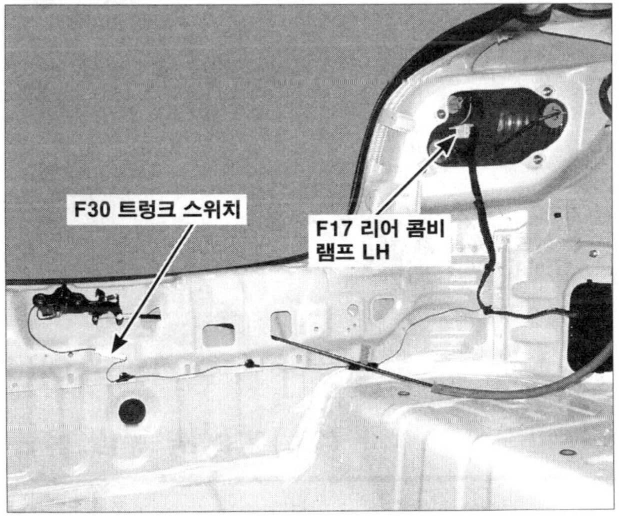

PHOTO.59

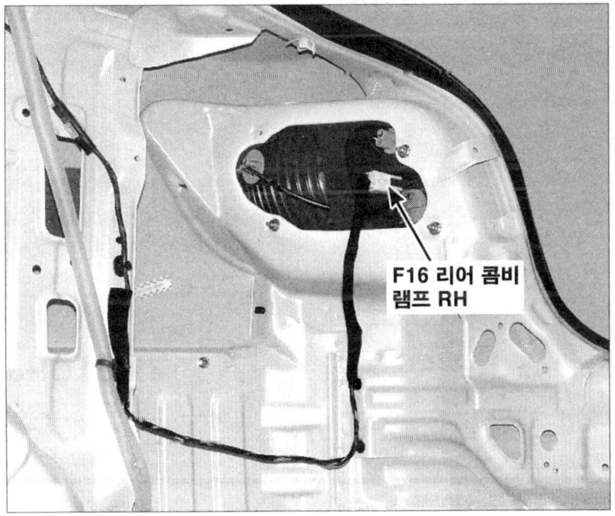

PHOTO.60

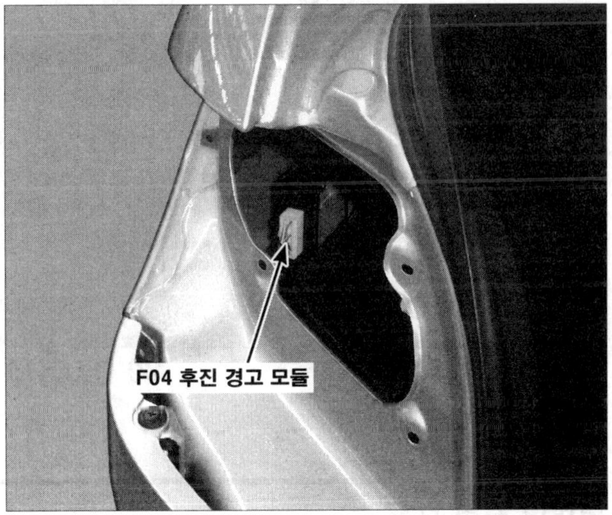

구성 부품 위치도(11)

PHOTO.61

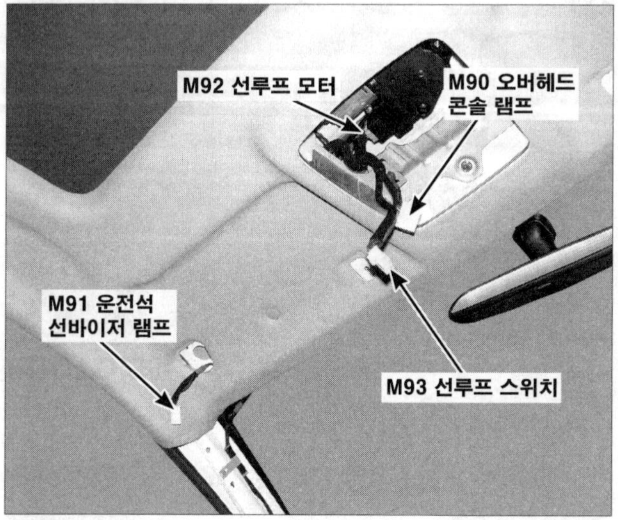

PHOTO.62

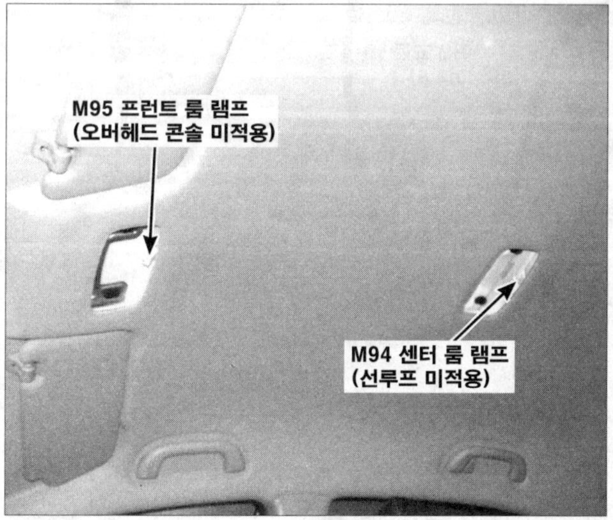

PHOTO.63

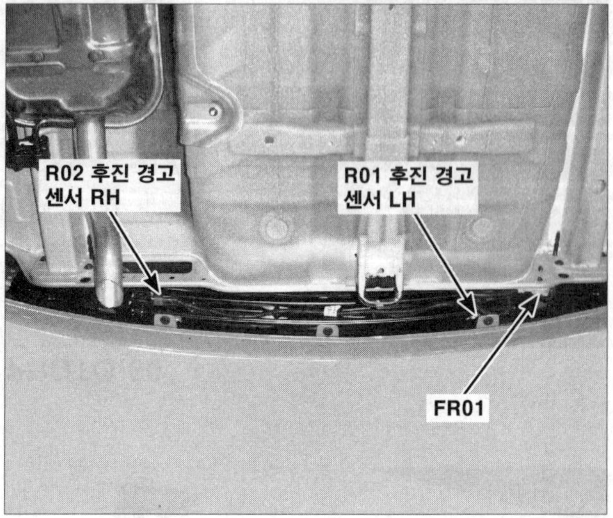

PHOTO.64

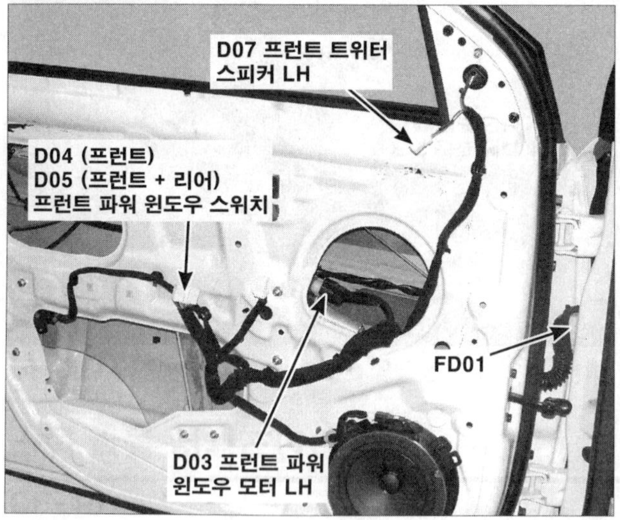

PHOTO.65

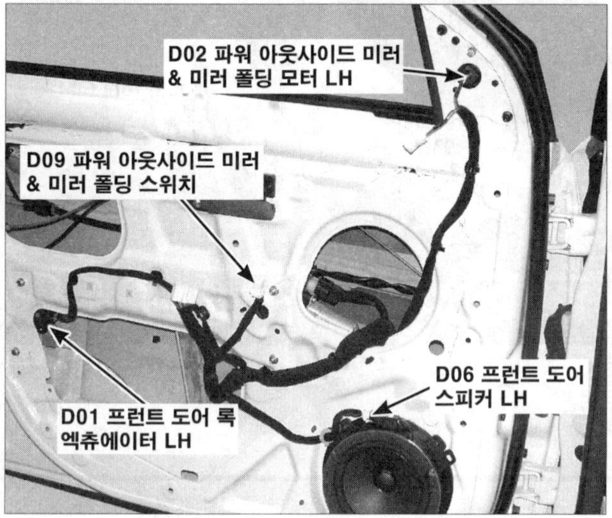

PHOTO.66

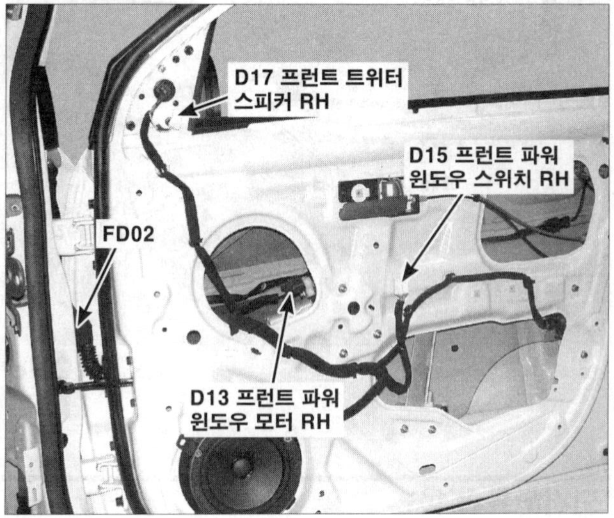

구성 부품 위치도(12)

PHOTO.67

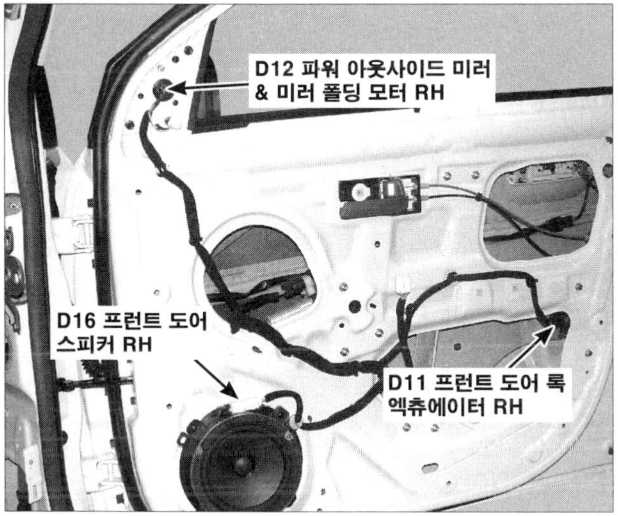

PHOTO.68

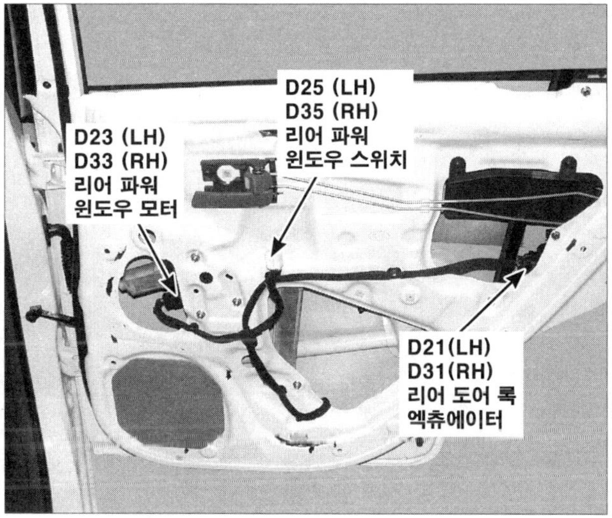

PHOTO.69

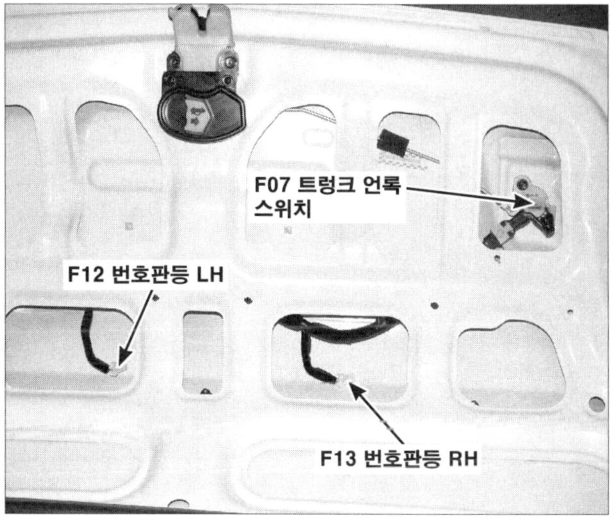

컨넥터 식별도

연결 컨넥터 (1)

CC01

KUM_NMWP_06F_B KUM_PB621_06020

CC02

KUM_NMWP_08F_B INJN_CONT 12

EC01

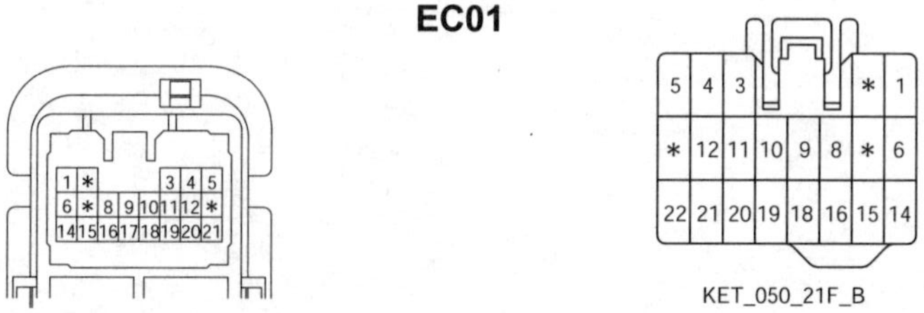

KET_050_21F_B

CC03

KUM_NMWP_06F_B KUM_NMWP_06M_B

EC02

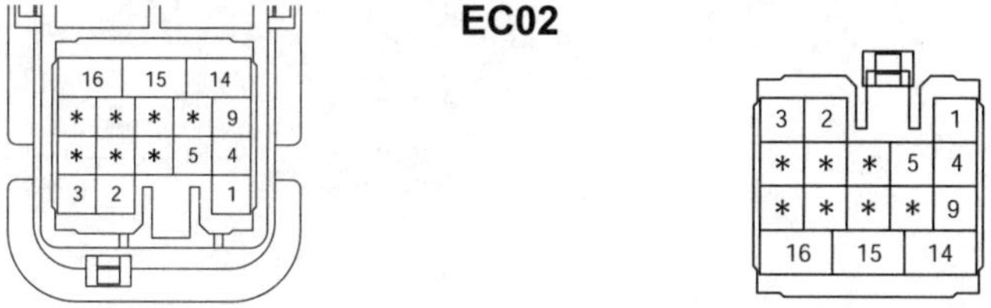

KET_18905_37M_W KET_090II_16F_DR

EC03

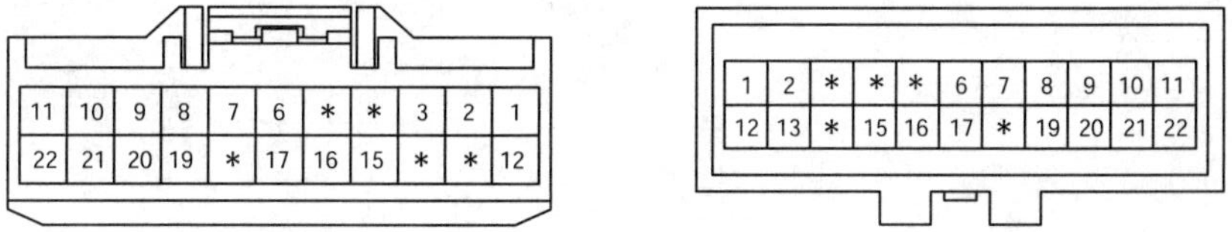

AMP_090III_22F_W AMP_090III_22M_W

EE01

KUM_NMWP_02F_B KUM_NMWP_02M_B

EF01

AMP_090III_14F_W AMP_090III_14M_W

EM01

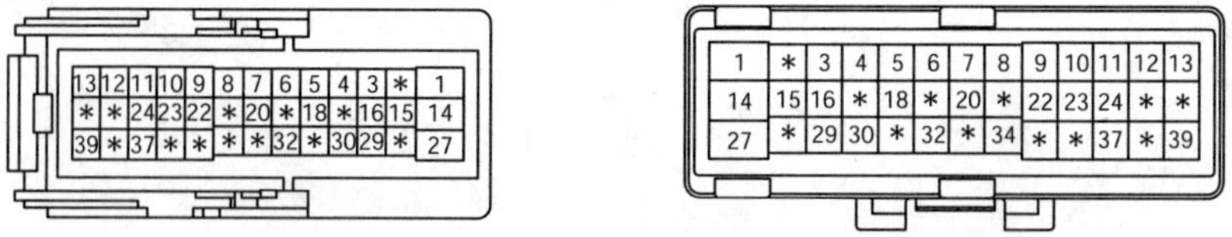

AMP_LIF_39F_Gr_B AMP_LIF_39M_B

EM02

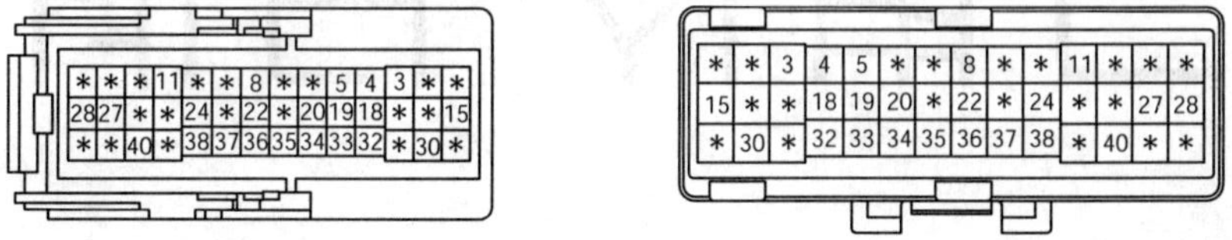

AMP_LIF_42F_L_B AMP_LIF_42M_W

A4JF001A

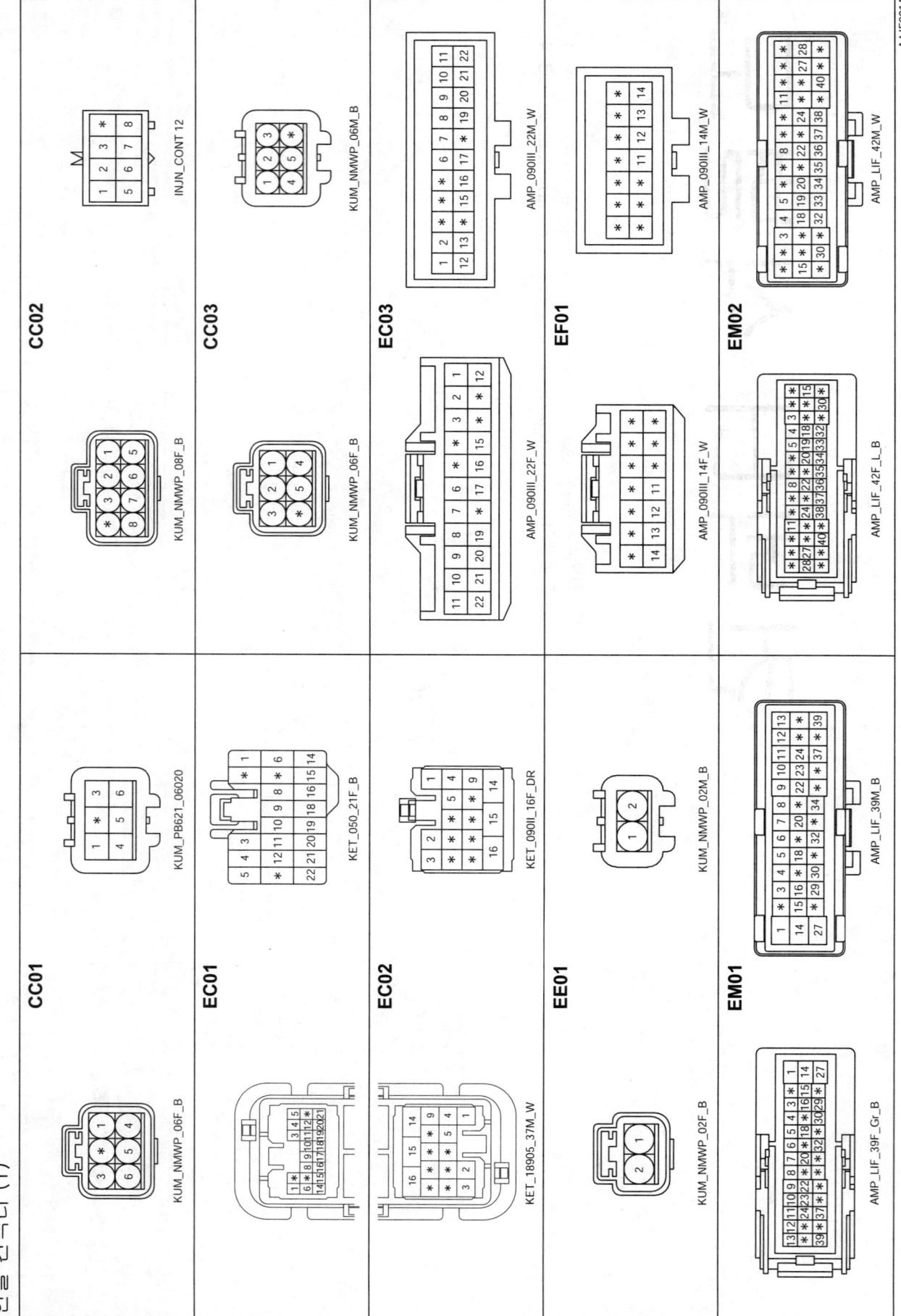

연결 컨넥터 (2)

FD01

AMP_090_33F_W_DR

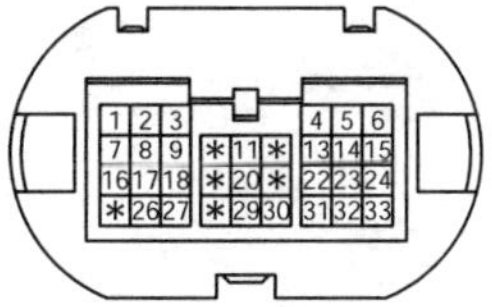

AMP_090_33M_W

FD02

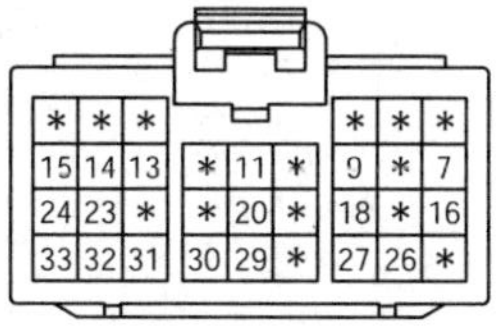

AMP_090_33F_W_DR

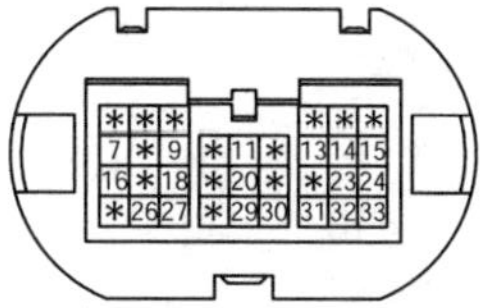

AMP_090_33M_W

FD03

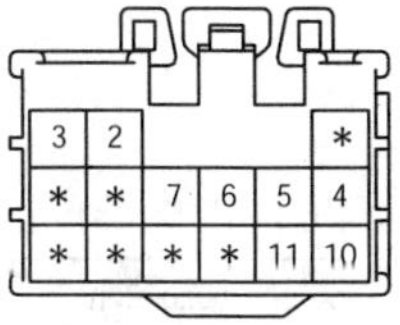

KET_090III_15F_W

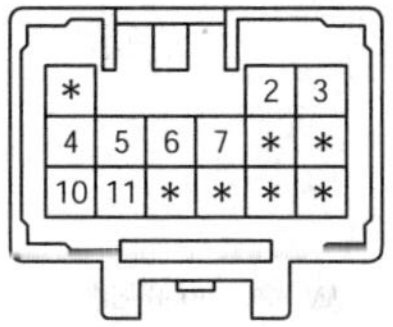

KET_090III_15M_W

FD04

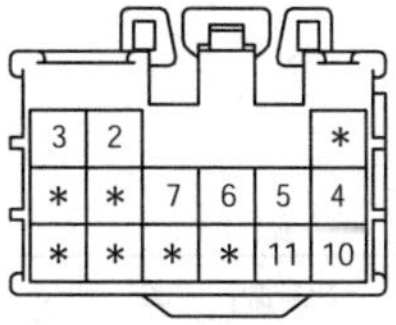

KET_090III_15F_W

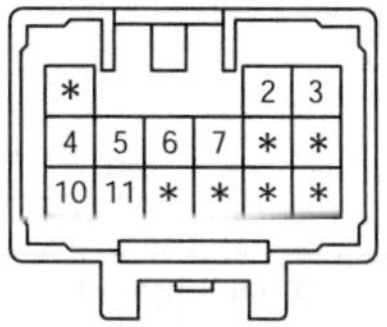

KET_090III_15M_W

FR01

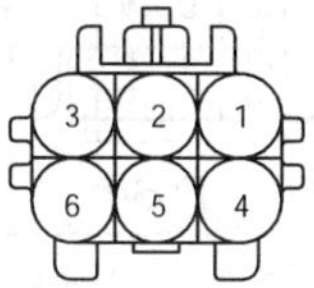

KET_RK_6F_GY

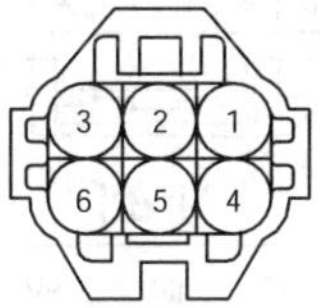

KET_RK_6M_GY

MF01

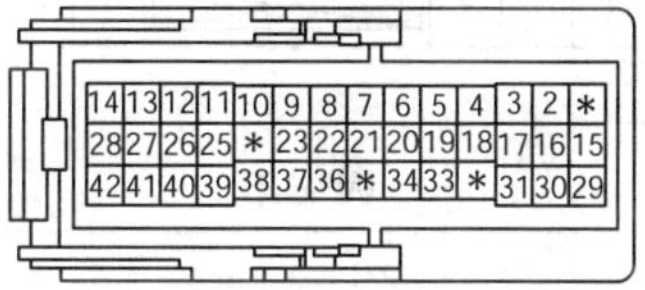

AMP_LIF_42F_L

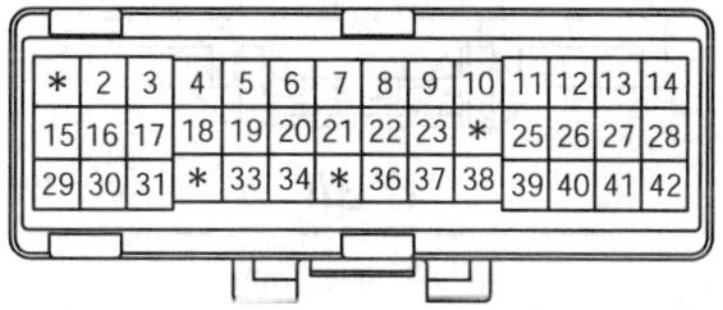

AMP_LIF_42M_L

A4JF002B

연결 컨넥터 (3)

I/P-A

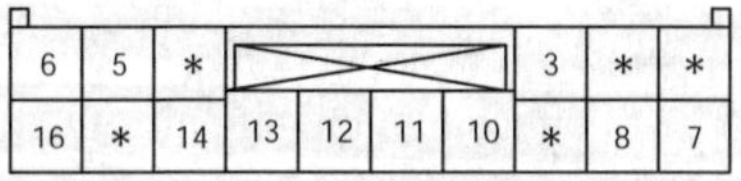

AMP_0925_16F_W

I/P-B

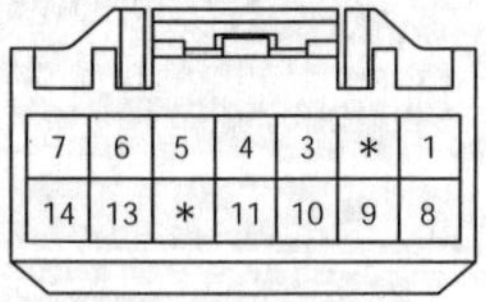

AMP_090III_14F_BR

I/P-C

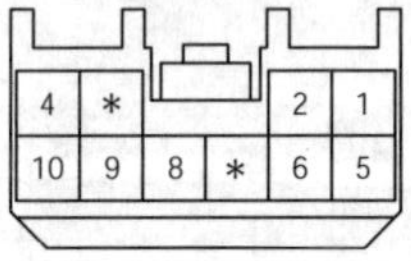

AMP_090III_10F_GR

I/P-D

KET_58L_01F_W

I/P-E

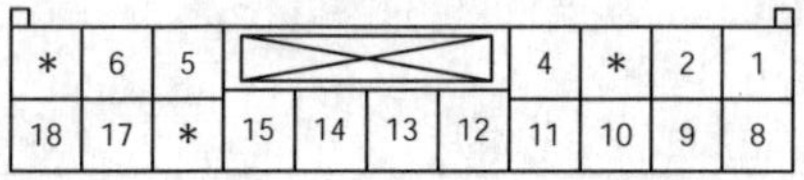

AMP_0925_18F_W

I/P-F

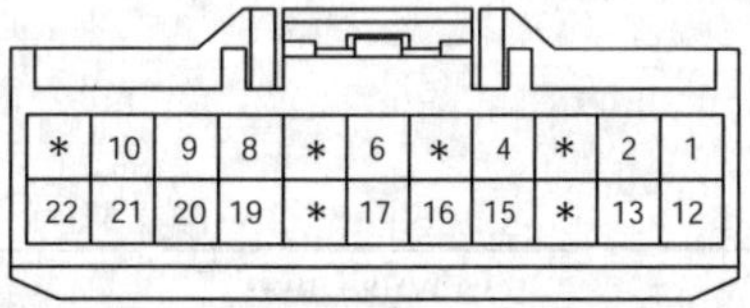

AMP_090III_22F_B

I/P-G

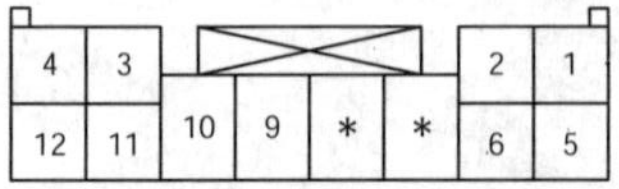

AMP_0925_12F_BR

I/P-H

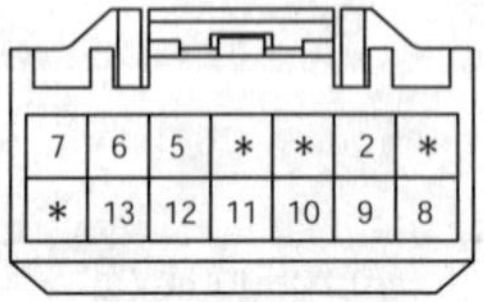

AMP_090III_14F_BR

I/P-J

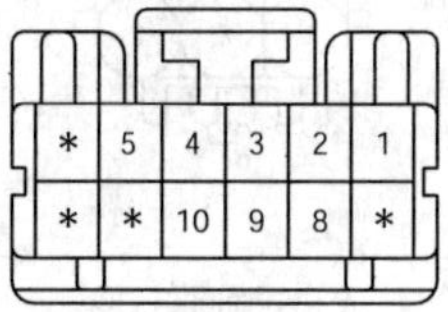

AMP_070II_12F_Y

I/P-K

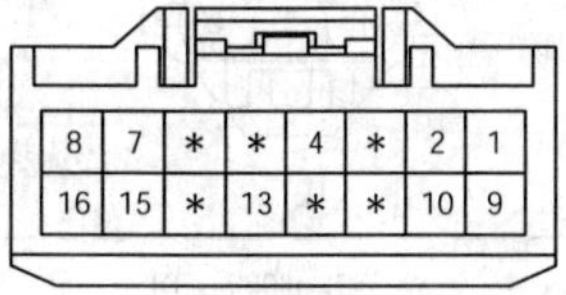

AMP_090III_16F_W

I/P-M

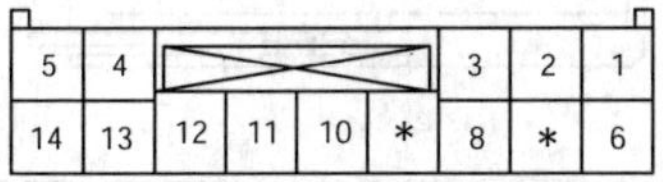

AMP_0925_14F_GR

I/P-N

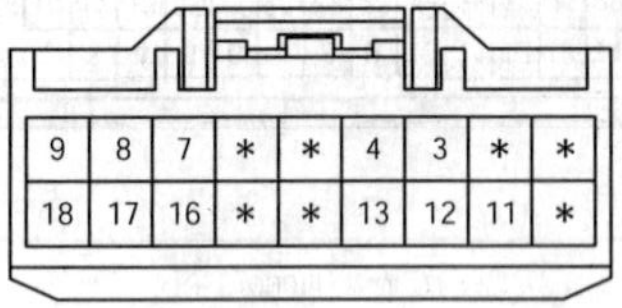

AMP_090III_18F_GR

A4JF003C

조인트 컨넥터 (1)

C12

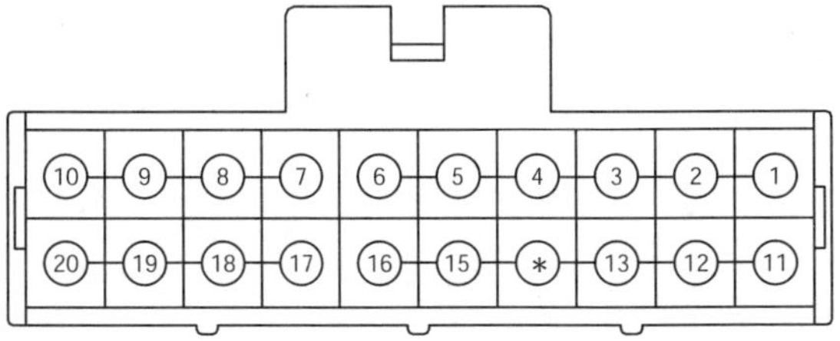

KET_090II_20F_B_JCH

F11

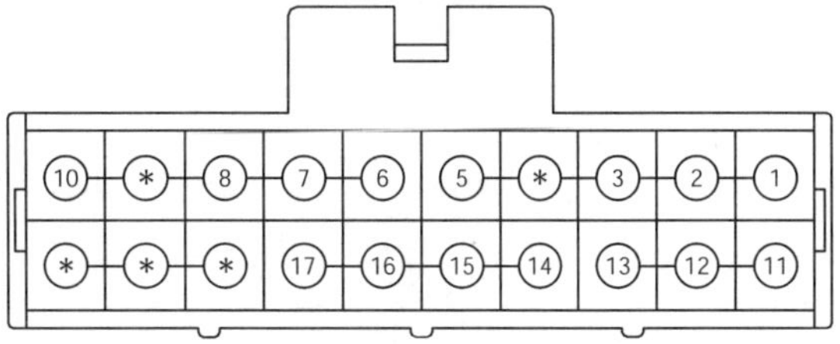

KET_090II_20F_B_JCH

G19

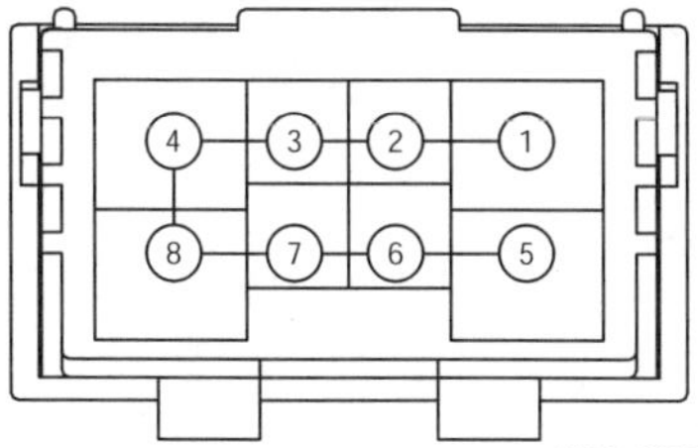

KET_09187_08F_W_CJH

M27

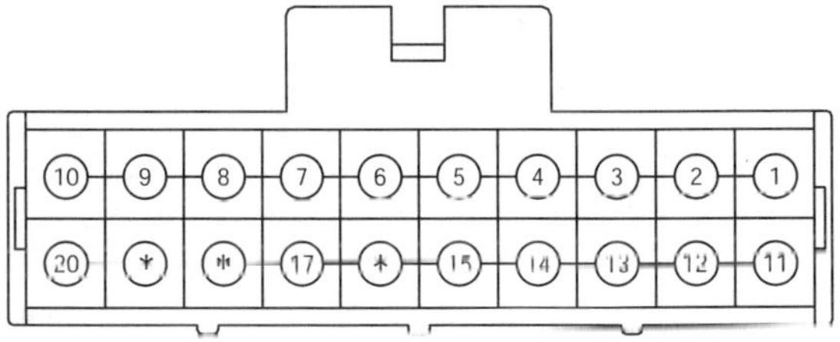

KET_090II_20F_B_JCH

BLANK

BLANK

A4JF004D

하니스 위치도

메인 하니스 (1)

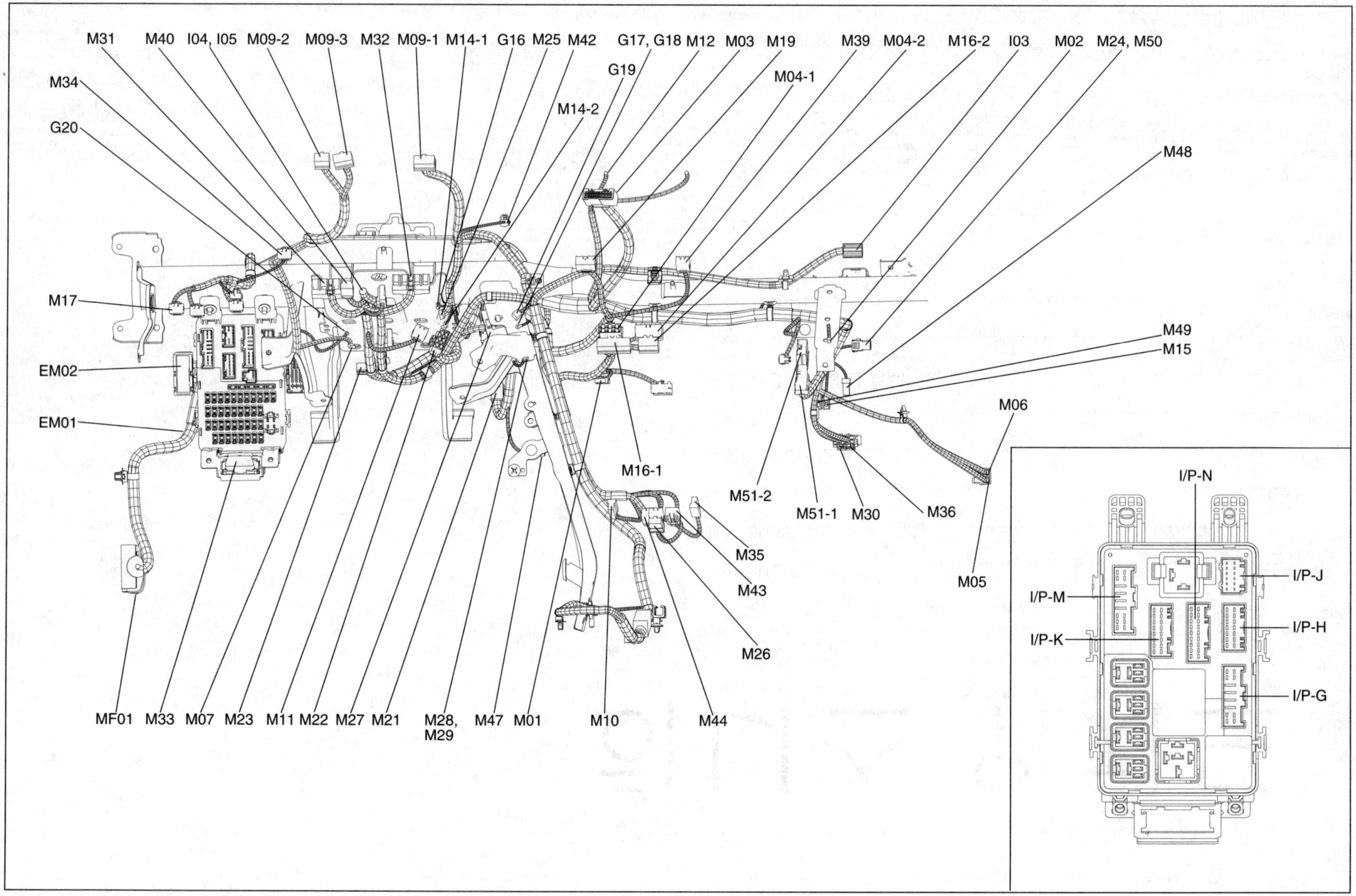
M31
M40
I04, I05
M09-2
M09-3
M32
M09-1
M14-1
G16
M25
M42
G17, G18
M12
M03
M19
M39
M04-2
M16-2
I03
M02
M24, M50
M34
G20
G19
M04-1
M14-2
M48
M17
EM02
EM01
M49
M15
M06
M16-1
M51-2
M51-1
M30
M36
M35
M43
M26
M05
MF01
M33
M07
M23
M11
M22
M27
M21
M28,
M29
M47
M01
M10
M44
I/P-N
I/P-J
I/P-M
I/P-H
I/P-K
I/P-G
A5JF001A

메인 하니스 (2)

메인 하니스

M01	실내 온도 및 습도 센서
M02	안테나
M03	오디오
M04-1	에어컨 컨트롤 모듈 (메뉴얼)
M04-2	에어컨 컨트롤 모듈 (메뉴얼)
M05	블로워 모터 (오토)
M06	블로워 모터 (메뉴얼)
M07	후진 경고 부저
M09-1	계기판
M09-2	계기판
M09-3	계기판
M10	시거 라이터
M11	도어 워닝 스위치
M12	시계
M14-1	BCM
M14-2	BCM
M15	이베퍼레이터 온도 센서(오토)
M16-1	에어컨 컨트롤 모듈 (오토)
M16-2	에어컨 컨트롤 모듈 (오토)
M17	안개등 스위치
M19	비상등 스위치
M21	ICM 릴레이 박스
M22	이그니션 스위치
M23	이모빌라이저 컨트롤 모듈
M24	내외기 전환 엑츄에이터 (메뉴얼)
M25	디포거 타이머
M26	핸즈프리 잭
M27	조인트 컨넥터
M28	모드 조절 엑츄에이터 (메뉴얼)
M29	모드 조절 엑츄에이터 (오토)
M30	파워 모스 펫
M31	다기능 스위치
M32	다기능 스위치
M33	자기 진단 점검 단자
M34	모드 스위치
M35	파워 아웃렛
M36	블로워 레지스터
M39	리어 디포거 스위치
M40	다기능 스위치 (리모컨)
M42	오토 라이트 & 포토 센서
M43	조수석 시트 히터 스위치
M44	운전석 시트 히터 스위치
M47	온도 조절 엑츄에이터 (오토)
M48	수온 센서
M49	이베퍼레이터 온도 센서 (메뉴얼)
M50	내외기 전환 엑츄에이터 (오토)
M51-1	핸즈프리 모듈
M51-2	핸즈프리 모듈
EM01	엔진 하니스 접속 컨넥터
EM02	엔진 하니스 접속 컨넥터
I/P-G	실내 정션 박스 접속 컨넥터
I/P-H	실내 정션 박스 접속 컨넥터
I/P-K	실내 정션 박스 접속 컨넥터
I/P-M	실내 정션 박스 접속 컨넥터
I/P-N	실내 정션 박스 접속 컨넥터
MF01	플로어 하니스 접속 컨넥터
G16	접지
G17	접지
G18	접지
G19	접지
G20	접지

에어백 하니스

I03	조수석 에어백
I04	운전석 에어백 (핸즈프리 적용)
I05	운전석 에어백 (핸즈프리 미적용)
I/P-J	실내 정션 박스 접속 컨넥터

A5JF001B

엔진 하니스 (1)

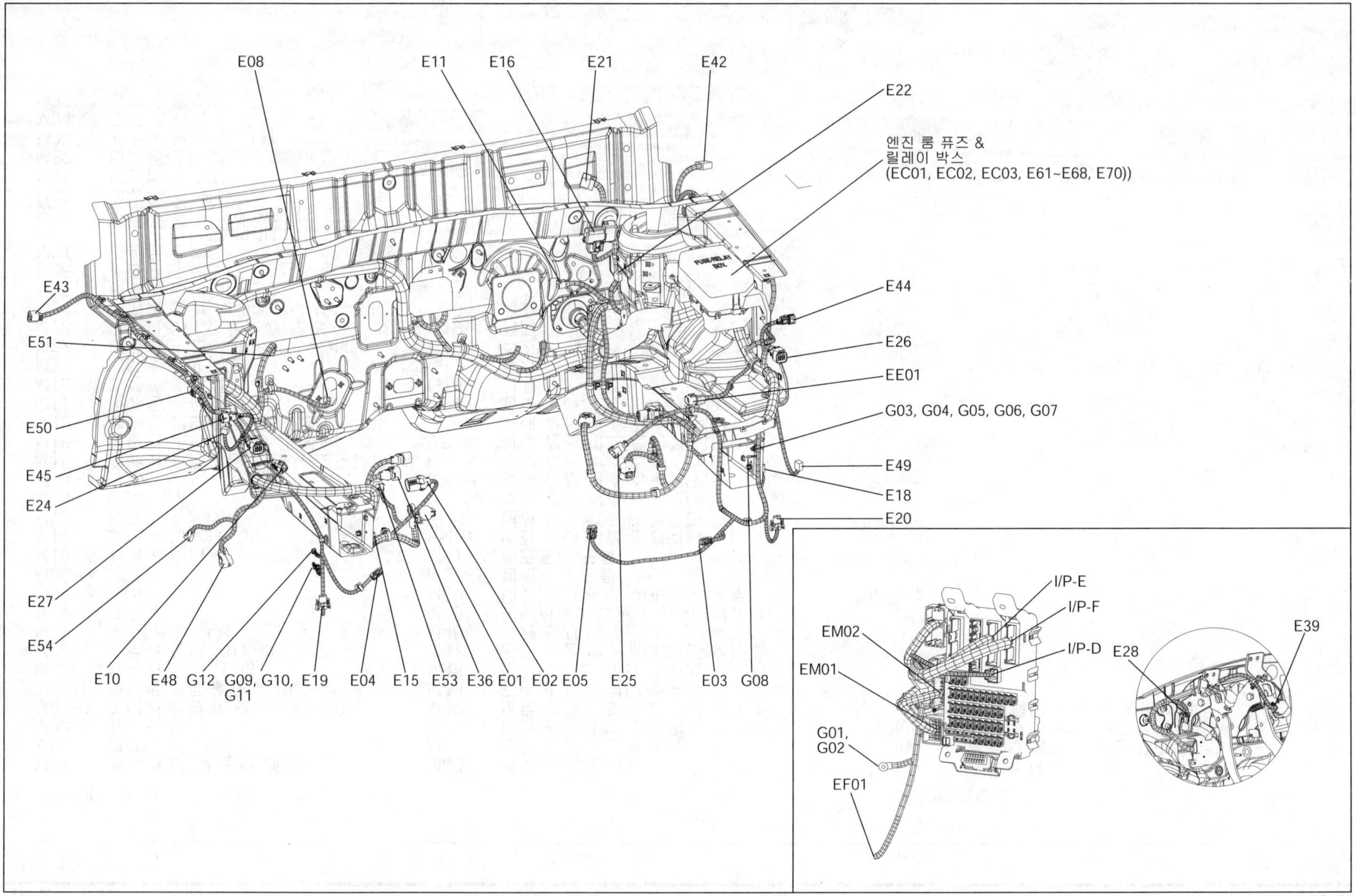
E08
E11
E16
E21
E42
E22
엔진 룸 퓨즈 &
릴레이 박스
(EC01, EC02, EC03, E61~E68, E70))
E43
E51
E50
E45
E24
E27
E54
E10
E48
G12
G09, G10, G11
E19
E04
E15
E53
E36
E01
E02
E05
E25
E03
G08
E44
E26
EE01
G03, G04, G05, G06, G07
E49
E18
E20
I/P-E
I/P-F
I/P-D
EM02
EM01
G01, G02
EF01
E28
E39

A5JF002A

엔진 하니스 (2)

엔진 하니스

E01	알터네이터
E02	알터네이터
E03	외기 온도 센서-1
E04	외기 온도 센서-2
E05	AQS 센서
E08	에어컨 압력 변환기
E10	사이렌
E11	브레이크 오일 레벨 센서
E15	전방 충돌 감지 센서 RH
E16	다기능 체크 컨넥터
E18	전방 충돌 감지 센서 LH
E19	안개등 RH
E20	안개등 LH
E21	프런트 와이퍼 모터
E22	연료 차단 컨넥터
E24	후드 스위치
E25	경음기
E26	전조등 LH
E27	전조등 RH
E28	이그니션 록 스위치
E36	냉각 팬 모터-1
E39	정지등 스위치
E42	사이드 리피터 램프 LH
E43	사이드 리피터 램프 RH
E44	방향등 LH
E45	방향등 RH
E48	와셔 모터
E49	프런트 휠 센서 LH
E50	프런트 휠 센서 RH
E51	ABS 컨트롤 모듈
E53	파워 스티어링 스위치
E54	와셔액 레벨 센서
E61	블로어 릴레이
E62	경음기 릴레이
E63	메인 릴레이
E64	스타트 릴레이
E65	컨덴서 팬 릴레이-1
E66	에어컨 릴레이
E67	연료 펌프 릴레이
E68	냉각 팬 릴레이
E70	연료 펌프 점검 단자
EC01	컨트롤 하니스 접속 컨넥터
EC02	컨트롤 하니스 접속 컨넥터
EC03	컨트롤 하니스 접속 컨넥터
EE01	배터리 하니스 접속 컨넥터
EF01	플로어 하니스 접속 컨넥터
EM01	메인 하니스 접속 컨넥터
EM02	메인 하니스 접속 컨넥터
I/P-D	실내 정션 박스 접속 컨넥터
I/P-E	실내 정션 박스 접속 컨넥터
I/P-F	실내 정션 박스 접속 컨넥터
G01	접지
G02	접지
G03	접지
G04	접지
G05	접지
G06	접지
G07	접지
G08	접지
G09	접지
G10	접지
G11	접지
G12	접지

A5JF002B

컨트롤 하니스 (M/T) (1)

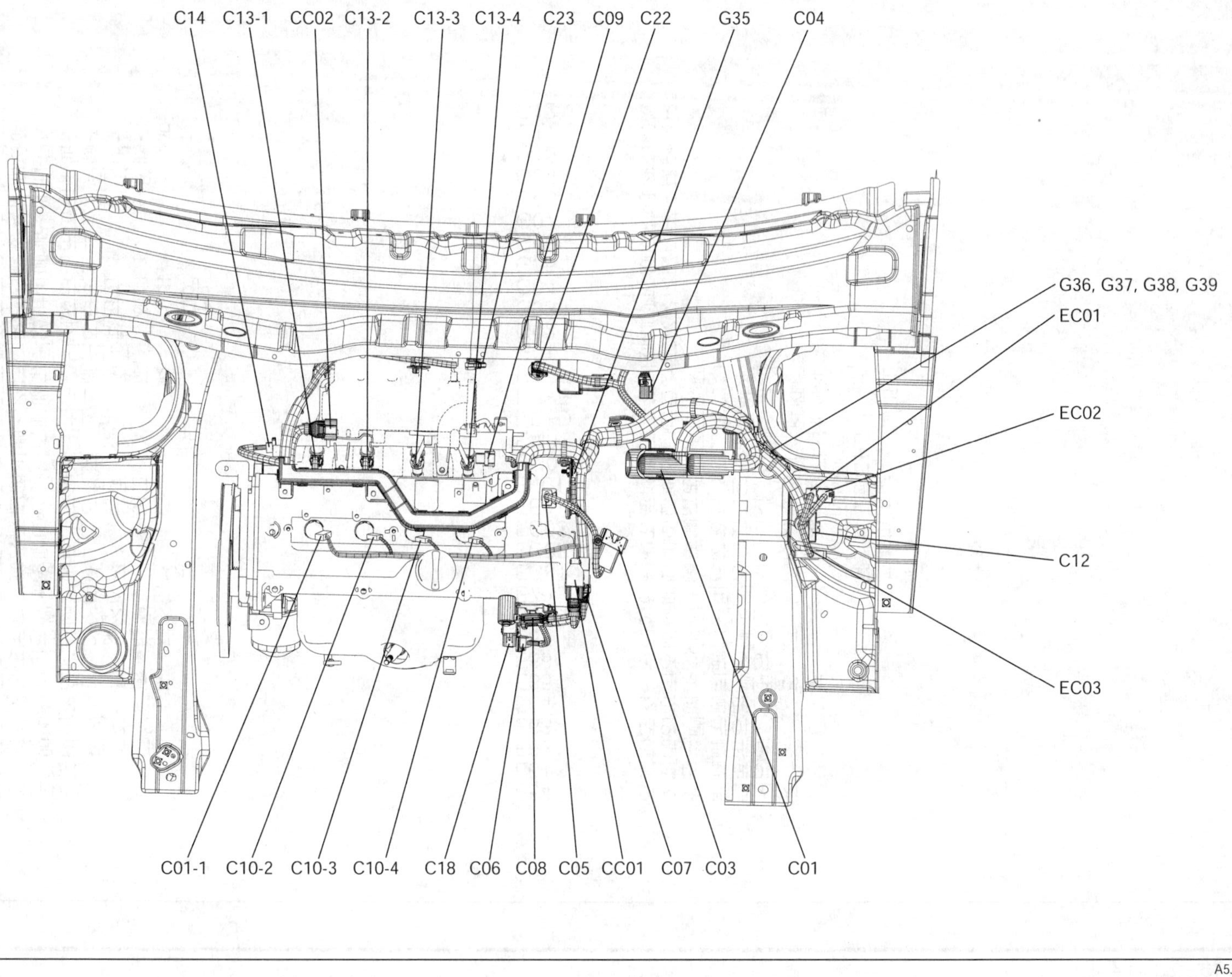
C14
C13-1
CC02
C13-2
C13-3
C13-4
C23
C09
C22
G35
C04
G36, G37, G38, G39
EC01
EC02
C12
EC03
C01-1
C10-2
C10-3
C10-4
C18
C06
C08
C05
CC01
C07
C03
C01
A5JF003A

컨트롤 하니스 (M/T) (2)

컨트롤 하니스

C01	ECM (M/T)	CC01	이그니션 코일 익스텐션 하니스 접속 컨넥터
C03	에어 플로우 센서 (1.6L)	CC02	인젝터 하니스 접속 컨넥터
C04	후진등 스위치	EC01	엔진 하니스 접속 컨넥터
C05	캠 포지션 센서	EC02	엔진 하니스 접속 컨넥터
C06	크랭크 포지션 센서	EC03	엔진 하니스 접속 컨넥터
C07	컨덴서	G35	접지
C08	CVVT 오일 컨트롤 밸브	G36	접지
C09	아이들 스피드 엑츄에이터	G37	접지
C10-1	이그니션 코일-1 (1.6L)	G38	접지
C10-2	이그니션 코일-2 (1.6L)	G39	접지
C10-3	이그니션 코일-3 (1.6L)		
C10-4	이그니션 코일-4 (1.6L)		
C12	조인트 컨넥터		
C13-1	인젝터-1		
C13-2	인젝터-2		
C13-3	인젝터-3		
C13-4	인젝터-4		
C14	노크 센서		
C18	산소 센서-1		
C22	차속 센서 (M/T)		
C23	스로틀 포지션 센서		

A5JF003B

컨트롤 하니스 (A/T) (3)

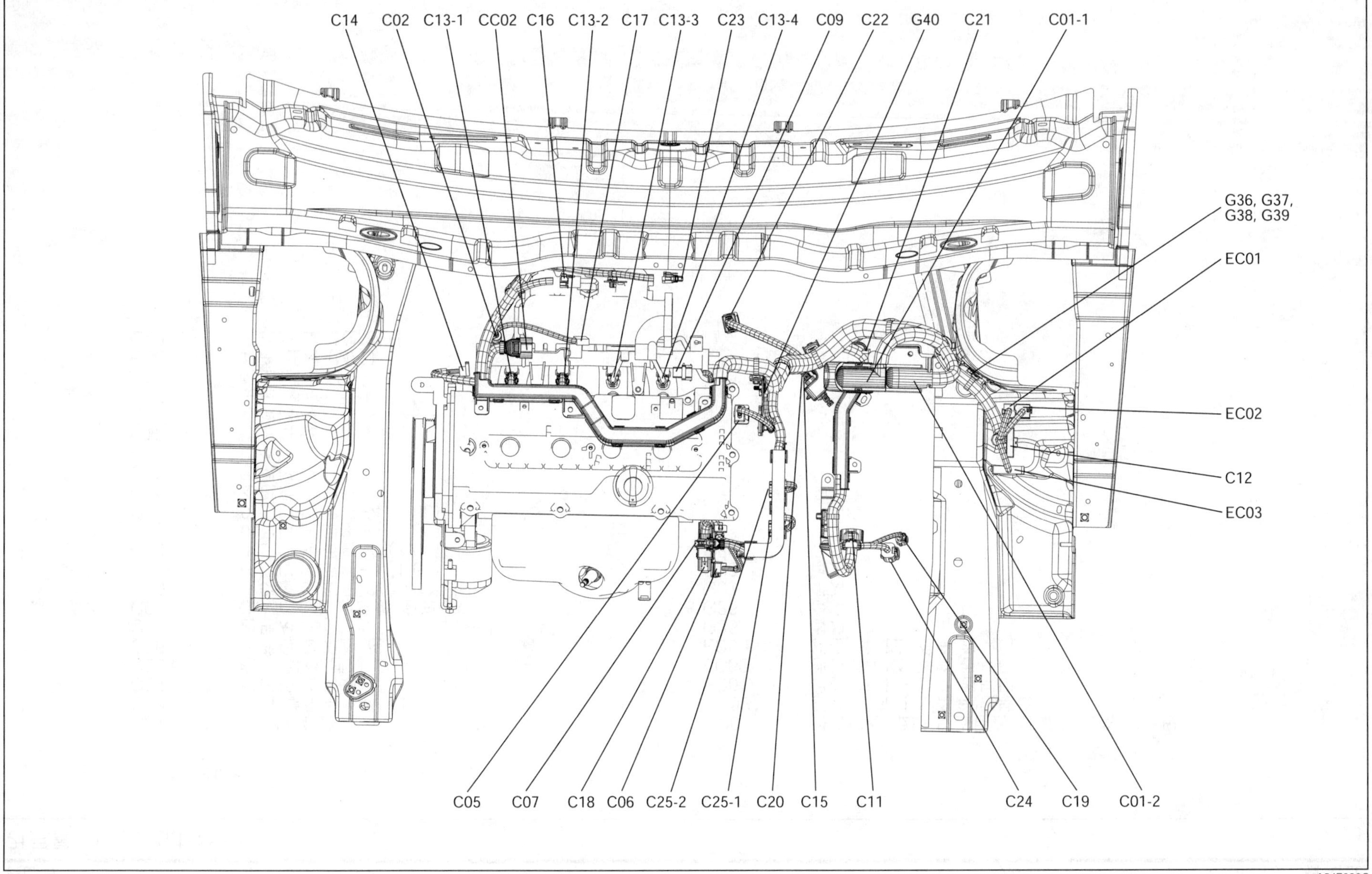
C14
C02
C13-1
CC02
C16
C13-2
C17
C13-3
C23
C13-4
C09
C22
G40
C21
C01-1
G36, G37, G38, G39
EC01
EC02
C12
EC03
C05
C07
C18
C06
C25-2
C25-1
C20
C15
C11
C24
C19
C01-2

A5JF003C

컨트롤 하니스 (A/T) (4)

컨트롤 하니스

C01-1	ECM (A/T)
C01-2	ECM (A/T)
C02	에어컨 컴프레서
C05	캠 포지션 센서
C06	크랭크 포지션 센서
C07	컨덴서
C09	아이들 스피드 엑츄에이터
C11	인히비터 스위치
C12	조인트 컨넥터
C13-1	인젝터-1
C13-2	인젝터-2
C13-3	인젝터-3
C13-4	인젝터-4
C14	노크 센서
C15	킥 다운 스위치
C16	맵 센서
C17	산소 센서-2
C18	산소 센서-1
C19	오일 온도 센서
C20	펄스 제너레이터 'A'
C21	펄스 제너레이터 'B'
C22	차속 센서 (A/T)
C23	스로틀 포지션 센서
C24	ATM 솔레노이드 밸브
C25-1	이그니션 코일-1 (1.4L)
C25-2	이그니션 코일-2 (1.4L)
CC02	인젝터 하니스 접속 컨넥터
EC01	엔진 하니스 접속 컨넥터
EC02	엔진 하니스 접속 컨넥터
EC03	엔진 하니스 접속 컨넥터
G36	접지
G37	접지
G38	접지
G39	접지
G40	접지

A5JF003D

플로어 하니스 (1)

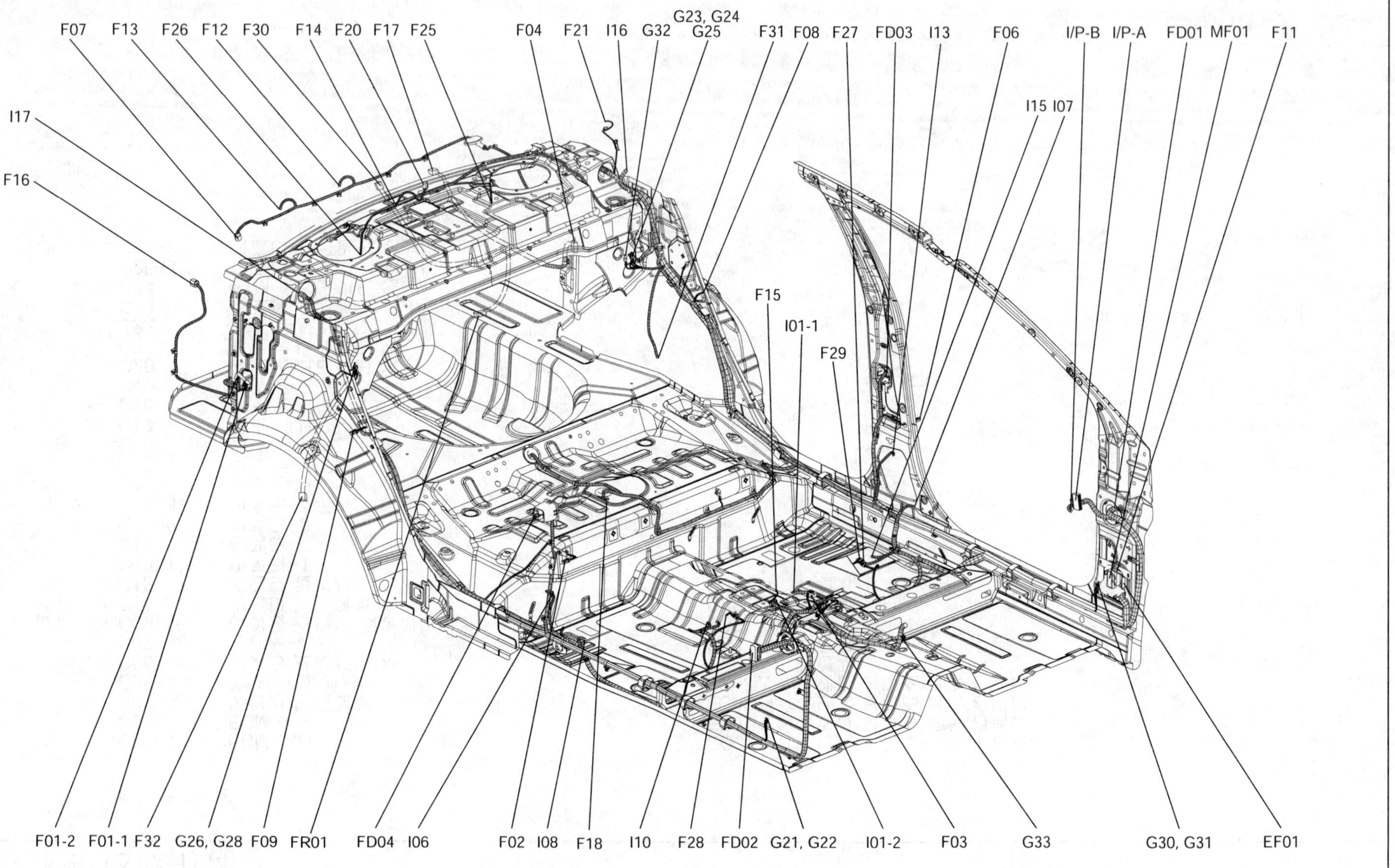
F07
F13
F26
F12
F30
F14
F20
F17
F25
F04
F21
I16
G32
G23, G24
G25
F31
F08
F27
FD03
I13
F06
I/P-B
I/P-A
FD01
MF01
F11
I17
F16
I15
I07
F15
I01-1
F29
F01-2
F01-1
F32
G26, G28
F09
FR01
FD04
I06
F02
I08
F18
I10
F28
FD02
G21, G22
I01-2
F03
G33
G30, G31
EF01

A5JF004A

플로어 하니스 (2)

플로어 하니스

F01-1	앰프
F01-2	앰프
F02	프런트 도어 스위치 RH
F03	오버 드라이브 스위치
F04	후진 경고 모듈
F06	프런트 도어 스위치 LH
F07	트렁크 언록 스위치
F08	리어 도어 스위치 LH
F09	리어 도어 스위치 RH
F11	조인트 컨넥터
F12	번호판등 LH
F13	번호판등 RH
F14	러기지 램프
F15	파킹 브레이크 스위치
F16	리어 콤비 램프 RH
F17	리어 콤비 램프 LH
F18	연료 센서 & 연료 펌프 모터
F20	상부 정지등
F21	리어 디포거
F25	리어 스피커 LH
F26	리어 스피커 RH
F27	시트 벨트 스위치
F28	조수석 시트 히터
F29	운전석 시트 히터
F30	트렁크 스위치
F31	리어 휠 센서 LH
F32	리어 휠 센서 RH
EF01	플로워 하니스 접속 컨넥터
FD01	프런트 도어 하니스 접속 컨넥터 LH
FD02	프런트 도어 하니스 접속 컨넥터 RH
FD03	리어 도어 하니스 접속 컨넥터 LH
FD04	리어 도어 하니스 접속 컨넥터 RH
FR01	후진 경고 익스텐션 하니스 접속 컨넥터

MF01	플로어 하니스 접속 컨넥터
I/P-A	실내 정션 박스 접속 컨넥터
I/P-B	실내 정션 박스 접속 컨넥터
G21	접지
G22	접지
G23	접지
G24	접지
G25	접지
G26	접지
G28	접지
G30	접지
G31	접지
G32	접지

에어백 하니스

I01-1	에어백 컨트롤 모듈
I01-2	에어백 컨트롤 모듈
I06	조수석 시트 벨트 프리 텐셔너
I07	운전석 사이드 충돌 감지 센서
I08	조수석 사이드 충돌 감지 센서
I10	조수석 사이드 에어백
I13	운전석 시트 벨트 프리 텐셔너
I15	운전석 사이드 에어백
I16	운전석 커튼 에어백
I17	조수석 커튼 에어백
G33	접지

A5JF004B

루프 하니스 / 후진 경고 익스텐션 하니스 (1)

루프 하니스

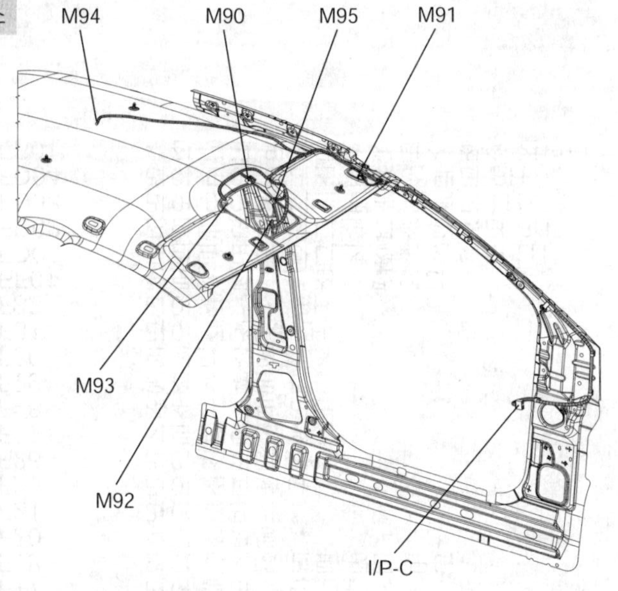

후진 경고 익스텐션 하니스

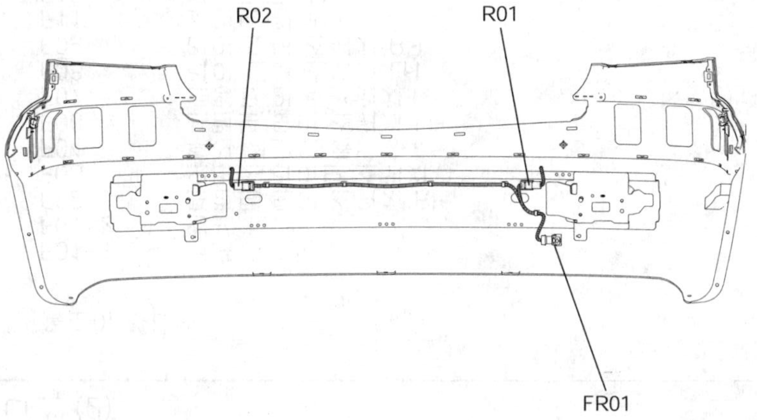

A5JF005A

루프 하니스

M90	오버헤드 콘솔 램프
M91	운전석 선바이저 램프
M92	선루프 모터
M93	선루프 스위치
M94	센터 룸 램프 (선루프 미적용)
M95	프런트 룸 램프 (오버헤드 콘솔 미적용)
I/P-C	실내 정션 박스 접속 컨넥터

후진 경고 익스텐션 하니스

R01	후진 경고 센서 LH
R02	후진 경고 센서 RH
FR01	후진 경고 익스텐션 하니스 접속 컨넥터

도어 하니스 (1)

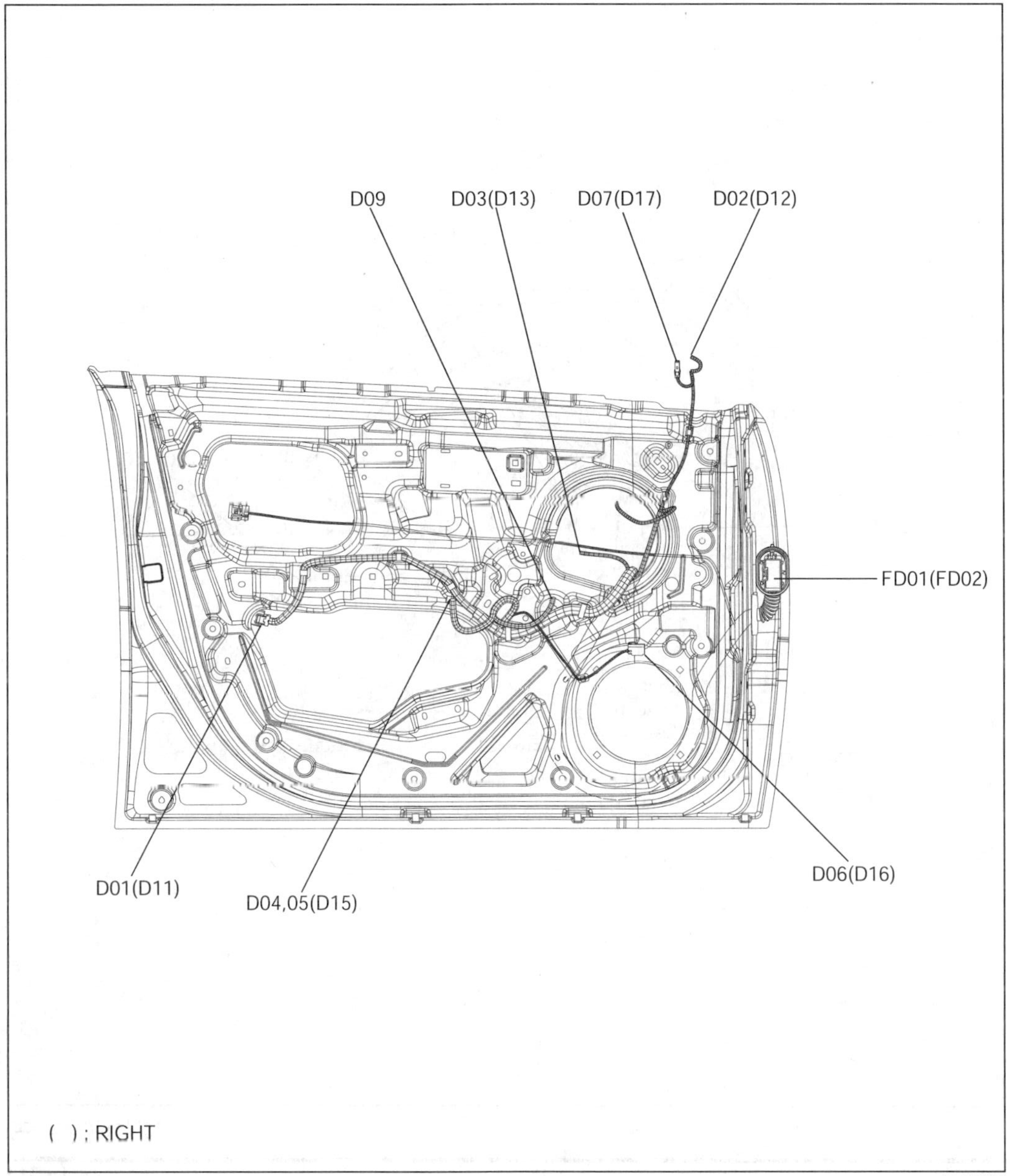

A5JF006A

프런트 도어 하니스 LH

D01	프런트 도어 록 엑츄에이터 LH
D02	파워 아웃사이드 미러 & 미러 폴딩 모터 LH
D03	프런트 파워 윈도우 모터 LH
D04	프런트 파워 윈도우 스위치 (프런트)
D05	프런트 파워 윈도우 스위치 (프런트 + 리어)
D06	프런트 도어 스피커 LH
D07	프런트 트위터 스피커 LH
D09	파워 아웃 사이드 미러 & 미러 폴딩 스위치
FD01	플로어 하니스 접속 컨넥터

프런트 도어 하니스 RH

D11	프런트 도어 록 엑츄에이터 RH
D12	파워 아웃사이드 미러 & 미러 폴딩 모터 RH
D13	프런트 파워 윈도우 모터 RH
D15	프런트 파워 윈도우 스위치 RH
D16	프런트 도어 스피커 RH
D17	프런트 트위터 스피커 RH
FD02	플로어 하니스 접속 컨넥터

도어 하니스 (2)

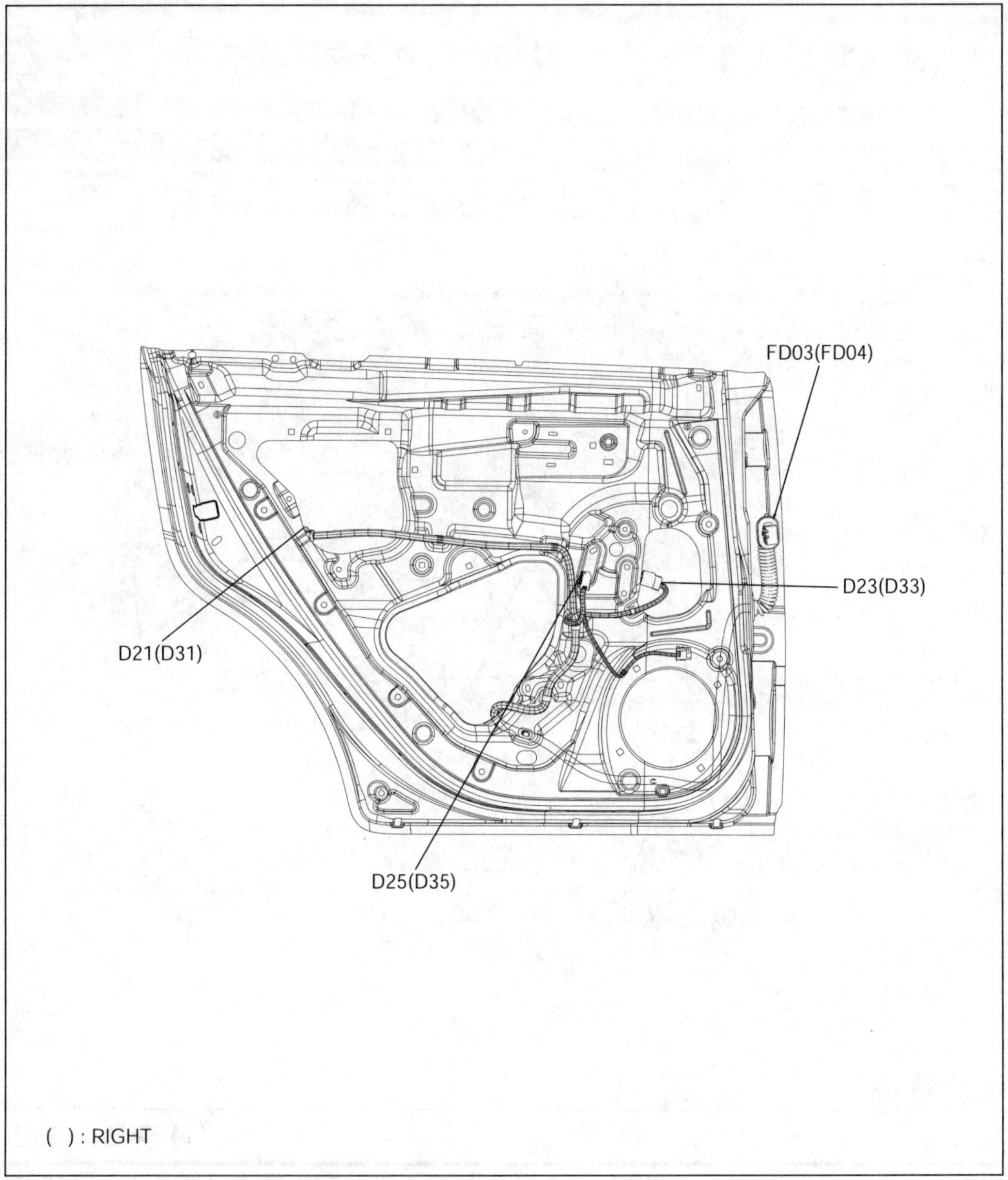

A5JF006B

리어 도어 하니스 LH

D21 리어 도어 록 엑츄에이터 LH
D23 리어 파워 윈도우 모터 LH
D25 리어 파워 윈도우 스위치 LH
FD03 플로어 하니스 접속 컨넥터

리어 도어 하니스 RH

D31 리어 도어 록 엑츄에이터 RH
D33 리어 파워 윈도우 모터 RH
D35 리어 파워 윈도우 스위치 RH
FD04 플로어 하니스 접속 컨넥터

배터리 하니스 (1)

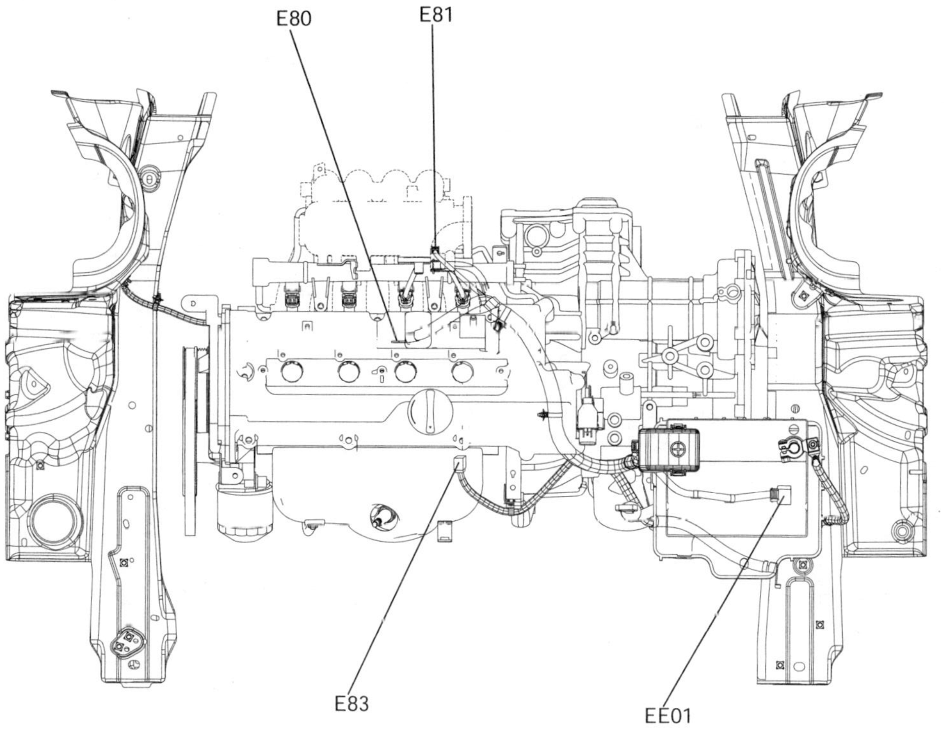

A5JF007A

배터리 하니스

E80	스타트 모터
E81	스타트 솔레노이드
E83	오일 압력 스위치
EE01	엔진 하니스 접속 컨넥터

기아자동차 지침서(Ⅰ)

구분	승용차 · RV · 상용차	
차 종	도 서 명	정 가
세 피 아(Ⅱ)	정비지침서(전기배선도 첨부)('97)	24,000
포 텐 샤	엔 진('97)	17,000
	샤 시('97)	20,000
	전기배선도(LPG·바디수리 포함)('97)	15,000
크레도스(Ⅱ)	정비지침서·전기배선도(LPG 포함)('97)	36,000
엔터프라이즈	정비지침서('97)	12,000
	정비지침서(보충판·전기배선도)('97)	15,000
비 스 토	정비지침서(전기배선도)('97)	30,000
	정비지침서(2001)	24,000
	전기배선도(2001)	6,800
스펙트라	정비지침서(전기배선도)(2001)	29,000
스펙트라/스펙트라윙	전장회로도(정비·전장 포함)(2001 · 2003)	7,700
옵 티 마	정비지침서(2000)	21,000
	전기배선도(2000)	8,500
옵티마리갈	정비지침서(보충판 포함)(2001)	36,200
	전장회로도(2001)	8,700
	전장회로도(보충판:LPG 포함)(2003)	9,500
리 오	정비지침서(전기배선도)(2001)	31,000
리오SF	정비지침서(전장수록)(2002)	23,700
	전장회로도(2004)	6,200
오피러스	엔진·전장회로도(2003)	22,300
	샤 시(2003)	23,500
	정비·전장 보충판(2003)	13,200
스포티지	엔진·전기배선도('93)	15,000
	샤 시('93)	22,000
	전기배선도(2001)	7,000
카스타	엔진·트랜스밋션('97)	18,000
	샤시·전기('97)	16,000
레토나	엔 진('97)	15,000
	샤시·전기배선도(보충판 첨부)('97)	17,000
카렌스	엔진·전기배선도('97)	16,000
	샤 시('97)	15,000
	정비지침서(2001)	29,500
	전기회로도(2001)	9,200
카렌스(Ⅱ)	정비지침서(XTREK 공용)(2002)	32,300
	전장회로도(2002)	10,500
	정비지침서 보충판(2002)	5,100
	정비지침서 / 전장회로도(2004)	18,900
카렌스(Ⅱ)/XTREK	전장회로도(2004)	7,100
카니발	정비지침서('97)	18,500
	전기장치(가솔린·디젤)('97)	20,000
	LPG(보충판·전기배선도)('97)	15,500
카니발(Ⅱ)	정비지침서(2001)	28,000
	전기배선도(2001)	8,400

구분	승용차 · RV · 상용차	
차 종	도 서 명	정 가
카니발(Ⅱ)	LPG전기배선도(2001)	8,400
	정비지침서(보충판)(2002)	10,200
	전장회로도(2003)	9,300
	전장회로도(2004)	6,600
	정비지침서(2002)	26,000
쏘렌토	전장회로도(2002)	7,400
	정비지침서(보충판)(2002)	7,000
	전장회로도(가솔린)(2002)	5,500
	전장회로도(2004)	7,700
	정비지침서(보충판)(2004)	7,900
쎄라토	엔 진(2004)	19,600
	샤 시(2004)	32,500
	전장회로도(2004)	6,700
	정비지침서(1.5디젤 보충판)(2005)	24,100
모 닝	정비지침서(2004)	33,800
	전장회로도(2004)	5,900
스포티지	엔 진(2004)	35,200
	샤 시(2004)	41,700
	전장회로도(2004)	11,500
프라이드	엔 진(2005)	18,700
	샤 시(2005)	25,300
	전장회로도(2005)	6,800
	정비지침서(1.5디젤 보충판)(2005)	28,300
상 용 차		
프레지오	정비지침서(전기포함)('95)	27,000
	정비지침서(2001)	15,000
봉고프론티어	정비지침서('97)	18,000
	정비지침서(2000전장 첨	17,700
봉고(Ⅲ)1톤	정비지침서(2004)	33,900
	전장회로도(2004)	6,000
봉고(Ⅲ)코치	정비지침서(2004)	30,700
	전장회로도(2004)	5,900
봉고(Ⅲ)	정비지침서(1톤, 1.4톤 전	12,400
프런티어	2.5톤 정비지침서('97)	15,500
	정비지침서(1.3톤, 2.5톤, 전장회	14,000
타우너	정비지침서(전기배선도 첨	16,000
파맥스	2.5톤/3.5톤 정비지침서	22,000
라이노	정비지침서(2001)	13,000

기아자동차 지침서(Ⅱ)

구 판

승용차			전 차 종		
차 종	도 서 명	정 가	차 종	도 서 명	정 가
승용 · RV · 상용차			**승용 · RV · 상용차**		
아벨라	정비지침서('97)	18,000			
	바디수리서('97)	5,000			
	전기배선도('97)	6,500			
포텐샤	정비지침서('97)	16,000			
	전기배선도('97)	10,000			
크레도스	정비지침서('97)	20,000			
세피아(Ⅱ)	정비지침서('97)	14,000			
	전기배선도('97)	6,000			
엔터프라이즈	정비지침서('97)	12,000			
	전기배선도('97)	7,000			
캐피탈	전기배선도('97)	10,000			
콩코드	전기배선도('97)	6,000			
카니발	정비지침서('97)	18,500			
	전기장치(디젤)('97)	10,000			
	LPG전기배선도('97)	9,000			
	LPG추보판('97)	6,500			
카렌스	정비지침서('97)	19,000			
	전기배선도('97)	12,000			
카스타	엔진·트랜스밋션('97)	18,000			
	샤시·전기('97)	16,000			
프레지오	정비지침서('97)	15,000			
	전기배선도('97)	12,000			
봉고프런티어	정비지침서('97)	12,000			
	전기배선도('97)	6,000			
프런티어	전기배선도('97)	6,000			

현대자동차 지침서(Ⅰ)

승용·RV

※ 약어 : 디젤엔진([디]) 커먼레일([커]), 터보인터쿨러([터]), 디젤엔진COVEC-F([C])

도서명		정가
엘란트라	엔 진('93)	10,500
	샤 시('93)	22,000
마르샤	엔 진('95)	13,000
	샤 시('95)	19,000
엑센트	엔진·샤시('95)	21,000
	전기회로도('95)	7,500
베르나	엔진·샤시('99)	20,000
	전기회로도('99)	7,500
	엔진·샤시(2002)	21,000
	전기회로도(2002)	5,500
	전장회로도(2004)	5,100
쏘나타(Ⅱ)	엔 진('93)	10,500
	샤 시('93)	절판
	전기회로도('93)	9,500
쏘나타(Ⅲ)	엔 진('96)	12,500
	샤 시('96)	19,000
EF쏘나타	엔 진('98)	10,500
	샤 시('98)	20,500
	전기회로집('98)	9,500
	정비지침서(2001)	8,000
	전기회로집(2001)	8,000
	전장회로집(2003)	7,500
EF·XG·다이너스티	LPG전장(2003)	2,200
스쿠프	정비지침서(1993)	13,000
티뷰론	엔 진('96)	7,000
	샤 시('96)	16,500
투스카니	정비지침서(2001)	23,500
	전기회로집(2001)	7,000
아반떼	엔 진('95)	11,500
	샤 시('95)	16,000
	전기회로도('95)	8,500
아반떼XD	정비지침서(2000)	25,000
	전기배선도(2000)	8,000
	정비지침서(2003)	26,000
	전장회로도(2003)	6,300
	전장회로도(2005)	6,000
그랜저/다이너스티	엔 진('96)	20,000
	샤 시('96)	23,500
	전기회로도('96)	9,000
	전장회로도(2003)	7,000
	전장회로도(2004)	6,200
그랜저XG	엔 진('98)	10,500
	샤 시('98)	21,500
	전기회로도('99)	10,500
	정비지침서(2002)	27,000
	전장회로도(2002)	9,000
아토스	정비지침서('97)	20,000
	전기회로집('97)	6,200

도서명		정가
아토스	정비지침서(2000)	18,000
	전기회로집(2001)	5,500
라비타	정비지침서(2002)	21,000
	전기회로집(2002)	7,000
	전장회로도(2003)	4,900
클 릭	정비지침서(2002)	22,500
	전장회로도(2002)	5,000
LPG엔진	(통합본)(2001)	7,000
에쿠스	엔 진('99)	10,500
	샤 시('99)	22,000
	전기회로집('99)	11,500
	전기회로집(2000)	14,000
	정비지침서(2001)	7,500
	정비지침서(2004)	11,000
	전장회로도(2004)	8,200
	전장회로도(2005)	8,000
싼타페	정비지침서(2000)	34,000
	전기배선도(2000)	13,500
	전장회로도(2002)	6,500
	전장회로도(2003)	6,000
갤로퍼(Ⅱ)	엔 진('99)	11,500
	샤 시('99)	15,000
	보디&전장('99)	21,000
[디]·[C],(LPG V6엔진)	정비지침서(2002)	22,500
	전장회로도(2002)	4,500
테라칸	정비지침서(2001)	27,000
[디]·[C],(LPG V6엔진)	전기회로집(2001)	7,500
[디]·[C]	J3엔진(2.9TCI)(2001)	7,200
	전장회로도(2003)	6,500
	정비지침서(2004)	5,800
	전장회로도(2004)	4,500
싼타모	엔 진('99)	12,000
	샤 시('99)	19,000
	보디&전장('99)	14,000
트라제XG	정비지침서('99)	26,000
	전기회로집('99)	12,000
	전장회로도(2002)	7,000
	정비지침서(2004)	8,500
	전장회로도(2004)	6,400
D4EA(트라제, 싼타페) [디]·[커]·[터]	엔 진(2000)	6,500
포 터	정비지침서('96)	20,000
	전장회로도(2001)	4,500
포 터(Ⅱ)	정비지침서(2004)	32,500
	전장회로도(2004)	4,000
그레이스/포터	정비지침서(2002)	21,500
그레이스	정비지침서('93)	23,000
	전기회로집(2001)	5,400

도서명		정가
리베로	정비지침서(2000)	25.000
	전기배선도(2000)	10.000
	정비지침서(2002)	19,500
[디],(VE, 루카스)	전장회로도(2002)	5,000
스타렉스	엔 진('97)	10,500
	샤 시('97)	18,000
	전기회로도(2000)	8,500
[디]·[C]·[터], (LPG V6엔진)	정비지침서(2001)	24,000
	전기회로집(2001)	8,000
[디]·[커]·[터]	D4CB엔진(2002)	5,000
스타렉스	정비지침서(2004)	11,500
	전장회로도(2004)	5,500
자동변속기	승용·RV정비(2002)	5,000
수동변속기	승용·RV정비(2002)	4,500
투 싼	엔 진(2004)	13,500
	샤 시(2004)	27,000
	전장회로도(2004)	4,600
NF쏘나타	엔 진(2005)	17,000
	샤 시(2005)	28,000
	전장회로도(2005)	5,100
	정비보충판(2005)	11,500
투스카니	정비지침서(2005)	15,700
	전장회로도(2005)	4,800
그랜저XG	전장회로도(2005)	8,000
아반떼	전장회로도(2005)	6,000
그랜저(TG)	엔 진(2005)	38,400
	샤 시(2005)	32,800
	전장회로도	10,700

현대자동차 지침서(Ⅱ)

상용차

※ 약어 : 디젤엔진-디, 커먼레일-커, 터보인터쿨러-터, 디젤엔진COVEC-F-C,

도서명		정가	도서명		정가	도서명		정가
카운티	엔 진('98)	9,000	D6CB(엔진)	정비지침서(2004)	6,100			
	샤 시('98)	18,500	e에어로타운	정비지침서(2004)	10,000			
	전장회로도(2003)	8,000	D4DD	엔 진(2004)	8,000			
마이티(3.5톤)	정비지침서('93)	20,500	슈퍼에어로시티	정비지침서(2005)	5,800			
마이티(Ⅱ)	엔 진('98)	9,000		전장회로도(2005)	4,200			
	샤 시('98)	9,000	뉴파워트럭	전장회로도(2005)	4,500			
코러스	정비지침서('93)	18,000						
현대4.5/5톤트럭	정비지침서('93)	12,500						
슈퍼5톤트럭	정비지침서('98)	18,000						
	전기회로집(2001)	8,000						
S-2000자동변속기	정비지침서(2002)	12,500						
슈퍼트럭	샤 시(2001)	21,000						
	샤 시(2003)	21,500						
슈퍼트럭파워텍	전장회로도(2002)	11,000						
대형트럭·특장차	샤 시('93)	16,500						
25톤트럭	정비지침서('96)	14,000						
에어로버스	샤시1편(2000)	29,000						
	샤시2편(2000)	29,000						
	전기회로집(2000)	18,000						
에어로퀸, 익스프레스, 에어로스페이스	정비지침서(2003)	37,000						
슈퍼에어로시티	정비지침서(2000)	16,500						
	전기회로집(2000)	5,500						
	정비지침서(2003)	17,500						
	정비지침서(2004)	7,600						
에어로타운	정비지침서(2001)	15,500						
D6디젤(엔진)	정비지침서('93)	8,000						
D8디젤(엔진)	정비지침서('96)	8,500						
V8디젤(엔진)	정비지침서('93)	8,500						
D6CA(엔진)	정비지침서(2001) (16톤, 19톤, 19.5톤) 커	8,000						
D6AB/C(엔진)	정비지침서(2001) (8톤카고, 8.5톤, 9.5톤, 11톤, 11.5톤, 14톤, 16톤)	14,000						
D6DA(엔진)	정비지침서(2002) (5톤, 8.5톤, 에어로타운)	8,000						
C6DA	정비지침서(2003)	8,000						
글로버900CNG	전장회로도(2003)	5,500						
덤프, 트랙터, 믹서	정비지침서(2004)	23,100						
현대 상용차	전기회로도	11,000						
e마이티·마이티Qt	정비지침서(2004)	10,000						
	전장회로도(2004)	5,400						
e카운티	정비지침서(2004)	10,500						
	전장회로도(2004)	5,300						
뉴파워트럭(보충판)	정비지침서(2004)	14,000						
	전장회로도(2004)	5,000						
에어로퀸, 익스프레스, 에어로스페이스	정비지침서(2004)	10,400						
	전장회로도(2004)	5,000						
매가트럭	정비지침서(2004)	11,000						
	전장회로도(2004)	4,500						

골든벨 도서목록

자동차 정비 현장 실무서

■ 현장체험사례집 [1] 고장과 진단	☞ 15,000원
■ 현장체험사례집 [2] 전자제어엔진 고장탐구	☞ 15,000원
■ 현장체험사례집 [3] 에어컨&냉각계통	☞ 15,000원
■ 현장체험사례집 [4] 자동변속기	☞ 15,000원
■ 현장체험사례집 [5] 외국차, 나는 이렇게 고쳤다!	☞ 24,000원
■ 자동차현장 핵심포인트(Ⅰ)	☞ 13,000원
■ 자동차현장 핵심포인트(Ⅱ)	☞ 13,000원
■ 현대자동차 전자제어 엔진실무	☞ 15,000원
■ CAR에어컨(현대자동차)	☞ 15,000원
■ LPG자동차의 모든 것	☞ 14,000원
■ LPG자동차 시스템	☞ 16,000원
■ 자동차 LPG 공학(이론과 실무)	☞ 18,000원
■ 신현담의 자동 & 무단 변속기	☞ 40,000원
■ 유영봉의 휠 얼라인먼트	☞ 35,000원
■ 현대 커먼레일의 현장실무(Ⅰ)	☞ 43,000원
■ 나의 정비일지	☞ 15,000원
■ 현대자동차 승용차 종합배선도	☞ 43,000원
■ 현대자동차 승용차 종합배선도(Ⅱ)	☞ 43,000원
■ 현대자동차 승합차 종합배선도	☞ 38,000원
■ 기아자동차 토탈 승용차 종합배선도	☞ 38,000원
■ 기아자동차 토탈 승용차 종합배선도(Ⅱ)	☞ 38,000원
■ 기아자동차 토탈 승합차 종합배선도	☞ 38,000원
■ 외국차 배선도 보는법	☞ 28,000원
■ 릴레이 위치 및 와이어링 하니스	☞ 38,000원
■ 현대차 배선도보는법 및 트러블진단	☞ 38,000원
■ 엔진 튜닝은 이렇게	☞ 15,000원
■ HKS 엔진튜닝테크닉	☞ 15,000원
■ CAR AUDIO 기기장착과 튜닝의 세계	☞ 15,000원

자동차 입문서 및 오너정비 · 운전

■ 쉽게 보는 김홍건의 자동차 공학	☞ 8,000원
■ 자동차를 말한다	☞ 15,000원
■ 冊으로 보는 자동차 박물관	☞ 15,000원
■ 세계의 고속철도	☞ 25,000원
■ 교통사고, 모르면 당한다	☞ 7,000원
■ 오토 CAR 운전 테크닉	☞ 7,000원
■ 시내 주행 기법	☞ 7,000원
■ 新아픈車 응급치료	☞ 8,000원
■ 자동차 홀로서기	☞ 7,000원
■ 자동차 10년타기 길라잡이	☞ 8,000원
■ 바이크 엔진 A to Z	☞ 13,000원
■ 바이크 타는법	☞ 10,000원

자동차정비이론서 및 현장감초서

■ 자동차 구조학	☞ 15,000원
■ 자동차 정비공학	☞ 15,000원
■ 자동차 정비교본	☞ 12,000원
■ 자동차 구조 & 정비	☞ 15,000원
■ 新 자동차 전자제어교본(기초편)	☞ 15,000원
■ 자동차 용어대사전	☞ 22,000원
■ 자동차 장치별 용어해설	☞ 12,000원
■ 섹션별 자동차 용어	☞ 12,000원
■ 전기를 알고 싶다(Ⅰ · Ⅱ)	☞ 7,000원
■ 전기전자란무엇인가 / 전기전자회로보는법	☞ 13,000원

자동차 관련 수험서

■ 자동차 정비기능사 팡파르	☞ 15,000원
■ 자동차 검사기능사 한마당	☞ 15,000원
■ 자동차 정비검사기능사 축제	☞ 16,000원
■ 자동차 정비기능사 [1]	☞ 13,000원
■ 자동차 정비 · 검사기능사 [3]	☞ 13,000원
■ 자동차 정비 · 검사 과년도문제집 [5]	☞ 15,000원
■ 포인트 카일렉트로닉스 문제	☞ 14,000원
■ 멀티 카일렉트로닉스 필기	☞ 15,000원
■ 카일렉트로닉스 실습	☞ 13,000원
■ 차체수리필기	☞ 12,000원
■ 자동차정비기능사 유형별 실기	☞ 16,000원
■ 자동차검사기능사 유형별 실기	☞ 16,000원
■ 자동차정비 · 검사 실기유형별 기능사	☞ 19,000원
■ 자동차 기능사답안지 작성법	☞ 12,000원
■ 자동차 정비 · 검사 新 실기교본	☞ 16,000원
■ 산업기기사&기사 자동차정비 실기 답안지 작성법	☞ 12,000원
■ 자동차 공학 및 정비 [1]	☞ 16,000원
■ 자동차 검사 [2]	☞ 16,000원
■ 자동차 기계열역학 [3]	☞ 16,000원
■ 자동차 일반기계공학 [4]	☞ 16,000원
■ 뉴자동차 정비 산업기사 / 뉴자동차검사 산업기사	☞ 17,000원
■ 학과총정리 기사&산업기사	☞ 22,000원
■ 최신자동차 정비기사	☞ 18,000원
■ 최신자동차 검사기사	☞ 18,000원
■ 新자동차 정비 · 검사 산업기사 총정리	☞ 17,000원
■ 계산문제 이럴땐 이렇게	☞ 10,000원
■ 정석 차량기술사	☞ 35,000원
■ 자동차정비기능장(필기)	☞ 20,000원
■ 자동차정비기능장(실기)	☞ 20,000원
■ 기능장을 위한 공업경영	☞ 13,000원
■ 자동차기사 · 산업기사 실기특강	☞ 23,000원
■ 新자동차 정비 · 검사 실기정복	☞ 19,000원

제　　목 : 2005 프라이드 전장회로도
발행일자 : 2005년 5월 20일 발 행
저　　자 : 기아자동차(주) 디지털써비스컨텐츠팀
발 행 인 : 김 길 현
발 행 처 : 도서출판 골든벨
서울시 용산구 문배동 40-21
등　　록 : 제 3-132호(1987. 12. 11)
대표전화 : 02) 713-4135 / FAX : 02) 718-5510
홈페이지 : http : //www.gbbook.co.kr
관련번호 : A1GE-KO4DA
I S B N : 89-7971-593-5-93550
정　　가 : 6,800원